Estadística descriptiva

Venancio Tomeo Perucha
Universidad Complutense de Madrid
Isaías Uña Juárez
Universidad Politécnica de Madrid

Estadística descriptiva

Garceta
grupo editorial

Estadística descriptiva

Venancio Tomeo Perucha
Isaías Uña Juárez
ISBN: 978-84-9281-205-9
IBERGARCETA PUBLICACIONES, S.L., Madrid 2009

Edición: 1.ª
Impresión: 1.ª
N.º de páginas: 344
Formato: 20 × 26 cm

Materia CDU: . Ciencia estadística. Teoría de la estadística. 311

Estadística descriptiva

Venancio Tomeo Perucha
Isaías Uña Juárez

1.ª edición, 1.ª impresión
OI: 15-2009
ISBN: 978-84-9281-205-9

Deposito Legal: M-34545-2009
Imagen de cubierta: © Marco Marques_Fotolia.com

Impresión:
PRINT HOUSE, S.A.

IMPRESO EN ESPAÑA - PRINTED IN SPAIN

Convocaron la asamblea toda
en el desierto del Sinaí
para el día primero del segundo mes
del segundo año después de la salida de Egipto
y se hizo el censo por familias y linajes,
registrándose por cabezas los nombres
desde los veinte años para arriba.
Así se lo había mandado Yahvé a Moisés.

Números (1,1)

Índice general

Prólogo XI

1. Estadística descriptiva 1
- 1.1. La estadística descriptiva y su significado 2
- 1.2. Variables estadísticas 2
- 1.3. Población y muestra 4
- 1.4. El muestreo 4
- 1.5. Redondeo de cifras 5
- 1.6. Notación científica 6
- 1.7. Sumas abreviadas: el símbolo sumatorio 6
- 1.8. Evolución histórica de la Estadística 8
- En detalle 12
- Propuestos 17

2. Tablas estadísticas 19
- 2.1. Tablas estadísticas 20
- 2.2. Distribuciones de frecuencias 20
- 2.3. Frecuencias: sus clases 20
- 2.4. Variables y escalas 21
- 2.5. Representaciones gráficas 24
- En detalle 29
- Propuestos 36

3. Medidas de centralización o promedios 41
- 3.1. Medidas de centralización 42
- 3.2. Media aritmética simple 42
- 3.3. Media aritmética ponderada 45
- 3.4. Mediana 45
- 3.5. Moda 46
- 3.6. Media geométrica 47
- 3.7. Media cuadrática 49
- 3.8. Media armónica 49
- 3.9. Cuantiles 50
- 3.10. Momentos 51
- En detalle 53
- Propuestos 69

4. Medidas de dispersión **75**
4.1. Medidas de dispersión . . . 76
4.2. Recorrido o rango . . . 76
4.3. Desviación media . . . 76
4.4. Varianza . . . 77
4.5. Desviación típica . . . 79
4.6. Desviación cuartílica y desviación percentílica 10-90 . . . 79
4.7. Diagramas de caja . . . 79
4.8. Coeficiente de variación . . . 80
4.9. Variable tipificada . . . 81
En detalle . . . 82
Propuestos . . . 96

5. Medidas de forma y concentración **101**
5.1. Medidas de forma (asimetría y apuntamiento) . . . 102
5.2. Medidas de asimetría . . . 102
5.3. Medidas de apuntamiento o curtosis . . . 106
5.4. Medidas de concentración . . . 108
5.5. La distribución normal . . . 109
En detalle . . . 114
Propuestos . . . 126

6. Distribuciones bidimensionales **131**
6.1. Distribuciones bidimensionales . . . 132
6.2. Distribuciones marginales . . . 133
6.3. Covarianza . . . 135
6.4. Momentos bidimensionales . . . 136
En detalle . . . 138
Propuestos . . . 145

7. Regresión lineal y parabólica **149**
7.1. Dependencia funcional y dependencia estadística . . . 150
7.2. Análisis de la regresión o ajuste . . . 151
7.3. Regresión lineal . . . 151
7.4. Regresión cuadrática . . . 154
En detalle . . . 155
Propuestos . . . 166

8. Teoría de la correlación **171**
8.1. Regresión y correlación . . . 172
8.2. Varianza residual . . . 172
8.3. Correlación lineal . . . 173
8.4. Correlación parabólica . . . 176
En detalle . . . 176
Propuestos . . . 188

9. Regresión múltiple **191**
9.1. Regresión múltiple 192
9.2. Regresión lineal múltiple para 3 variables 192
9.3. Regresión lineal múltiple para $k+1$ variables 193
9.4. Correlación lineal múltiple 194
En detalle 195
Propuestos 198

10. Correlación de atributos **199**
10.1. Estadística de atributos 200
10.2. Correlación por rangos 200
10.3. Independencia y asociación 202
10.4. Tablas de contingencia $h \times k$ 203
En detalle 204
Propuestos 210

11. Series temporales **213**
11.1. Series temporales o cronológicas 214
11.2. Componentes de las series temporales 214
11.3. Tendencia secular 215
11.4. Variación estacional 220
11.5. Autocorrelación 220
En detalle 221
Propuestos 239

12. Números índices **245**
12.1. Definición y objeto 246
12.2. Números índices simples 246
12.3. Cambio de base 247
12.4. Números índices complejos no ponderados 248
12.5. Números índices complejos ponderados 248
12.6. Deflación de las series de valores 250
En detalle 250
Propuestos 255

A. Solución a los problemas propuestos **259**

B. Tablas **323**

Bibliografía **327**

Índice alfabético **329**

Prólogo

Los empresarios, los economistas, los sociólogos, los ingenieros y los científicos de todo tipo manejan en la actividad profesional informes y proyectos que precisan de clasificación y análisis de datos. La toma de decisiones se fundamenta en la Estadística inferencial que es probablemente la concreción más extendida de la Estadística matemática aplicada en estos momentos.

Para adentrarse con garantía en el campo de la Estadística matemática resulta imprescindible conocer los fundamentos y aplicaciones más notables de la Estadística descriptiva y del Cálculo de Probabilidades.

En este texto se tratan a nivel intermedio los tópicos usuales que la mayoría de los abundantes textos sobre el tema suelen presentar. No obstante, si se nos permite, hemos pretendido elaborar un texto cuidado fundamentalmente en dos aspectos. El primero procura la exposición clara de los conceptos con la precisión matemática y el rigor propios de la materia. Nadie nos hará creer que el fortalecimiento científico se logra mejor eludiendo las demostraciones más notables, que por otra parte en esta materia precisan recursos matemáticos de sencillo calado.

La segunda pretensión es la persuasión al lector para que sea partícipe activo del ejercicio de razón de los procesos deductivos con que se presenta la materia y los desarrollos de los ejercicios. Deseamos lograr con los problemas comentados que la lectura de los mismos le sitúe en una virtual clase presencial, donde logre una comprensión cómoda y eficiente que le lleve a ser capaz de resolver todos los ejercicios propuestos.

Como texto de iniciación a la Estadística pretendemos sea de utilidad a una amplia población de estudiantes. Nos parece aconsejable como texto introductorio para la fundamentación de asignaturas de perfil estadístico más avanzado como los Métodos estadísticos, la Teoría de la decisión o el Análisis de inferencia entre otras. El libro puede resultar de interés como texto para los estudiantes de un amplio campo de estudios universitarios, como pueden ser los de Economía y Empresa, Ingeniería, Informática, Ciencias de la Educación y de la Información, Medicina, Odontología, Sicología, Ciencias Políticas, Sociología, Turismo y, por supuesto, Estadística.

Consideramos relevante el conocimiento de los fundamentos de la Estadística descriptiva dado que facilita el desarrollo de los procesos estadísticos conducentes a la validación y contraste de experimentos o control de calidad, proporcionando recursos básicos en áreas científicas muy diversas. La matematización creciente de la actividad humana es en este momento debida, en gran parte, a la penetración de la estadística en los sectores científicos que configuran el desarrollo del hombre actual.

La composición material del texto que presentamos es de tres partes en cada lección. En la primera se describen los recursos teóricos correspondientes al tema. A continuación y totalmente ligada a la teoría, se presenta una colección de problemas cuya resolución se ha desarrollado en forma comentada. Finalmente se propone una cantidad igual de problemas para que el lector se ejercite y se autoevalúe, de los cuales se aporta también su solución detallada.

Muchos de los problemas presentados son fruto de la labor docente que durante años hemos desarrollado en esta misma asignatura. Estamos convencidos de que lo mejor procede de aquello que hemos experimentado y aprendido de nuestros alumnos; por ello deseamos que este libro sencillo tenga la capacidad de enseñar con comodidad a otras promociones de estudiantes.

De los lectores del libro esperamos sepan disculpar las seguras deficiencias que encontrarán en él a la par que les deseamos logren del mismo algunas utilidades para alcanzar mayores éxitos.

Madrid, mayo 2009

Los autores

Capítulo 1

Estadística descriptiva

1.1. La estadística descriptiva y su significado

Es difícil tarea describir con precisión y claridad el objeto de una determinada ciencia. En nuestro caso, existen básicamente dos formas de interpretar el término «estadística».

1. En su acepción más elemental, se entiende por estadística cualquier *colección de datos numéricos* clasificados según un determinado criterio. Se trata de esta interpretación cuando se habla de estadísticas de natalidad, estadísticas de empleo, estadísticas de precios, etc.

2. Desde el punto de vista académico-científico, la Estadística es la *ciencia que utiliza los números para el estudio de las leyes que dependen del azar*, tratando de describir mediante el razonamiento inductivo la causa general a que obedece el modelo particular analizado.

En la vida ordinaria el hombre contempla o protagoniza dos tipos de fenómenos o hechos: unos son los llamados *deterministas,* que son aquellos en los que las mismas condiciones producen iguales resultados; tal es el caso del cuerpo abandonado en el campo gravitatorio terrestre, que, por efecto de su propio peso, se desplaza siguiendo la vertical del lugar, o el movimiento del globo terrestre que es causa de la sucesión sistemática de días y noches. Otros son los fenómenos llamados *aleatorios,* o debidos al azar, los cuales nos parecen realizados en las mismas condiciones, y, sin embargo, comprobamos efectos distintos; por ejemplo, al lanzar un dado sobre una mesa repetidas veces se tienen resultados que antes de cada lanzamiento no podemos garantizar con certeza absoluta, y lo único que podemos esperar es obtener un número entre uno y seis; otro ejemplo de fenómeno aleatorio es el del peatón que cruza todos los días una calle en las mismas condiciones, donde el resultado de ser o no atropellado no es predecible antes de cada travesía.

Generalmente se dice que este tipo de fenómenos aleatorios están regidos por la ley del azar, porque, realizados en las mismas condiciones, no se tiene garantía de obtener idéntico resultado en una prueba. Galileo afirmaba, por el contrario, que la llamada *ley del azar* es una simulación de la incapacidad humana, puesto que lo que hace que, por ejemplo, en el lanzamiento de una moneda se obtengan resultados diferentes es que ésta no se ha lanzado en idénticas condiciones. Azar, por tanto, es incapacidad de repetir experiencias iguales, con lo cual los resultados no coinciden.

Dejando aparte la dualidad en la interpretación de la ley del azar, la distinción entre fenómeno determinista y aleatorio no es del todo clara, y, a medida que los métodos científicos progresan, muchos fenómenos tenidos por aleatorios pasan a considerarse deterministas porque se profundiza en el conocimiento de las causas que explican dichos fenómenos. Es de hacer notar que, si el peatón que sistemáticamente cruza la calle resulta un día atropellado, las condiciones en ese día no eran exactamente las mismas que en los días precedentes.

La ciencia que estudia estos fenómenos aleatorios y que, en una segunda fase, los generaliza y predice o infiere resultados es la *Estadística matemática.*

La Estadística descriptiva, como parte de la Estadística matemática, aunque históricamente anterior, trata de la *descripción numérica de conjuntos,* siendo particularmente útil cuando éstos son de muchos elementos, valorando matemáticamente y analizando el colectivo representado por el conjunto sin pretender obtener conclusiones más generales, lo que es objeto de la Estadística inductiva o Inferencia estadística.

1.2. Variables estadísticas

El objeto de la Estadística descriptiva es el estudio de colectivos numerosos, lo que significa que en cada caso se van a describir y analizar unos determinados caracteres de uno o diferentes colectivos y las relaciones existentes entre ellos.

Se entiende como variable estadística en un colectivo la asignación que se hace a cada individuo de un rasgo concreto de su personalidad. Si la asignación es un valor numérico, la variable se llama *cuantitativa*, cuando la variable asigna algún aspecto no cuantificable, se dice que es un *atributo* o *variable nominal*.

Las variables cuantitativas se designan en Estadística con letras mayúsculas, usualmente las últimas del alfabeto $(X, Y, Z, T, \dots)$, y para los valores de la variable, la misma letra minúscula con el subíndice correspondiente $(x_1, x_2, x_3, \dots, y_1, y_2, \dots)$.

Para designar variables nominales o atributos se utilizan las primeras letras mayúsculas del alfabeto $(A, B, C, D, \dots)$, y para las distintas modalidades, la correspondiente letra minúscula con subíndices, o bien letras minúsculas que suelen tomarse como iniciales de las modalidades, si no hay posibilidad de confusión.

EJEMPLO 1.1. La variable

$$X = \text{«}\textit{número de hermanos de cada alumno de un cierto grupo}\text{»}$$

puede tomar los siguientes valores:

$$\begin{aligned} x_1 &= \text{un hermano} \\ x_2 &= \text{dos hermanos} \\ x_3 &= \text{tres hermanos} \\ x_4 &= \text{cuatro o más hermanos} \\ x_5 &= \text{ningún hermano,} \end{aligned}$$

o, de otro modo:

$$\begin{aligned} x_0 &= \text{ningún hermano} \\ x_1 &= \text{un hermano} \\ x_2 &= \text{dos hermanos} \\ x_3 &= \text{tres hermanos} \\ x_4 &= \text{cuatro o más hermanos.} \end{aligned}$$

EJEMPLO 1.2. El atributo o variable nominal $A =$ «*color del cabello*» puede tomar las siguientes modalidades:

$$\begin{aligned} a_1 &= \text{cabello negro} \\ a_2 &= \text{cabello castaño} \\ a_3 &= \text{cabello rubio} \\ a_4 &= \text{cabello blanco,} \end{aligned}$$

o, de otro modo más claro:

$$\begin{aligned} n &= \text{cabello negro} \\ c &= \text{cabello castaño} \\ r &= \text{cabello rubio} \\ b &= \text{cabello blanco.} \end{aligned}$$

A su vez, las variables cuantitativas pueden ser de dos tipos: discretas y continuas.

Una variable es *continua* si entre dos valores dados puede tomar cualquier otro valor, al menos teóricamente.

EJEMPLO 1.3. El peso de cada persona es una variable continua, ya que puede ser 68 kg, 68,5 kg, pero también cualquier valor intermedio como 68,025 kg, tomando más precisión en la medida.

Una variable es *discreta* cuando puede tomar únicamente una serie de valores, pero no valores intermedios entre ellos.

EJEMPLO 1.4. El número de hermanos de cada alumno de un determinado centro escolar es una variable discreta, que puede tomar los valores 0, 1, 2, 3, 4, 5,..., pero nunca valores del tipo 2,5, 7,3, etc.

Los datos o valores que puede tomar una variable cuantitativa serán números, y estos números estarán usualmente en los conjuntos de los números naturales, enteros o racionales.

Es más frecuente en los procesos estadísticos el uso de los números decimales que el de las fracciones, y, si los números que se utilizan tienen muchos o infinitos decimales, se acostumbra aproximarlos o «redondearlos», ya que es más importante la brevedad o simplicidad de los resultados que la exactitud.

1.3. Población y muestra

La Estadística descriptiva estudia unos determinados caracteres o aspectos en un colectivo de personas, objetos o elementos de naturaleza particular, incluso de existencia figurada; estos elementos homogéneos constituyen la *población*, colectivo o universo. Se llama *tamaño* de una población estadística al número de elementos que la forman, y se representa por la letra N. Este tamaño puede algunas veces considerarse infinito, ya sea porque proviene de alguna operación que puede repetirse indefinidamente o porque el tamaño es tan grande que conviene tratarlo como de infinitos elementos; en este caso se dirá que estamos ante una población infinita.

Llamaremos *muestra* a una parte o subconjunto de la población estadística; el número de elementos que la constituyen se llama *tamaño muestral*.

Cuando se estudian uno o varios caracteres de todos los elementos de la población, se dice que se realiza un *censo*. En España, cada diez años se efectuaba el «Censo de Población», y cada cinco el «Padrón Municipal», contabilizando a todos los habitantes según su lugar de residencia, sexo, edad, estado civil, nivel de estudios, profesión, etc. Desde 1998 se obtienen anualmente cifras oficiales de población con un nuevo sistema de gestión del padrón.

La realización de un censo requiere mucho trabajo y tiempo, por lo que frecuentemente se realizan trabajos estadísticos con una parte de la población, o muestra; se dice entonces que se ha hecho una *encuesta*.

1.4. El muestreo

El *muestreo* es la operación de seleccionar o elegir qué elementos de la población van a constituir la muestra en la que se van a estudiar uno o varios caracteres. El muestreo debe ser, ante todo, representativo, es decir, la muestra seleccionada debe ser, en pequeño, una imagen fiel de la población. Las personas que viven en el Paseo de la Castellana, por ejemplo, no serían una muestra representativa de los habitantes de Madrid.

El muestreo, básicamente, puede ser aleatorio o no; en el primero, los elementos de la muestra se seleccionan al azar, por medios probabilísticos; en el segundo se utilizan otros criterios: dividir la población en barrios, por edades, por nivel económico, etc., y dentro de cada una de estas clases se elige el número de elementos en la proporción más conveniente para que la muestra reproduzca de forma adecuada los caracteres de la población.

Para llevar a cabo el proceso estadístico son necesarias varias fases, que podemos resumir en estas cuatro:

1. El *diseño*, o *planteamiento*, mediante el cual se fija el objetivo a conseguir, la población o muestra que va a estudiarse, los caracteres que interesan y la presentación que se hará con los datos recogidos; es preciso tener en cuenta el coste económico del proceso y el tiempo que llevará su realización.

2. La *recogida de datos*, que puede ser directa, cuando es el propio individuo el que facilita los datos, generalmente mediante un cuestionario con preguntas y espacios para las respuestas, bien sea enviado por correo o mediante un entrevistador que anota las respuestas, o puede ser indirecta, cuando se recurre a un fichero, memoria, banco de datos, etc.

3. La *obtención de resultados* mediante el tratamiento de datos: son las operaciones, cuadros, tablas, gráficos, previstos en el diseño, que hay que efectuar para obtener los resultados. Si la cantidad de datos es grande, se usan técnicas informáticas.

4. La *interpretación de resultados*. En esta fase, el experto en Estadística, con los resultados obtenidos, deberá asesorar a quienes deban tomar decisiones, los cuales, lógicamente, actuarán teniendo en cuenta la información recibida.

Las *ventajas* del muestreo residen en que puede estudiarse una población, finita o infinita, basándose en una muestra de la misma, con una gran reducción de tiempo y costes; el muestreo es imprescindible cuando la población es infinita o la prueba es destructiva, por ejemplo, reconocer la duración de un determinado tipo de lámparas. Los *inconvenientes* del muestreo provienen de que las conclusiones obtenidas están sometidas a un cierto grado de error, tanto mayor cuanto más pequeño es el tamaño de la muestra.

1.5. Redondeo de cifras

Cuando se realizan operaciones matemáticas con máquinas de calcular es conveniente trabajar con todas las cifras de que se disponga, para obtener un resultado mejor, pero es conveniente redondear los resultados obtenidos y, a veces, otros datos, con el fin de no perder el sentido de lo esencial al encontrarnos con una gran cantidad de cifras. Así, por ejemplo, decir que la población española era el día 1 de enero de 2009 de 46 661 950 habitantes, además de que sólo fue cierto durante unos instantes, es difícil de retener; sin embargo, decir que la población española era 46,7 millones se considera mucho más adecuado. En general, los resultados se presentan con 3, 4 o 5 cifras significativas.

Para redondear un número es preciso eliminar algunas cifras. Esta eliminación debe hacerse de forma que el error cometido en el redondeo sea el menor de los dos posibles, una vez fijado el número de cifras que quedarán. Así, si redondeamos el número 20,3731 a las centésimas, es mejor elegir 20,37 que 20,38, ya que 20,3731 está más próximo al primero que al segundo.

Se utilizan dos *criterios para redondear:*

1. Si la primera cifra a eliminar es 0, 1, 2, 3 o 4, se elimina, simplemente. Si es 9, 8, 7, 6 o un 5 seguido de otras cifras, se aumenta en una unidad la cifra anterior.

EJEMPLO 1.5. El resultado de redondear 65,4 a número entero es 65, el resultado de redondear 231,27 a las décimas es 231,3 y el resultado de redondear 0,27503 a las centésimas es 0,28.

2. Si la cifra a eliminar es un 5 que no está seguido de otras significativas, cometemos el mismo error si eliminamos el 5 que si aumentamos en 1 la cifra anterior. En este caso se redondea de modo que la cifra anterior sea par; de este modo, cuando se opera con muchos números, los excesos de unos pueden compensar los defectos de otros, y el error final será menor.

EJEMPLO 1.6. El número 273,5 se redondea a entero en 274, y el número 39,25 se redondea a las décimas en 39,2.

1.6. Notación científica

En el caso de operar con números que tengan muchos ceros antes o después de la coma, resulta particularmente cómodo utilizar las potencias de 10 en forma de notación científica, que es la empleada por las máquinas de calcular cuando el resultado de la operación efectuada no cabe completo en la pantalla. En esta notación los números se escriben de modo que la parte entera sea un número del 1 al 9, ambos inclusive, y después de la parte decimal se indica la potencia de 10 correspondiente.

EJEMPLO 1.7. El número 45 100 000 se escribe en notación científica $4{,}51 \cdot 10^7$ y el número 0,000 000 003 03 se escribe $3{,}03 \cdot 10^{-9}$.

Conviene recordar que multiplicar por 10^5, por ejemplo, equivale a desplazar la coma cinco lugares hacia la derecha, y dividir por 10^5, cinco lugares hacia la izquierda; también hay que tener en cuenta estas cuatro propiedades de las potencias:

1. $10^a \cdot 10^b = 10^{a+b}$;
2. $10^{-b} = \frac{1}{10^b}$;
3. $\frac{10^a}{10^b} = 10^{a-b}$ (esta propiedad justifica que se tome $10^0 = 1$);
4. $(10^a)^b = 10^{ab}$.

1.7. Sumas abreviadas: el símbolo sumatorio

Si $x_1, x_2, \ldots, x_n$ son n elementos de un conjunto A en el cual está definida la operación suma, se simboliza su suma en forma abreviada como

$$\sum_{i=1}^{n} x_i = x_1 + x_2 + \ldots + x_n$$

donde $\sum$ es la letra griega sigma mayúscula y representa ahora sumación y $\sum_{i=1}^{n} x_i$ se lee sumatorio de x_i desde $i = 1$ hasta $i = n$.

En esta expresión se aúnan el proceso de dar valores al índice i y sumar a cada valor el siguiente hasta alcanzar el último. De este modo es

$$\sum_{i=1}^{5} x_i = x_1 + x_2 + x_3 + x_4 + x_5$$

y análogamente

$$\sum_{i=1}^{20} x_i y_i = x_1 y_1 + x_2 y_2 + \cdots + x_{20} y_{20}.$$

Esta expresión tiene la ventaja de describir de forma rápida una suma independientemente del número de sumandos de que consta.

De la definición de sumatorio, si a es una constante, se verifica que

$$\sum_{i=1}^{n} a x_i = a \sum_{i=1}^{n} x_i.$$

Pueden existir sumatorios respecto a dos o más índices y su valor es el que se obtiene sumando todos los índices en sus respectivos valores. Así, por ejemplo:

$$\begin{aligned}\sum_{i=1}^{3}\sum_{j=2}^{4} ij &= \sum_{i=1}^{3}\left(\sum_{j=2}^{4} ij\right) = \sum_{j=2}^{4} 1j + \sum_{j=2}^{4} 2j + \sum_{j=2}^{4} 3j = 1\sum_{j=2}^{4} j + 2\sum_{j=2}^{4} j + 3\sum_{j=2}^{4} j = \\ &= (1+2+3)\sum_{j=2}^{4} j = (1+2+3)(2+3+4) = 6 \cdot 9 = 54,\end{aligned}$$

donde se ha sumado en i dejando fijo el índice j, para después sumar en j. La operación también se puede realizar sumando en j dejando fijo el índice i, con lo que también se obtiene

$$\begin{aligned}\sum_{i=1}^{3}\sum_{j=2}^{4} ij &= \sum_{j=2}^{4}\left(\sum_{i=1}^{3} ij\right) = \sum_{i=1}^{3} i \cdot 2 + \sum_{i=1}^{3} i \cdot 3 + \sum_{i=1}^{3} i \cdot 4 = \\ &= (2+3+4)\sum_{i=1}^{3} i = (2+3+4)(1+2+3) = 9 \cdot 6 = 54.\end{aligned}$$

EJEMPLO 1.8. La suma $\sum_{i=1}^{23} 5$ tiene por valor

$$\sum_{i=1}^{23} 5 = 5 + \overset{(23)}{\cdots} + 5 = 5 \cdot 23 = 115.$$

EJEMPLO 1.9. La suma abreviada $\sum_{i=1}^{4} 5i$ representa el valor

$$\sum_{i=1}^{4} 5i = 5\sum_{i=1}^{4} i = 5(1+2+3+4) = 5 \cdot 10 = 50.$$

EJEMPLO 1.10. El valor de la suma abreviada $\sum_{i-1}^{5} i^2$ es

$$\sum_{i=1}^{5} i^2 = 1^2 + 2^2 + 3^2 + 4^2 + 5^2 = 1 + 4 + 9 + 16 + 25 = 55.$$

1.8. Evolución histórica de la Estadística

Aunque la palabra Estadística, con el sentido que tiene en la actualidad, fue introducida en 1748 por Achenball, profesor de la Universidad de Göttingen, quien dio un tratamiento matemático al proceso de búsqueda de las leyes sobre la regularidad de ciertos fenómenos sociales, muchas de las facetas que se encuentran en este término son tan antiguas como el hombre mismo. Las actividades del recuento de bienes, hombres disponibles para la guerra, y su comparación con los que le contrapone el enemigo (que le obligan a planificar un modo de vida específico, o incluso deciden su propia supervivencia) presiden la existencia humana desde los orígenes y pueden ser calificadas de procesos pre-estadísticos ligados a la propia vida.

El arte fantástico de la enumeración de grandes números que se refleja en el Mahabarata o la confección de un seguro sobre transporte en Caldea debieron de estar fundamentados en ciertos procesos estadísticos sujetos a la necesidad vital y basados en la visión científica propia cuya concepción y desarrollo conocemos hoy de forma muy limitada. Herodoto nos narra que, hacia el año 3050 antes de Jesucristo, y como medida previa a la construcción de las pirámides, se realizó lo que llamamos un censo de población y medios de riqueza para emprender tan colosal proyecto.

Las técnicas de reparto de tierras y cosechas en el antiguo Egipto exigieron censos previos, alguno de los cuales es registrado por la historia en tiempos de Ramsés II, hacia el año 1400 antes de Jesucristo.

La lectura de la Biblia nos muestra en repetidas ocasiones los constantes recuentos y clasificaciones de efectivos guerreros o de propiedades, a veces exageradas, de las doce tribus hebreas.

Todos estos procesos que hoy sin duda podemos calificar, en sentido amplio, de estadísticas, tuvieron su más cualificada representación en el período de dominación romana. El Imperio de Roma, con su inquietud y celo organizativo, posibilitó la realización de más de sesenta censos registrados, para evaluar su potencial guerrero, fijar el derecho al voto, obtener los resultados de los impuestos, etc. La importancia de estos procesos en la Roma clásica viene reflejada por la instauración de la figura social del censor, de gran importancia en la administración del imperio.

Durante el período medieval son menos frecuentes estas actividades de censo, y únicamente son reseñables como procesos de este tipo algunos censos sobre siervos. El documento más importante de esta época es el «Libro del Gran Catastro», aparecido en Inglaterra en el año 1086.

Importancia decisiva tendrá para el desarrollo de los procesos estadísticos la incorporación por los árabes del sistema indio de numeración, el cual simplificará los procesos, haciéndolos más rápidos y manejables. La adopción de este sistema se realizó en el siglo XIII.

Con la llegada del Renacimiento y la posterior adopción del método científico, el hombre de la modernidad, impulsor del comercio y de las relaciones, no siempre violentas, con pueblos de diferentes nacionalidades, fue capaz de desarrollar su actividad comercial y aunar criterios y esfuerzos ante empresas supranacionales, dando un revestimiento matemático a los procesos económicos.

El hombre del siglo XVII ve llegar a la escena social el fenómeno llamado de la *Aritmética política*, nombre con el que se designaba la actividad de describir las cosas o bienes del Estado, derivando progresivamente hacia le contemplación de cualquier otro proceso numérico de la sociedad, como puede ser el recuento de accidentes o los estudios de mortalidad que se iniciaron en la *Royal Society of London*. Se observan fenómenos sociales y se describen numéricamente, tratando de hallar las causas que explican el fenómeno. Se pasa de un mero recuento a intentar hallar las leyes por las que se rige el fenómeno. En esta situación aparecen las llamadas Matemáticas políticas, cuyos campos de actividad no tienen límites fijos, yendo desde la Demografía hasta la Economía, y no sólo haciendo recuento de datos y representación de los mismos, que es el objeto de la Estadística descriptiva, sino sacando conclusiones de los datos (Estadística inductiva) y tomando decisiones más convenientes de acuerdo con la información tenida. Pero no adelantemos acontecimientos, pues el proceso no ha sido tan sencillo como de tan breve reseña podría deducirse.

Como quiera que la actividad estadística es esencialmente matemática, su fundamentación deberá provenir de esta ciencia, y reseñaremos a continuación algunas circunstancias sobre el nacimiento de esta rama de las Matemáticas.

El origen del Cálculo de Probabilidades está en el interés de la matemática por los procesos regidos por la ley del azar, circunstancia acaecida en una actividad humana en principio poco académica. Se cifra en el caballero De Méré este primer impulso o llamada a las Matemáticas; este caballero, un rico-hombre francés de mediados del siglo XVII, frecuentador de salas de juego en las que se cruzaban atrevidas apuestas apoyadas a veces en grandes sumas de dinero, vio en una ocasión cómo la suerte le era adversa. Su mente atormentada no encontraba alivio, por no hallar explicación razonada al hecho de que, apostando él a obtener, al menos una vez, el seis doble en el lanzamiento de dos dados veinticuatro veces consecutivas, la suerte le fuese tan desfavorable. Este hecho y la observación de la regularidad en la verificación de determinadas apuestas le llevaron a pensar en la posible existencia de una ley matemática que, de ser descubierta, permitiría al jugador tomar decisiones con garantías de éxito antes de cada apuesta.

Este acontecimiento, situado en París en 1654, tuvo un antecedente en Italia, cuando Galileo (1564-1642) sacó de su error a las personas que asignaban expectativas de éxito por igual a dos jugadores que apostaban, uno a obtener una suma de puntos igual a nueve, en tanto que el otro esperaba una suma de diez, lanzando ambos tres dados a la vez. Galileo mostró a sus interlocutores cómo es más ventajoso el apostar por una suma de diez puntos lanzando tres dados repetidas veces que hacerlo por una suma de nueve puntos.

Estas situaciones y otras muchas similares no hubiesen tenido trascendencia científica si no fuera porque a partir de ellas se hizo una llamada a la Matemática en algunos de sus pensadores más preclaros.

De Méré planteó algunas de estas cuestiones a Blaise Pascal (1623-1662), una de las cuales le llamó especialmente la atención. «Un jugador lanza tres veces el dado de entre las ocho que pensaba realizarlo, para obtener la cantidad de dinero fijada en el caso de resultar un uno. Interrumpido el proceso en el tercer lanzamiento, ¿qué parte del total sobre el que se apostaba corresponde al jugador?» Pascal comunicó epistolarmente esta cuestión a Pierre Fermat (1601-1665), a la sazón en Toulouse, y ambos se ocuparon en resolver matemáticamente ésta y otras cuestiones, dando lugar a una comunicación muy viva entre estos dos grandes matemáticos, circunstancia y momento en los que debe cifrarse el origen del Cálculo de Probabilidades.

El contenido de la correspondencia entre Pascal y Fermat y las ideas matemáticas subyacentes se recogen en la obra «*De ratiociniis in ludo aleae*» («Sobre los razonamientos relativos a los juegos de dados»), del matemático holandés Christian Huygens (1629-1695), aparecida en 1654, y puede decirse que es la primera obra que recoge los inicios del Cálculo de Probabilidades resolviendo cuestiones sobre probabilidad.

El matemático suizo Jacques Bernoulli (1654-1705) dedicó veinte intensos años a pensar sobre estas cuestiones, y como resultado de ello escribió su obra «*Ars conjectandi*» («Arte de la conjetura»), que constituye el primer tratado riguroso sobre el Cálculo de Probabilidades.

Los trabajos de Bernoulli fueron continuados por Abraham De Moivre (1667-1754), cuyas contribuciones más notables sobre probabilidad aparecen en su obra «*The Doctrine of Chances*» («La doctrina del azar»), en la que se resuelven ya problemas de gran dificultad, adelantándose a resultados atribuidos con posterioridad a Laplace y Poisson. Sin embargo, corresponde a Laplace (1749-1827) la obra más influyente y mejor lograda obre estos nuevos métodos «*Théorie analytique des probabilités*», obra que ejerció una gran influencia en la posteridad. Por su terminología precisa y por los resultados que incluye, es una obra central en la bibliografía sobre el Cálculo de Probabilidades.

El hombre del siglo XVIII, en su segunda mitad, es un ser con planteamientos y modos científicos diferentes. Pone en la base de toda argumentación científica el método inductivo, cuyas directrices lógicas parten de Bacon (1561-1626), siendo el matemático y sacerdote inglés Thomas Bayes (1702-1761) quien aplica este segundo gran logro del razonamiento a las matemáticas, tratando de sacar conclusiones o descubrir las leyes inherentes a un fenómeno o proceso determinado, y que hasta ese momento aparecía con el socorrido argumento «*a falta de explicación razonada, la ley del azar*».

A este hombre de la época de la Ilustración ya no le preocupa tanto el hecho de que al lanzar un dado se tenga una determinada probabilidad para un resultado concreto, sino que sus horizontes se amplían, y se pregunta sobre la probabilidad existente de que los habitantes de un determinado país sobrepasen una cierta edad o de que los beneficios de una empresa en determinado ejercicio superen una cantidad fijada o, en fin, sobre la probabilidad de que un sector determinado de la sociedad actúe de un modo que sea predecible con un alto grado de fiabilidad. En ese momento la Estadística aparece como la disciplina mental que versa sobre la inferencia incierta y que, utilizando procesos numéricos trata de explicar fenómenos naturales o experiencias humanas; es el Siglo de las Luces. La Matemática, como hicieran antes las ciencias físicas, aplica sus progresos y métodos cuantitativos a estudiar las leyes que rigen el comportamiento del hombre como ser social. Dos de los matemáticos más representativos del momento, Euler (1707-1783) y D'Alembert (1717-1783), escriben tratados sobre anualidades de capitalización, sorteos de lotería y esperanza de vida.

La Estadística pasa, de ser una actividad aritmética al servicio del Estado y un arte de describir sólo en forma cuantitativa, a ser una ciencia que se pregunta por las causas e influencias, tanto naturales como políticas y sociales, de determinados acontecimientos, como epidemias, cataclismos o conductas en la sociedad.

Una de las ciencias más beneficiadas por estos procesos estadísticos es la Economía, y el ejemplo claro se tiene con sólo considerar que, como consecuencia de los trabajos de construcción de las primeras tablas de mortalidad por Wargentin y Desparcieux, sueco y francés, respectivamente, se originó la floreciente industria del seguro de vida.

A partir de Laplace, la Estadística como ciencia abandona los métodos meramente descriptivos y utiliza como fundamento el Cálculo de Probabilidades.

El representante más genuino de este nuevo método es el matemático, sociólogo y estadístico belga Adolphe Quetelet (1796-1874), padre del neopositivismo, quien puso de manifiesto que es posible utilizar la Estadística como ciencia capaz de calibrar los fenómenos sociales. Así, ante un fenómeno como el de la mortalidad, que él estudió en 1829 con datos del primer censo de la nación belga, sacó conclusiones sobre el influjo que la posición económica, la edad, el sexo, la profesión y otros aspectos individuales tenían en la muerte de las personas. Es conocida la teoría de Quetelet del hombre medio, según la cual, socialmente, el hombre medio es el ser ficticio en torno al cual se distribuyen con tendencia a él los demás individuos de su mismo colectivo. De este modo podría predecirse matemáticamente la conflictividad u otro fenómeno social preocupante en una colectividad determinada.

La teoría de la correlación, imprescindible en todo proceso estadístico, fue introducida por el antropólogo británico sir Francis Galton (1822-1911), quien realizó estudios sobre la herencia aplicando la Estadística al estudio de los caracteres humanos. Es famosa la ley que lleva su nombre, que afirma que el efecto producido por la variación de un determinado atributo en un colectivo es proporcional a la propia intensidad de este atributo o a la magnitud del fenómeno que se estudia. Matemáticamente, la ley de Galton expresa que el logaritmo de cada variable estadística tiene una distribución normal. De la aplicación de la ley de Galton a la estatura de los seres humanos se obtiene que la estatura media de los hijos tiende a regresar hacia la estatura media de la raza.

En los inicios del siglo XX se unen definitivamente en todo proceso estadístico la descripción y análisis de los datos, por una parte, y el Cálculo de Probabilidades, por otra, dando lugar a la llamada actualmente Estadística matemática, la cual pretende situar en cada caso el fenómeno observado, o el proceso en estudio, bajo los presupuestos de una ley matemática que permitirá sacar las consecuencias conducentes a la toma de una decisión que será, de acuerdo con el fenómeno, matemática, social, económica, política, etc.

Ligado a esta nueva concepción de los procesos estadísticos está el nombre de Karl Pearson (1857-1936), con quien el método estadístico aplicado a fenómenos biológicos y sociales recibe un singular empuje, siendo uno de los cofundadores de la Estadística moderna. En 1902 aparece en Cambridge la revista, por él fundada, Biometrika, que se convirtió en la más importante publicación sobre la Estadística teórica y aplicada, principalmente a los procesos antropométricos.

Las aportaciones más importantes de Pearson a la Estadística aparecen en una larga serie de artículos escritos durante veinte años y publicados bajo el título de «*Contribución matemática a la teoría de la evolución*». En ellos se encuentra el popular criterio de la «chi-cuadrado», de extraordinaria utilidad para medir la bondad de un ajuste, y que descubrió en 1900.

Los procesos estadísticos centran el interés de los matemáticos en todos los países. Así, en 1906 se inicia por el matemático ruso Andrei Markov (1856-1922) el estudio de los sucesos eslabonados, conocidos popularmente como *cadenas de Markov*, que, dicho en forma breve, es el estudio de aquellos fenómenos biológicos o sociales en los que la probabilidad de un acontecimiento depende en muchos casos de resultados anteriores a él.

El período comprendido entre las dos guerras mundiales aporta a las Matemáticas el cambio más radical con la aparición de la teoría de conjuntos y la teoría de la medida, que de forma tan singular han marcado el Cálculo de Probabilidades y la Estadística matemática.

En el año 1931, el matemático ruso Andrei N. Kolmogorov (1903-1987) estableció una fundamentación axiomática del Cálculo de Probabilidades a la luz de la teoría de la medida de Lebesgue; de esta forma se resolvió parcialmente el sexto problema que Hilbert presentara en el Congreso de Matemáticos de París en 1900. En ese momento se opera una gran ruptura, pues, mientras que el Análisis clásico centra su estudio en las funciones continuas, es preciso estudiar los procesos discretos, ya que de este tipo son la mayoría de los problemas que aborda el Cálculo de Probabilidades. La vinculación entre el Cálculo de Probabilidades y el Análisis matemático se conoce mejor a partir de la aparición de la teoría de distribuciones, que es la generalización de la diferenciación, aparecida en 1950 de la mano de Laurent Schwartz (1915-2002).

La llegada de las computadoras electrónicas pone de manifiesto la relación entre el Cálculo de Probabilidades y la Estadística también en el campo de los procesos finitos. Las máquinas que en el siglo XIX soñara Charles Babbage son mero recuerdo de las que actualmente apoyan los procesos estadísticos. La Econometría es la primera beneficiaria, y aparecen los campos de la programación lineal, la investigación operativa o la teoría de juegos, entre otros. La obra «*Teoría del juego y comportamiento económico*», aparecida en 1944 en Estados Unidos, y de la que son autores John Von Neumann (1903-1957), matemático genial nacido en Hungría y miembro permanente del *Institute for Advanced Study*, y Oskar Morgenstern (1902-1976), científico economista estudioso de la Economía matemática, marca el papel central que la Matemática finita va a desempeñar a partir de este momento en las ciencias sociales, con aplicación a otros campos, como la Mecánica cuántica.

Finalmente, hemos de reseñar el gran impulso actual de los procesos estadísticos, que interfieren con las ramas más modernas de la Matemática, y cuyos límites aparecen cada día menos delimitados, pero recibiendo el impulso benefactor del desarrollo de la Matemática pura y aplicada, de campos como el Análisis funcional, tendiendo con el avance de los tiempos a la simplificación de los procesos, ya que la simplificación es el logro más deseado que adelantara André Weil (1906-1998) para la Matemática del futuro y, por ende, para los procesos estadísticos y sus aplicaciones.

EN DETALLE

1.1 Redondéense los siguientes números

(a) 726,3 a número entero.

(b) 32,78 a las décimas.

(c) 7517 a las centenas.

(d) 407,58 a entero.

RESOLUCIÓN

Aplicando el criterio 1 en los apartados (a), (b), (c) y (d) se obtienen, respectivamente, como redondeos

$$726, \qquad 32{,}8, \qquad 7500 \qquad \text{y} \qquad 408.$$

1.2 Redondéense los siguientes números

(a) 23,5 a número entero.

(b) 407,65 a las décimas.

(c) 8,2415 a las milésimas.

(d) 3247,285 a las centésimas.

RESOLUCIÓN

Aplicando el criterio 2 en los apartados (a), (b), (c) y (d) se obtienen, respectivamente, como redondeos

$$24, \qquad 407{,}6, \qquad 8{,}242 \qquad \text{y} \qquad 3247{,}28.$$

1.3 Efectúense las siguientes operaciones:

(a) $(3{,}21 \cdot 10^7)(2{,}05 \cdot 10^{-6})$;

(b) $(8{,}3 \cdot 10^5)(3{,}01 \cdot 10^8)$;

(c) $\dfrac{1{,}268 \cdot 10^6}{62500}$;

(d) $6{,}8 \cdot 10^5 - 32700$.

RESOLUCIÓN

(a)
$$\begin{aligned}(3{,}21 \cdot 10^7)(2{,}05 \cdot 10^{-6}) &= (3{,}21 \cdot 2{,}05) \cdot 10^7 \cdot 10^{-6} = \\ &= 6{,}5805 \cdot 10^{7-6} = 6{,}5805 \cdot 10^1 = 65{,}805.\end{aligned}$$

(b)
$$\begin{aligned}(8{,}3 \cdot 10^5)(3{,}01 \cdot 10^8) &= (8{,}3 \cdot 3{,}01) \cdot 10^5 \cdot 10^8 = \\ &= 24{,}983 \cdot 10^{5+8} = 24{,}983 \cdot 10^{13} = 2{,}4983 \cdot 10^{14}.\end{aligned}$$

(c) $$\frac{1{,}268\cdot 10^6}{62\,500}=\frac{1{,}268\cdot 10^6}{6{,}25\cdot 10^4}=\frac{1{,}268}{6{,}25}\cdot 10^{6-4}=0{,}202\,88\cdot 10^2=2{,}028\,8\cdot 10=20{,}288.$$

(d) $$\begin{aligned}6{,}8\cdot 10^5-32\,700 &= 6{,}8\cdot 10^5-0{,}327\cdot 10^5=\\ &= (6{,}8-0{,}327)\cdot 10^5=6{,}473\cdot 10^5=647\,300.\end{aligned}$$

1.4 Efectúense las siguientes operaciones:

(a) $\dfrac{3{,}27\cdot 10^4}{3\cdot 10^{-4}}$.

(b) $\dfrac{65\cdot 10^{-5}}{6{,}25\cdot 10^7}$.

(c) $\dfrac{7{,}141\,2\cdot 10^5-87\,000}{0{,}003+1{,}02\cdot 10^{-3}}$.

(d) $\dfrac{33\,000-3{,}5\cdot 10^3}{0{,}33-33\cdot 10^{-3}}$.

RESOLUCIÓN

(a) $$\frac{3{,}27\cdot 10^4}{3\cdot 10^{-4}}=\frac{3{,}27}{3}\cdot 10^8=1{,}09\cdot 10^8.$$

(b) $$\frac{65\cdot 10^{-5}}{6{,}25\cdot 10^7}=\frac{65}{6{,}25}\cdot 10^{-12}=10{,}4\cdot 10^{-12}=1{,}04\cdot 10^{-11}.$$

(c) $$\begin{aligned}\frac{7{,}141\,2\cdot 10^5-87\,000}{0{,}003+1{,}02\cdot 10^{-3}} &= \frac{714{,}12\cdot 10^3-87\cdot 10^3}{3\cdot 10^{-3}+1{,}02\cdot 10^{-3}}=\frac{(714{,}12-87)\cdot 10^3}{(3+1{,}02)\cdot 10^{-3}}=\\ &= \frac{627{,}12}{4{,}02}\cdot 10^6=156\cdot 10^6=1{,}56\cdot 10^8.\end{aligned}$$

(d) $$\begin{aligned}\frac{33\,000-3{,}5\cdot 10^3}{0{,}33-33\cdot 10^{-3}} &= \frac{33\cdot 10^3-3{,}5\cdot 10^3}{33\cdot 10^{-2}-3{,}3\cdot 10^{-2}}=\frac{(33-3{,}5)\cdot 10^3}{(33-3{,}3)\cdot 10^{-2}}=\\ &= \frac{29{,}5}{29{,}7}\cdot 10^5=0{,}993\,27\cdot 10^5=9{,}932\,7\cdot 10^4.\end{aligned}$$

1.5 Calcúlese

$$\sum_{i=1}^{5}(4i^2+3i)$$

RESOLUCIÓN

$$\begin{aligned}\sum_{i=1}^{5}(4i^2+3i) &= \sum_{i=1}^{5}4i^2+\sum_{i=1}^{5}3i=4\sum_{i=1}^{5}i^2+3\sum_{i=1}^{5}i=\\ &= 4(1^2+2^2+3^2+4^2+5^2)+3(1+2+3+4+5)=\\ &= 4(1+4+9+16+25)+3\cdot 15=4\cdot 55+45=220+45=265.\end{aligned}$$

1.6 Calcúlese

$$\sum_{i=1}^{60} i$$

RESOLUCIÓN

Se trata de calcular la suma de los sesenta primeros números naturales:

$$\sum_{i=1}^{60} i = 1+2+3+\cdots+58+59+60.$$

Este ejercicio fue propuesto por el maestro del joven Gauss en la escuela. Éste lo resolvió con un ingenio que adelantaba su capacidad calculística fuera de lo común. Reordenó los sumandos colocándolos en la forma

$$\sum_{i=1}^{60} i = (1+60)+(2+59)+\cdots+(29+32)+(30+31) = 61+\overset{(30)}{\cdots}+61 = 30\cdot 61 = 1\,830.$$

1.7 Calcúlese el valor de la suma

$$\sum_{i=1}^{6} \frac{1}{i^2+3i+2}$$

RESOLUCIÓN

Primer método.

Dando valores al índice se obtiene

$$\begin{aligned}
\sum_{i=1}^{6} \frac{1}{i^2+3i+2} &= \frac{1}{1+3+2}+\frac{1}{4+6+2}+\frac{1}{9+9+2}+\\
&\quad +\frac{1}{16+12+2}+\frac{1}{25+15+2}+\frac{1}{36+18+2}=\\
&= \frac{1}{6}+\frac{1}{12}+\frac{1}{20}+\frac{1}{30}+\frac{1}{42}+\frac{1}{56}=\\
&= \frac{1}{2}\left(\frac{1}{3}+\frac{1}{6}+\frac{1}{10}+\frac{1}{15}+\frac{1}{21}+\frac{1}{28}\right)=\\
&= \frac{1}{2}\,\frac{140+70+42+28+20+15}{420} = \frac{1}{2}\,\frac{315}{420} = \frac{1}{2}\,\frac{3}{4} = \frac{3}{8}
\end{aligned}$$

Segundo método.

Considerando que $i^2+3i+2 = (i+1)(i+2)$, se tiene que

$$\frac{1}{i^2+3i+2} = \frac{1}{(i+1)(i+2)} = \frac{1}{i+1} - \frac{1}{i+2}$$

y por tanto es

$$\begin{aligned}
\sum_{i=1}^{6} \frac{1}{i^2+3i+2} &= \sum_{i=1}^{6}\left(\frac{1}{i+1}-\frac{1}{i+2}\right)=\\
&= \left(\frac{1}{2}-\frac{1}{3}\right)+\left(\frac{1}{3}-\frac{1}{4}\right)+\left(\frac{1}{4}-\frac{1}{5}\right)+\left(\frac{1}{5}-\frac{1}{6}\right)+\left(\frac{1}{6}-\frac{1}{7}\right)+\left(\frac{1}{7}-\frac{1}{8}\right)=\\
&= \frac{1}{2}-\frac{1}{8} = \frac{3}{8}
\end{aligned}$$

1.8 Calcúlese el valor de la expresión

$$\sum_{i=2}^{4}\sum_{j=1}^{3}(i+1)(j-1)$$

RESOLUCIÓN

Primer método.

Dejando j fijo y sumando en i se tiene:

$$\begin{aligned}\sum_{i=2}^{4}\sum_{j=1}^{3}(i+1)(j-1) &= \sum_{j=1}^{3}(2+1)(j-1)+\sum_{j=1}^{3}(3+1)(j-1)+\sum_{j=1}^{3}(4+1)(j-1)=\\ &= 3\sum_{j=1}^{3}(j-1)+4\sum_{j=1}^{3}(j-1)+5\sum_{j=1}^{3}(j-1)=\\ &= (3+4+5)\sum_{j=1}^{3}(j-1)=12\sum_{j=1}^{3}(j-1)=12(0+1+2)=12\cdot 3=36.\end{aligned}$$

Segundo método.

Sumando en j y dejando i fijo obtenemos

$$\sum_{i=2}^{4}\sum_{j=1}^{3}(i+1)(j-1)=\sum_{i=2}^{4}(i+1)(0+1+2)=3\sum_{i=2}^{4}(i+1)=3(3+4+5)=3\cdot 12=36.$$

Tercer método

Separando factores en cada uno de los índices se tiene

$$\sum_{i=2}^{4}\sum_{j=1}^{3}(i+1)(j-1)=\left[\sum_{i=2}^{4}(i+1)\right]\left[\sum_{j=1}^{3}(j-1)\right]=(3+4+5)(0+1+2)=12\cdot 3=36.$$

1.9 Obténgase el valor de la suma

$$\sum_{i=1}^{3}\sum_{j=1}^{3}a_{ij}x_ix_j$$

sabiendo que $a_{ji}=a_{ij}$, siendo a_{ij}, x_i y x_j números reales.

RESOLUCIÓN

Primer método.

Sumando en el índice i, dejando fijo el índice j y sumando a continuación en j se tiene

$$\begin{aligned}\sum_{i=1}^{3}\sum_{j=1}^{3}a_{ij}x_ix_j &= \sum_{j=1}^{3}(a_{1j}x_1x_j+a_{2j}x_2x_j+a_{3j}x_3x_j)=\\ &= \sum_{j=1}^{3}a_{1j}x_1x_j+\sum_{j=1}^{3}a_{2j}x_2x_j+\sum_{j=1}^{3}a_{3j}x_3x_j=\\ &= a_{11}x_1x_1+a_{12}x_1x_2+a_{13}x_1x_3+\\ &\quad +a_{21}x_2x_1+a_{22}x_2x_2+a_{23}x_2x_3+\\ &\quad +a_{31}x_3x_1+a_{32}x_3x_2+a_{33}x_3x_3=\\ &= a_{11}x_1^2+2a_{12}x_1x_2+2a_{13}x_1x_3+a_{22}x_2^2+2a_{23}x_2x_3+a_{33}x_3^2.\end{aligned}$$

Segundo método.

Sumando en el índice j, dejando fijo el índice i y sumando a continuación en i resulta

$$\begin{aligned}
\sum_{i=1}^{3}\sum_{j=1}^{3} a_{ij}x_ix_j &= \sum_{i=1}^{3}(a_{i1}x_ix_1 + a_{i2}x_ix_2 + a_{i3}x_ix_3) = \\
&= \sum_{i=1}^{3} a_{i1}x_ix_1 + \sum_{i=1}^{3} a_{i2}x_ix_2 + \sum_{i=1}^{3} a_{i3}x_ix_3 = \\
&= \quad a_{11}x_1x_1 + a_{21}x_2x_1 + a_{31}x_3x_1 + \\
&\quad + a_{12}x_1x_2 + a_{22}x_2x_2 + a_{32}x_3x_2 + \\
&\quad + a_{13}x_1x_3 + a_{23}x_2x_3 + a_{33}x_3x_3 = \\
&= a_{11}x_1^2 + 2a_{12}x_1x_2 + 2a_{13}x_1x_3 + a_{22}x_2^2 + 2a_{23}x_2x_3 + a_{33}x_3^2.
\end{aligned}$$

Teniendo en cuenta el producto de matrices, la suma doble dada se puede expresar como

$$\sum_{i=1}^{3}\sum_{j=1}^{3} a_{ij}x_ix_j = \begin{pmatrix} x_1 & x_2 & x_3 \end{pmatrix} \begin{pmatrix} a_{11} & a_{12} & a_{13} \\ a_{12} & a_{22} & a_{23} \\ a_{13} & a_{23} & a_{33} \end{pmatrix} \begin{pmatrix} x_1 \\ x_2 \\ x_3 \end{pmatrix} = X^tAX.$$

1.10 Obténgase el valor de la suma doble

$$\sum_{i=1}^{3}\sum_{j=1}^{3}(i+j)x_ix_j$$

RESOLUCIÓN

Sumando en j para cada i fijo y sumando luego en i se tiene

$$\begin{aligned}
\sum_{i=1}^{3}\sum_{j=1}^{3}(i+j)x_ix_j &= \sum_{i=1}^{3}(i+1)x_ix_1 + \sum_{i=1}^{3}(i+2)x_ix_2 + \sum_{i=1}^{3}(i+3)x_ix_3 = \\
&= \quad 2x_1^2 + 3x_2x_1 + 4x_3x_1 + \\
&\quad + 3x_1x_2 + 4x_2^2 + 5x_3x + \\
&\quad + 4x_1x_3 + 5x_2x_3 + 6x_3^2 = \\
&= 2x_1^2 + 6x_1x_2 + 8x_1x_3 + 4x_2^2 + 10x_2x_3 + 6x_3^2.
\end{aligned}$$

El resultado obtenido se puede escribir matricialmente en la forma

$$\sum_{i=1}^{3}\sum_{j=1}^{3}(i+j)x_ix_j = \begin{pmatrix} x_1 & x_2 & x_3 \end{pmatrix} \begin{pmatrix} 2 & 3 & 4 \\ 3 & 4 & 5 \\ 4 & 5 & 6 \end{pmatrix} \begin{pmatrix} x_1 \\ x_2 \\ x_3 \end{pmatrix}$$

Al mismo resultado se llega si sumamos en i para cada j fijo como

$$\sum_{i=1}^{3}\sum_{j=1}^{3}(i+j)x_ix_j = \sum_{j=1}^{3}(1+j)x_1x_j + \sum_{j=1}^{3}(2+j)x_2x_j + \sum_{j=1}^{3}(3+j)x_3x_j.$$

Si ahora se desarrolla cada sumando dando valores a j se obtiene el resultado anterior.

PROPUESTOS

1.1 Obténganse los redondeos que se indican

(a) 37,23 a entero.
(b) 122,88 a las décimas.
(c) 4 090 a las centenas.
(d) 73,55 a entero.

1.2 Redondéense los siguientes números

(a) 71,5 a entero.
(b) 1 007,25 a las décimas.
(c) 0,034 5 a las milésimas.
(d) 1 122,105 a las centésimas.

1.3 Efectúense los siguientes cálculos

(a) $(2,852 \cdot 10^8) \cdot 0,000\,007\,5$.
(b) $10\,000\,000 - 9,98 \cdot 10^6$.
(c) $28\,500\,000\,000 \cdot 0,003\,2$.
(d) $\dfrac{700\,000\,700\,000}{35\,000\,035}$

1.4 Efectúense los siguientes cálculos

(a) $\dfrac{1,71 \cdot 10^{-8}}{0,000\,000\,005\,7}$
(b) $\dfrac{2,800\,8 \cdot 10^5 + 30\,000}{25\,000}$
(c) $\dfrac{0,000\,000\,000\,7}{1,25 \cdot 10^{-10}}$
(d) $\dfrac{(10^3 - 125) \cdot 10^{-8}}{0,000\,001\,562\,5}$

1.5 Calcúlese

$$\sum_{i=1}^{4}(2i^3 + i^2 + i + 1)$$

1.6 Calcúlese la suma

$$\sum_{i=1}^{10}[2 + 3(i-1)]$$

1.7 Hállese el valor de la expresión

$$\sum_{i=1}^{4}(5ai^2 + bi + c)$$

P 1.8 Calcúlese el valor de la expresión

$$\sum_{i=1}^{2}\sum_{j=1}^{2} 3a_i b_j$$

siendo a_i, b_j números reales.

P 1.9 Calcúlese el desarrollo de la suma

$$\sum_{i=1}^{3}\sum_{j=1}^{3} a_{ij} x_i y_j$$

sabiendo que $a_{ji} = -a_{ij}$ y siendo a_{ij}, x_i, y_j números reales.

P 1.10 Calcúlese el valor de la suma

$$\sum_{i=1}^{3}\sum_{j=1}^{3} (i-j) y_i y_j$$

Capítulo 2

Tablas estadísticas

2.1. Tablas estadísticas

Los resultados numéricos de las observaciones realizadas en un colectivo constituyen lo que se llama una *serie estadística*, y deben presentarse ordenados y clasificados según un criterio fijado; generalmente, estos resultados se presentan agrupados en una disposición rectangular, que se llama *tabla estadística*.

La serie estadística puede haber sido obtenida a lo largo del tiempo, para observar su variación. A estas series se las llama series cronológicas o temporales, por ejemplo, las cotizaciones en bolsa a lo largo del mes pasado de las acciones de Telefónica. Nos ocuparemos de dichas series en el Capítulo 11.

Si las observaciones han sido efectuadas en un momento fijo, se llaman *atemporales*, y pueden ser espaciales y de frecuencias. Son espaciales si tratan de comparar los valores de una variable en distintos espacios geográficos, como la renta «per capita» en las distintas Comunidades Autónomas. Son de frecuencias si estudian la repetición de un determinado hecho o fenómeno, éstas son las más usuales en los procesos estadísticos.

2.2. Distribuciones de frecuencias

Las *distribuciones de frecuencias* tratan de observar, clasificar y ordenar las repeticiones de ciertos valores de una variable, y pueden ser cualitativas o cuantitativas, según el carácter que mide la variable sea cualitativo o cuantitativo. Las variables cuantitativas pueden, a su vez, ser discretas o continuas, según sea la variable.

Las tablas estadísticas que presentan los resultados de las distribuciones de frecuencias se llaman también distribuciones de frecuencias, ya que las tablas son el modo habitual de presentar los resultados.

2.3. Frecuencias: sus clases

Se llama *frecuencia absoluta* al número de veces que se repite un valor de una variable cuantitativa o una modalidad de un atributo, se representa por n_i y significa que el valor x_i, o la modalidad a_i, aparece n_i veces.

Es evidente que la suma de todas las frecuencias absolutas debe ser igual al número total de elementos de la población o de la muestra de que se trate; este total, que se llama *tamaño*, se representa usualmente por N.

Se llama *frecuencia relativa* a la razón entre la frecuencia absoluta y el total de elementos, o tamaño. La frecuencia relativa mide la proporción de un valor o modalidad dentro del total. La frecuencia relativa se representa por f_i y, con la definición dada, es

$$f_i = \frac{n_i}{N} \tag{2.1}$$

Evidentemente, siempre se verifica $f_i \leq 1$, por ser $n_i \leq N$, y la suma de todas las frecuencias relativas f_i es igual a 1.

Se llama *frecuencia acumulada* a las sumas de frecuencias hasta un determinado valor de la variable; no tiene sentido hablar de frecuencias acumuladas cuando se trata de un atributo, porque no se pueden sumar las modalidades.

Existen dos tipos de frecuencias acumuladas: frecuencia absoluta acumulada, que se representa por N_i y se obtiene sumando frecuencias absolutas, y frecuencia relativa acumulada que se representa por F_i y se obtiene sumando frecuencias relativas. La suma o acumulación puede efectuarse de forma creciente o decreciente; es creciente cuando, al aumentar los valores de la variable X, aumentan también los valores de las frecuencias acumuladas, lo cual se indicará siempre por $N_i \downarrow$, $F_i \downarrow$. Es decreciente cuando disminuyen los valores de las frecuencias acumuladas, lo que denotaremos con la expresión $N_i \uparrow$, $F_i \uparrow$; por ello es conveniente ordenar siempre los valores de la variable de forma creciente.

Con las definiciones dadas, tenemos las siguientes fórmulas:

$$\begin{aligned} N_i \downarrow &= n_1 + n_2 + n_3 + \cdots + n_i \\ N_i \uparrow &= n_k + n_{k-1} + n_{k-2} + \cdots + n_i \\ F_i \downarrow &= f_1 + f_2 + f_3 + \cdots + f_i \\ F_i \uparrow &= f_k + f_{k-1} + f_{k-2} + \cdots + f_i \end{aligned} \tag{2.2}$$

siendo $i \leq k$.

2.4. Variables y escalas

Las variables estadísticas se pueden clasificar de acuerdo con la asignación realizada a los individuos del colectivo en estudio. En este sentido existen cuatro tipos de variables estadísticas o tipos de escalas.

Variables nominales. Son aquellos atributos cuyas modalidades no admiten ordenación ni permiten las operaciones usuales del álgebra. Entre cada dos valores de la variable sólo cabe ser iguales o distintos.

EJEMPLO 2.1. El estado civil de los habitantes de un país es una variable nominal o atributo. Sus modalidades, soltero (s), casado (c), viudo (v) y divorciado (d), no se pueden ordenar ni operar.

Variables ordinales. Son las variables cuantitativas cuyos valores pueden ser ordenados de forma creciente o decreciente sin que tenga sentido el operar entre los diferentes valores que toma la variable. Los valores de la variable permiten la relación de igualdad-desigualdad y además pueden ser ordenados entre ellos.

EJEMPLO 2.2. La variable estadística que describe la edad de los profesores de un centro escolar, valorada como

$$27,\quad 36,\quad 42,\quad 48,\quad 51,\quad 53,\quad 49,\quad 44,\quad 37,\quad 32,\quad 24,$$

es una variable ordinal cuyos valores ordenados en forma creciente son

$$24,\quad 27,\quad 32,\quad 36,\quad 37,\quad 42,\quad 44,\quad 48,\quad 49,\quad 51,\quad 53,$$

sin que tenga sentido operación alguna con estos números, del tipo suma, producto, etc., de acuerdo con lo que describe la variable.

En el caso de que cada valor de la variable aparezca una sola vez esta variable ordinal constituye una distribución estadística llamada *distribución ordinal simple*. Estas distribuciones no suelen ser consideradas como distribuciones estadísticas en el sentido estricto del término, ya que la Estadística descriptiva, cuando estudia colectivos numerosos, ordena los datos por agrupación de los mismos en la forma más conveniente. Su tratamiento estadístico se reduce a presentar los datos en forma ordenada.

Cuando algún valor de la variable aparece más de una vez, se tiene una *distribución ordinal con repetición*. Usualmente son pocos los valores de la variable y, en cambio, se dispone de muchas observaciones. Para su estudio se presentan ordenados los datos en dos columnas: en la primera se escriben los valores de la variable, (x_i), y en la otra, las frecuencias absolutas correspondientes, (n_i), es decir, en la forma

x_i	n_i
x_1	n_1
x_2	n_2
x_3	n_3
$\vdots$	$\vdots$
x_k	n_k

EJEMPLO 2.3. Las edades de los niños de una unidad infantil son

$$1,2,2,3,1,2,3,4,1,2,3,4,1,2,3,2,1,1,4,1,$$

y la tabla correspondiente a esta variable estadística es la siguiente:

x_1	n_i
1	7
2	6
3	4
4	3

Variables en escala de intervalos. Las variables estadísticas medidas en escala de intervalos son aquéllas que toman valores en intervalos y en los que el cero de la escala tienen valor relativo.

Con los valores de estas variables son posibles las relaciones de igualdad-desigualdad, orden y, además, se puede establecer una unidad de medida que nos indique cuántas veces se encuentra contenida la diferencia entre dos valores cualesquiera. No tiene sentido la comparación por cociente entre dos valores de la variable.

EJEMPLO 2.4. La variable estadística que mide el coeficiente intelectual o cociente de inteligencia (C.I.) es también una variable estadística medida en escala de intervalo donde la diferencia de inteligencia entre un individuo de C.I. igual a 120 y otro de valor 100 es la misma que la existente entre uno de 110 y otro de 90. Sin embargo no tiene sentido afirmar que un individuo con C.I. de valor 120 duplique en inteligencia a otro con C.I. de valor 60, ya que en esta escala se toma el origen en el valor 100, siendo éste un valor relativo.

Variables en escala de razón. Las variables estadísticas medidas en escala de razón son aquéllas que toman valores en intervalos y en las que el valor cero tiene sentido absoluto. Tomar el valor cero significa valoración nula de la magnitud que se valora.

En una escala de razón entre los valores de la variable se verifican relaciones de igualdad-desigualdad, orden, cuántas veces la diferencia entre dos valores es mayor que la diferencia entre otros dos y, además, cuántas veces un valor es mayor que otro. Dicho de otro modo, entre dos valores se pueden establecer relaciones de igualdad-desigualdad, orden y las operaciones suma, resta, producto y cociente.

EJEMPLO 2.5. La variable estadística que valora la estatura en centímetros de un colectivo es una variable en escala de razón. Para ella se pueden establecer diferencias en estatura, así como relaciones de orden, e igualmente podemos decir que la diferencia entre dos valores es k veces la que existe entre otros dos y, por último, un adulto puede tener estatura triple que la de un niño. Esto es debido a que en las escalas de razón la unidad de medida es arbitraria, pero no el origen que corresponde a la medida nula.

Tanto las distribuciones en escala de intervalos como las de razón se llaman usualmente *distribuciones de datos agrupados*. Cuando el número de observaciones y el de valores son grandes, lo que generalmente ocurre en las distribuciones de variable continua, hay poca repetición de datos, y su tratamiento estadístico como distribución ordinal con repetición sería extraordinariamente laborioso. Con el fin de estudiar estas distribuciones de forma más cómoda, se realiza una partición del campo de variación de la variable en *intervalos de clase* representados en la forma L_{i-1}–L_i, de la misma o diferente *amplitud*, y se presentan los datos ordenados en dos columnas: en una los intervalos y en la otra las frecuencias absolutas:

L_{i-1}–L_i	n_i
L_0–L_1	n_1
L_1–L_2	n_2
L_2–L_3	n_3
$\vdots$	$\vdots$
L_{k-1}–L_k	n_k

En esta representación tenemos una pérdida de información, ya que valores diferentes caen dentro del mismo intervalo y van a ser tratados como iguales; es, pues, necesario elegir unos intervalos suficientemente pequeños para que la información que se pierda sea la menor posible, pero suficientemente grandes para que no haya demasiados intervalos y el tratamiento sea más cómodo. No existe una regla que permita determinar el número de intervalos más conveniente; este número suele variar entre 4 y 15, y en muchos casos se acostumbra a tomar un número de intervalos que no exceda del diez por ciento del número de datos.

Al elegir los intervalos conviene que ningún dato coincida con los puntos de división de los mismos. Si algún valor de la variable coincide con uno de estos puntos ya elegidos, por ejemplo, L_3, este valor pertenece a los intervalos $[L_2;L_3]$ y $[L_3;L_4]$, aunque sólo debe anotarse en uno de ellos al efectuar el recuento de datos; el criterio más extendido consiste en *anotarlo en el segundo de los dos*, lo que equivale a considerar los intervalos como semiabiertos, cerrados a la izquierda, salvo el último, que será cerrado en ambos extremos, es decir,

$$[L_0;L_1),[L_1;L_2),\ldots,[L_{k-1};L_k]$$

en donde, por ejemplo, es

$$[L_2;L_3) = \{X : L_2 \le X < L_3\}.$$

Asociado a cada intervalo de clase $[L_{i-1};L_i)$ existe un número, x_i, llamado *marca de clase*, dado por

$$x_i = \frac{L_{i-1} + L_i}{2} \tag{2.3}$$

y que corresponde al valor central del intervalo. De este modo, todos los valores del intervalo $[L_{i-1};L_i)$ pueden considerarse iguales a x_i, lo cual permite tratar las distribuciones en escalas de intervalo o de razón como una distribución ordinal con repetición, cometiendo un error que se denomina *error de agrupamiento*.

La tabla estadística que describe esta situación se presentará en la forma

$[L_{i-1};L_i)$	x_i	n_i
$[L_0;L_1)$	x_1	n_1
$[L_1;L_2)$	x_2	n_2
$[L_2;L_3)$	x_3	n_3
$\vdots$	$\vdots$	$\vdots$
$[L_{k-1};L_k]$	x_k	n_k

2.5. Representaciones gráficas

Los procesos estadísticos se presentan habitualmente mediante una tabla estadística, más o menos completa, cuya interpretación puede ser laboriosa, por lo que, a menudo, se recurre a representaciones gráficas que proporcionan de modo rápido y visual una idea aproximada del aspecto que se estudia. Estas representaciones deben entenderse como auxiliares de la interpretación, y las conclusiones que vayan a obtenerse deberán hacerse del estudio de la tabla estadística de que se trate.

Entre las diversas formas de representación gráfica que se utilizan en Estadística, vamos a destacar como más importantes, para variables de tipo cuantitativo, el diagrama de barras, el histograma y el polígono de frecuencias, y para variables de tipo cualitativo, el diagrama de sectores, el cartograma, el diagrama de rectángulos y el pictograma. Otras representaciones más específicas son la pirámide de población y el diagrama de tallos y hojas.

El *diagrama de barras* se utiliza para distribuciones del tipo ordinal con repetición y consiste en colocar sobre un eje horizontal los valores de la variable X y levantar sobre cada uno de estos puntos una barra cuya altura se igual a su frecuencia absoluta; así, de modo gráfico, podemos comparar las frecuencias que corresponden a los distintos valores. Muchas veces es conveniente tomar escalas diferentes en los ejes, con el fin de que el diagrama quede proporcionado, y tampoco es imprescindible que los valores de la variable estén exactamente colocados con relación al origen.

EJEMPLO 2.6. Un diagrama de barras es el que aparece en la Figura 2.1.

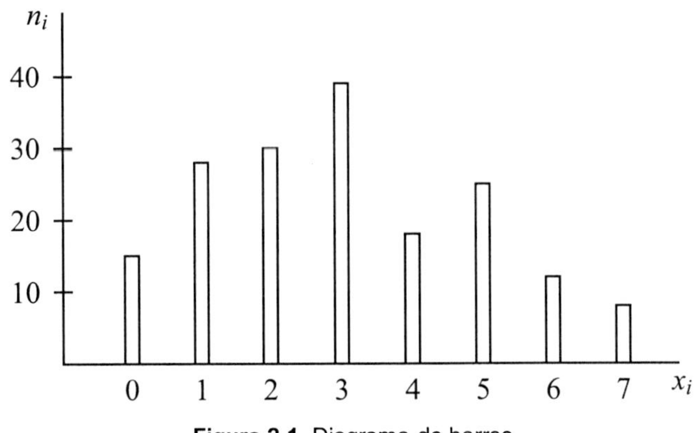

Figura 2.1. Diagrama de barras

El *histograma* se utiliza para las distribuciones de datos agrupados, y en él se deben colocar los intervalos que definen las clases sobre el eje horizontal, construyendo sobre cada uno de ellos un rectángulo cuya superficie sea igual a la frecuencia absoluta correspondiente.

Cuando tengamos intervalos de amplitudes diferentes, será preciso calcular las *alturas* necesarias para que las superficies coincidan con las frecuencias absolutas. En el intervalo i-ésimo, $[L_{i-1};L_i)$, la amplitud es $a_i = L_i - L_{i-1}$, y si su frecuencia es n_i, igual al área, necesitamos una altura del rectángulo h_i, tal que $n_i = a_i \cdot h_i$, de donde obtenemos que las alturas se calcularán con la fórmula

$$h_i = \frac{n_i}{a_i} \tag{2.4}$$

Cuando todos los intervalos tienen la misma amplitud es más cómodo colocar como alturas las frecuencias absolutas n_i. De esta forma las áreas no coincidirán con las frecuencias respectivas, pero serán proporcionales, y la percepción visual resultante será la misma.

Tanto en el diagrama de barras como en el histograma conviene que el dibujo quede proporcionado. Una proporción adecuada es aquélla en que la altura sea aproximadamente el 75 % del ancho total, y con este fin deberán elegirse las escalas.

EJEMPLO 2.7. En la Figura 2.2 se representan dos histogramas, el primero corresponde a intervalos de igual amplitud y el segundo con distinta amplitud.

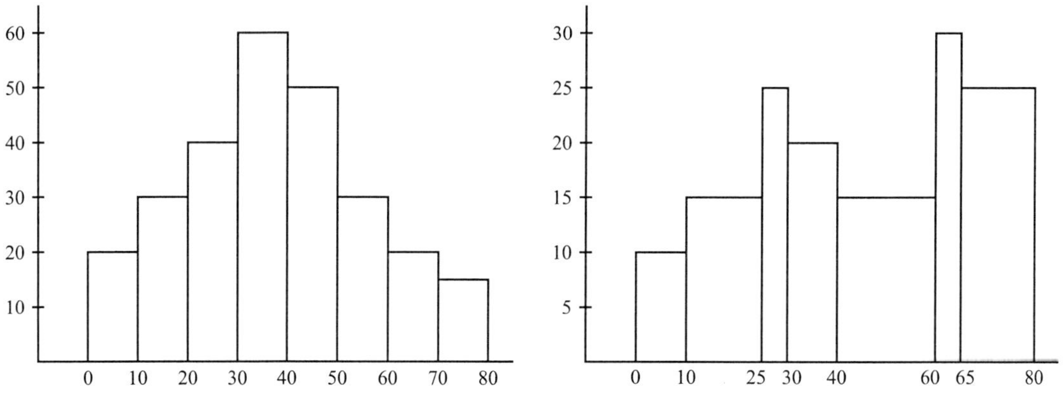

Figura 2.2. Histogramas con intervalos de iguales y de distintas amplitudes

El *polígono de frecuencias*, menos utilizado que los anteriores, puede sustituir tanto a uno como a otro. Consiste en unir mediante una línea poligonal los extremos superiores consecutivos de las barras, si es una distribución ordinal con repetición, o los puntos medios de las bases superiores de los rectángulos del histograma, si se trata de distribuciones de datos agrupados.

Se acostumbra a prolongar por ambos lados la línea poligonal hasta cortar al eje horizontal a una distancia igual a la mitad de la amplitud del intervalo correspondiente, como si hubiera otros dos datos con frecuencia nula. El área encerrada entre el polígono de frecuencias y el eje horizontal, en el caso de distribuciones de datos agrupados, coincide con la superficie del histograma.

El polígono de frecuencias se puede utilizar también para representar las frecuencias acumuladas, absolutas o relativas, en sentido creciente o decreciente.

EJEMPLO 2.8. En la Figura 2.3 aparecen polígonos de frecuencias, el primero corresponde a una distribución ordinal con repetición y el segundo a una distribución de datos agrupados.

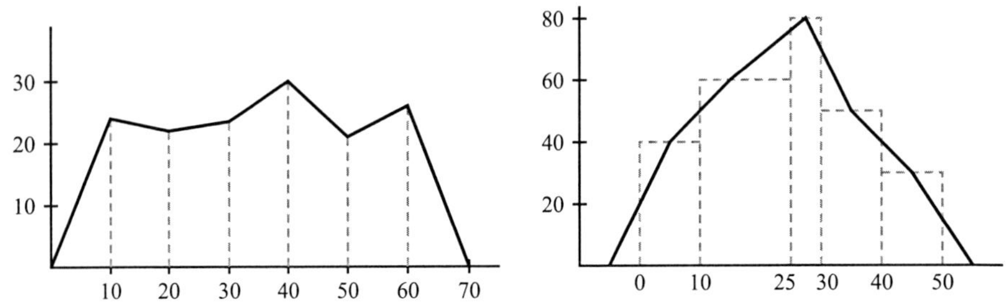

Figura 2.3. Polígonos de frecuencias

El *diagrama de sectores* es una representación en la que un círculo aparece dividido en sectores de forma que los ángulos y, por tanto las áreas respectivas, sean proporcionales a las frecuencias.

EJEMPLO 2.9. La distribución de la población en los países de la Unión Europea, dada por la tabla adjunta, referida a 1999, puede representarse como se indica en la Figura 2.4.

Población de la Europa de los quince en 1999 (en millones de habitantes)

Alemania	82,04
Reino Unido	59,28
Francia	58,97
Italia	57,61
España	39,39
Holanda	15,76
Grecia	10,52
Bélgica	10,21
Portugal	9,98
Suecia	8,85
Austria	8,08
Dinamarca	5,31
Finlandia	5,16
Irlanda	3,73
Luxemburgo	0,43
Total	**375,82**

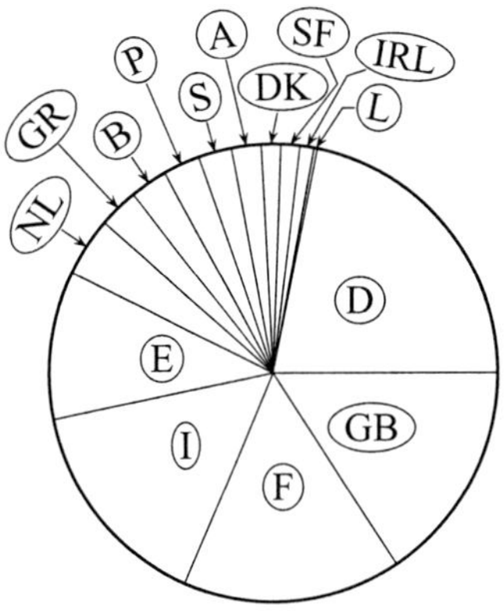

Figura 2.4. Diagrama de sectores de la Europa de los Quince

El *cartograma* es la forma de representar sobre un mapa algunas características relativas a un área geográfica determinada. Los signos empleados pueden ser colores diferentes, tonos distintos de un mismo color, figuras geométricas, números, etc.

EJEMPLO 2.10. La inversión extranjera en 1999, en millones de euros, para las distintas Comunidades Autónomas de España, se puede representar mediante el cartograma de la Figura 2.5.

Diagrama de rectángulos y pictograma. La primera de estas representaciones de un determinado atributo consiste en construir rectángulos de igual base apoyados en el eje horizontal, en el cual aparecen indicadas las modalidades, y cuyas alturas son proporcionales a las frecuencias. Cuando estos rectángulos son sustituidos por un dibujo alusivo a la característica analizada, la representación se denomina pictograma.

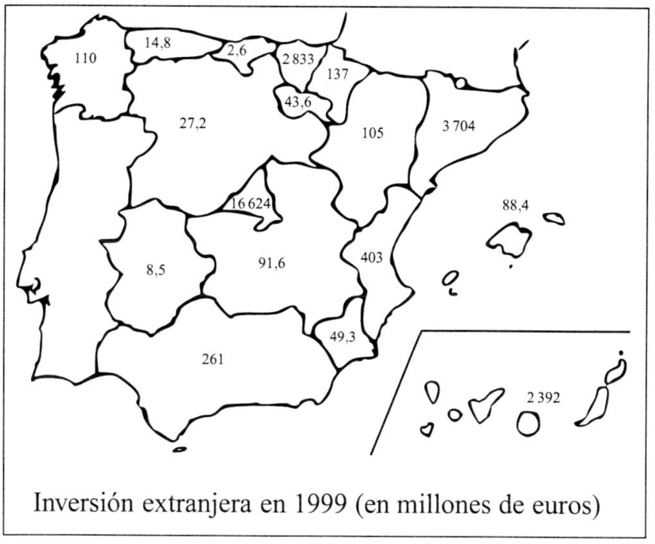

Figura 2.5. Cartograma

EJEMPLO 2.11. Un diagrama de rectángulos es el que aparece en la Figura 2.6.

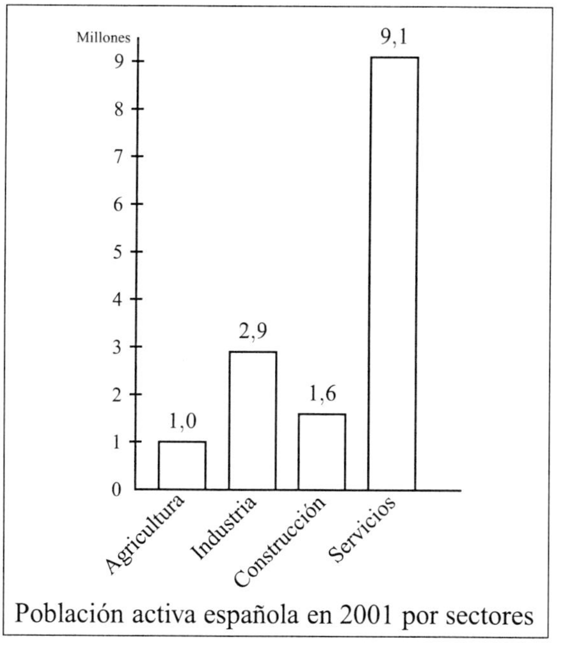

Figura 2.6. Diagrama de rectángulos

EJEMPLO 2.12. Un pictograma se muestra en la Figura 2.7.

La *pirámide de población* consta de dos histogramas colocados uno a cada lado de un eje vertical. El de la parte derecha representa las mujeres, clasificadas por edad, y el de la parte izquierda los hombres con igual clasificación. Esta representación ofrece intuitiva y directamente

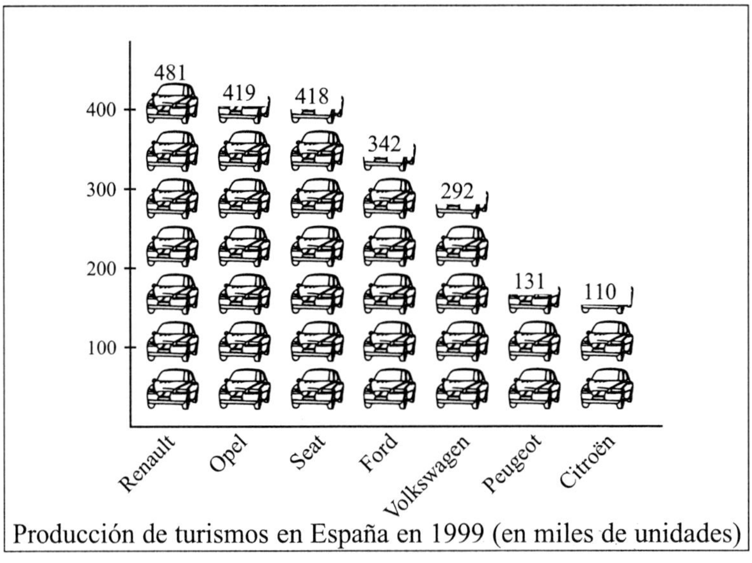

Figura 2.7. Pictograma

una visión de la distribución de una población y permite comparaciones entre distintas zonas geográficas y entre diferentes épocas de una misma población. Si la base es amplia, significa que hay muchos nacimientos y la población está creciendo, por el contrario, una base estrecha significa que la población está envejecida, lo que ocurre, por ejemplo, en países nórdicos y en zonas rurales españolas.

EJEMPLO 2.13. En la Figura 2.8 se representa la pirámide de una población.

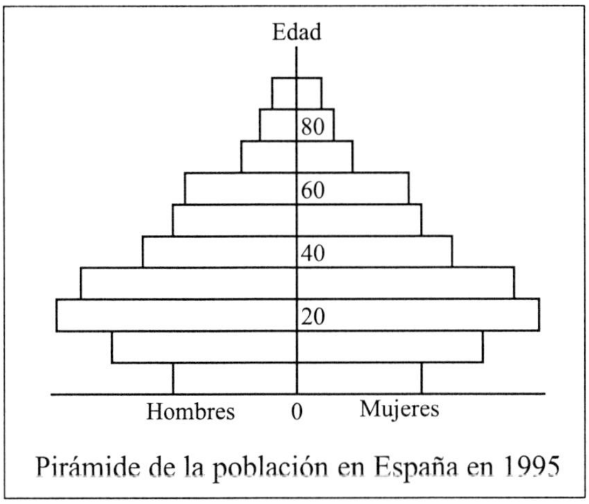

Figura 2.8. Pirámide de población

Los *diagramas de tallos y hojas* son una alternativa al histograma y sirven para resumir y mostrar conjuntos de datos de una variable cuantitativa. Estos diagramas no son propiamente una representación gráfica, sino una descripción de las variables cuantitativas (discretas o continuas), que permiten visualizar globalmente la distribución de frecuencias y que a su vez mantienen la individualidad de los datos.

Para su construcción se redondean los datos a dos o tres cifras significativas, tomándose como tallos la primera o dos primeras cifras y como hoja la última cifra de cada dato. Finalmente se separan con una línea vertical los tallos que se colocan a la izquierda de las hojas que se sitúan a la derecha de la línea. De esta manera cada tallo, que se representa una sola vez, determina la clase y el número de hojas representa la frecuencia absoluta de cada clase.

Los pasos a seguir para esta representación son los siguientes:

- Se consideran los valores máximo y mínimo de entre los datos.
- Se concreta el número de tallos distintos. Lo usual es utilizar entre 5 y 20 tallos.
- Se colocan los distintos tallos en una columna ordenada en forma creciente de arriba hacia abajo.
- Se añaden a cada tallo las hojas correspondientes, ordenadas en sentido creciente.

El diagrama de tallos y hojas de una distribución estadística tiene las ventajas siguientes:

(a) Permite identificar cada dato individual.

(b) Además de mostrar un listado de observaciones, proporciona una representación gráfica de la distribución (girando el diagrama obtenemos un histograma numérico).

(c) Permite modificar el nivel de detalle, variando el número de tallos, ya que se dispone de todos los datos.

(d) Es posible representar simultáneamente dos distribuciones en un mismo diagrama, con el fin de compararlas.

EJEMPLO 2.14. Si queremos hacer una diagrama de tallos y hojas con los datos siguientes, redondeados a dos cifras

$$77, \quad 95, \quad 88, \quad 51, \quad 60, \quad 63, \quad 77, \quad 83, \quad 62, \quad 63, \quad 73, \quad 59,$$

tomaremos como tallo la primera cifra, es decir las decenas, y como hojas las unidades. Los tallos se corresponden con los números desde el 5 hasta el 9. Situando los tallos a la izquierda de la línea y las hojas a la derecha, resulta que el diagrama de tallos y hojas es el siguiente:

5	1 9
6	0 2 3 3
7	3 7 7
8	3 8
9	5

EN DETALLE

2.1 Encuestados cincuenta matrimonios respecto a su número de hijos, se obtuvieron los siguientes datos:

2; 0; 2; 1; 1; 2; 0; 2; 1; 0; 2; 2; 2; 1; 2; 6; 2; 1; 2; 2; 1; 2; 3; 3; 0;
1; 3; 3; 0; 5; 2; 0; 1; 2; 1; 2; 1; 2; 2; 3; 1; 4; 2; 1; 2; 0; 1; 1; 2; 2.

Constrúyase una tabla estadística que represente dichos datos.

RESOLUCIÓN

Efectuando el recuento de datos se tiene

x_i	*Recuento*	n_i
0	⧄ ┌	7
1	⧄ ⧄ □	14
2	⧄ ⧄ ⧄ ⧄ |	21
3	⧄	5
4	|	1
5	|	1
6	|	1
		50

2.2 Los datos que se dan a continuación corresponden a los pesos en kilogramos de 80 personas

60; 66; 77; 70; 66; 68; 57; 70; 66; 52; 75; 65; 69; 71; 58; 66;
67; 74; 61; 63; 69; 80; 59; 66; 70; 67; 78; 75; 64; 71; 81; 62;
64; 69; 68; 72; 83; 56; 65; 74; 67; 54; 65; 65; 69; 61; 67; 73;
57; 62; 67; 68; 63; 67; 71; 68; 76; 61; 62; 63; 76; 61; 67; 67;
64; 72; 64; 73; 79; 58; 67; 71; 68; 59; 69; 70; 66; 62; 63; 66.

(a) Obténgase una distribución de datos en intervalos de amplitud 5, siendo el primer intervalo $[50;55)$.

(b) Calcúlese el porcentaje de personas de peso menor que 65 kg.

(c) ¿Cuántas personas tienen peso mayor igual que 70 kg pero menor que 85?

RESOLUCIÓN

(a) Como se trata de efectuar una distribución de datos agrupados, debemos obtener primero los intervalos correspondientes, situando los datos en sus lugares respectivos:

L_{i-1}–L_i	*Recuento*	n_i	$N_i\downarrow$
$[50;55)$	┌	2	2
$[55;60)$	⧄ ┌	7	9
$[60;65)$	⧄ ⧄ ⧄ ┌	17	26
$[65;70)$	⧄ ⧄ ⧄ ⧄ ⧄ ⧄	30	56
$[70;75)$	⧄ ⧄ □	14	70
$[75;80)$	⧄ ┌	7	77
$[80;85]$	⊓	3	80
		80	

(b) Observando la columna de frecuencias acumuladas $N_i \downarrow$, se deduce que existen $N_3 = 26$ individuos cuyo peso es menor que 65 kg, que en términos de porcentaje corresponden a

$$\frac{26}{80} \cdot 100 = 32{,}5\,\%.$$

(c) El número de individuos con peso comprendido entre 70 y 85 kg es

$$n_5 + n_6 + n_7 = 14 + 7 + 3 = 24,$$

lo que equivale a

$$N_7 - N_4 = 80 - 56 = 24.$$

3 Dada la distribución siguiente, constrúyase una tabla estadística en la que aparezcan las frecuencias absolutas, las frecuencias relativas y las frecuencias acumuladas relativas crecientes:

x_i	1	2	3	4	5	6
n_i	5	7	9	6	7	6

RESOLUCIÓN

La tabla que se obtiene es la siguiente

x_i	n_i	f_i	$F_i\downarrow$
1	5	0,125	0,125
2	7	0,175	0,300
3	9	0,225	0,525
4	6	0,15	0,675
5	7	0,175	0,85
6	6	0,15	1
	40	1	

4 Las edades de los empleados de una determinada empresa son las que aparecen en la siguiente tabla:

Edad	*Nº de empleados*
Menos de 25	22
Menos de 35	70
Menos de 45	121
Menos de 55	157
Menos de 65	184

Sabiendo que el empleado más joven tiene 18 años, escríbase la distribución de frecuencias acumuladas decrecientes (o «más de»).

RESOLUCIÓN

Es preciso obtener, en principio, la distribución de frecuencias absolutas:

L_{i-1}–L_i	n_i
$[18;24)$	22
$[25;35)$	48
$[35;45)$	51
$[45;55)$	36
$[55;65]$	27
	184

A la vista de la tabla anterior, las distribución pedida es

Edad	*Nº de empleados*
Más de 18	184
Más de 25	162
Más de 35	114
Más de 45	63
Más de 55	27

2.5 Las temperaturas medias registradas durante el mes de mayo en una ciudad, en grados centígrados, están dadas por la siguiente tabla:

Temperaturas	13	14	15	16	17	18	19	20	21	22
Nº de días	1	1	2	3	6	8	4	3	2	1

Constrúyase la representación gráfica correspondiente.

RESOLUCIÓN

La representación gráfica es el siguiente diagrama de barras:

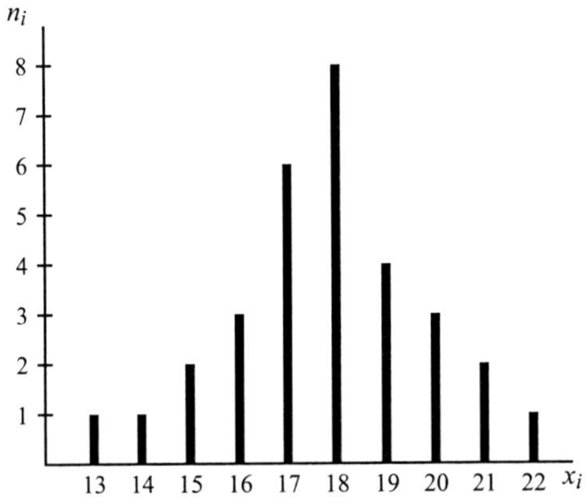

Figura 2.9. Diagrama de las temperaturas medias

2.6 Dada la distribución de frecuencias

x_i	n_i
1	9
2	22
3	13
4	23
5	8
6	25

(a) Constrúyase una tabla en la que aparezcan frecuencias absolutas, frecuencias relativas, frecuencias acumuladas absolutas crecientes (o «menos de») y decrecientes (o «más de»).

(b) Represéntese mediante un diagrama de barras la distribución dada y su correspondiente polígono de frecuencias.

(c) Obténgase el polígono de frecuencias acumuladas crecientes y decrecientes.

RESOLUCIÓN

(a) La tabla pedida es la siguiente:

x_i	n_i	f_i	$N_i\downarrow$	$N_i\uparrow$
1	9	0,09	9	100
2	22	0,22	31	91
3	13	0,13	44	69
4	23	0,23	67	56
5	8	0,08	75	33
6	25	0,25	100	25
	100	1		

(b)

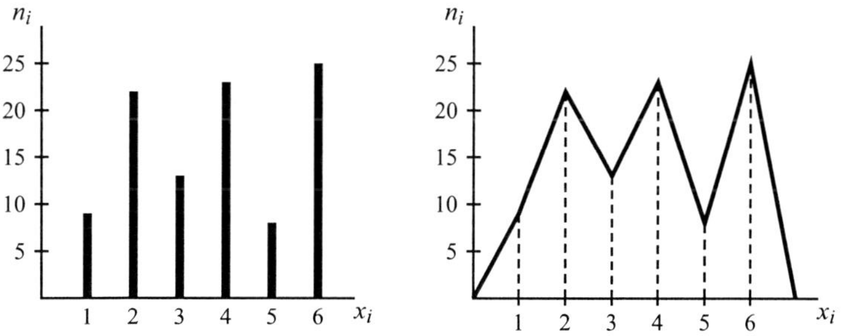

Figura 2.10. Diagrama de barras y polígono

(c)

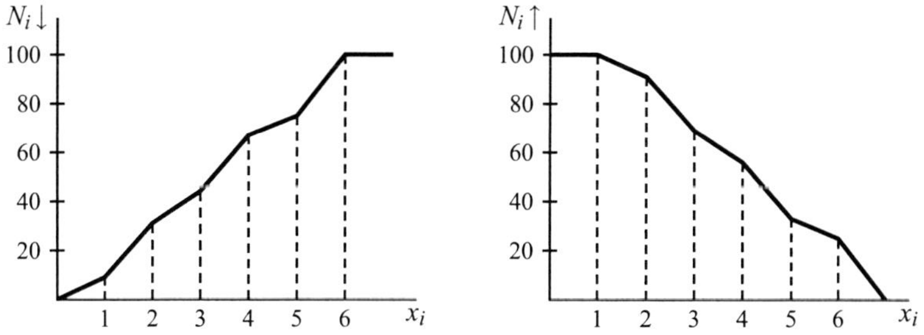

Figura 2.11. Polígonos de frecuencias

2.7 Represéntese gráficamente la siguiente distribución de frecuencias:

L_{i-1}–L_i	n_i
0-10	22
10-20	26
20-30	92
30-40	86
40-50	74
50-60	27
60-70	12

RESOLUCIÓN

Como es una distribución de datos agrupados, cuyos intervalos tienen amplitudes iguales ($a = 10$), su representación gráfica es el histograma siguiente, en el que se han colocado como alturas las frecuencias absolutas:

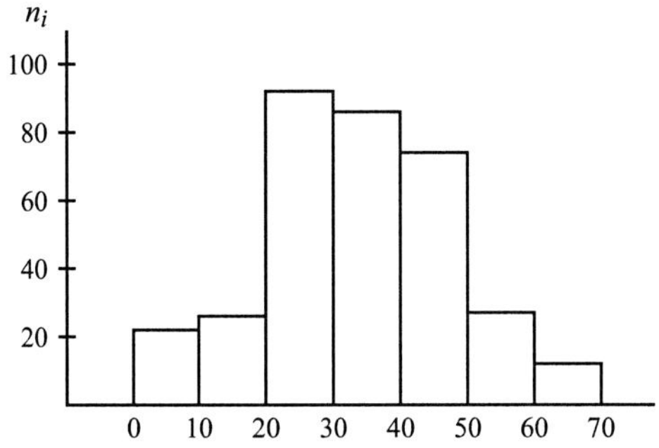

Figura 2.12. Histograma de la distribución del problema 2.7

2.8 Dada la siguiente distribución de frecuencias:

L_{i-1}–L_i	n_i
1-3	3
3-7	29
7-8	35
8-10	26
10-13	6
13-20	1

(a) Constrúyase una tabla en la que aparezcan las marcas de clase, las frecuencias absolutas y relativas y las frecuencias absolutas acumuladas crecientes (o «menos de») y decrecientes (o «más de»).

(b) Represéntese la distribución mediante un histograma y el correspondiente polígono de frecuencias.

RESOLUCIÓN

(a) La tabla pedida es la siguiente:

L_{i-1}–L_i	n_i	x_i	f_i	$N_i\downarrow$	$N_i\uparrow$	a_i	h_i
$[1;3)$	3	2	0,03	3	100	2	1,5
$[3;7)$	29	5	0,29	32	97	4	7,25
$[7;8)$	35	7,5	0,35	67	68	1	35
$[8;10)$	26	9	0,26	93	33	2	13
$[10;13)$	6	11,5	0,06	99	7	3	2
$[13,20]$	1	16,5	0,01	100	1	7	0,143
	100		1				

en la que se han añadido, además, la columna de amplitudes de los intervalos y la columna de las alturas correspondientes para construir el histograma.

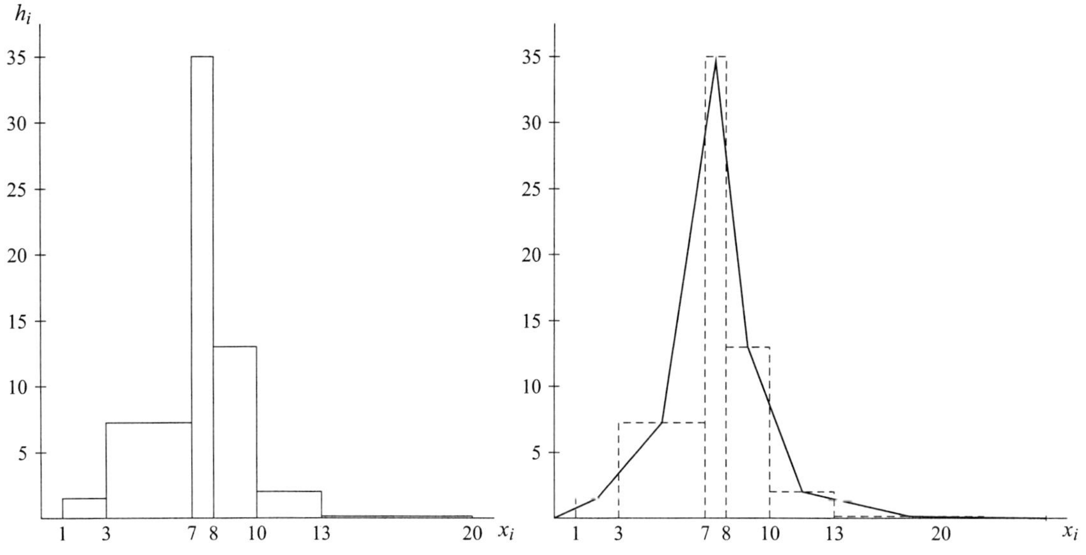

Figura 2.13. Histograma y polígono de frecuencias

(b) Con la primera y última columnas de la tabla anterior se obtienen el histograma y su polígono de frecuencias mostrados en la Figura 2.13.

2.9 Los datos que se dan a continuación representan los ingresos en miles de euros habidos en un día en cada uno de los 40 establecimientos de una cadena de supermercados, redondeados a tres cifras.

14,4	16,1	15,5	15,2	13,0	14,7	16,0	11,3	13,4	14,1
16,7	18,5	11,2	13,5	14,0	13,1	12,2	15,8	21,3	15,2
15,5	16,9	14,9	12,0	18,6	14,5	15,3	14,1	13,2	14,2
13,2	11,4	14,4	14,0	12,9	12,1	13,1	12,2	13,3	14,4

Constrúyase un diagrama de tallos y hojas.

Resolución

Los tallos estarán formados por las dos primeras cifras de la izquierda, es decir la parte entera, y las hojas por el decimal. Los tallos se corresponden con los números desde el 11 hasta el 21. Los situamos en columna y colocamos a su derecha las hojas. El diagrama se muestra en la siguiente tabla

11	234
12	01229
13	01122345
14	00112444579
15	223558
16	0179
18	56
21	3

2.10 Constrúyase el diagrama de tallos y hojas correspondiente a los datos de la tabla siguiente:

7,810	7,977	8,002	8,111	8,298	8,134	8,210	7,939	8,281	8,033
8,149	8,073	8,226	7,646	7,973	8,410	7,719	8,515	8,242	8,566
8,324	7,716	8,194	7,922	7,827	8,291	7,935	8,361	7,868	8,149
8,077	8,364	8,131	8,241	8,002	7,669	8,480	8,019	8,545	8,101
8,433	7,910	7,703	8,035	8,122	7,807	8,446	8,218	7,765	7,894

Resolución

Comenzamos por redondear los datos para que tengan tres cifras significativas, se obtiene la tabla

7,81	7,98	8,00	8,11	8,30	8,13	8,21	7,94	8,28	8,03
8,15	8,07	8,23	7,65	7,97	8,41	7,72	8,52	8,24	8,57
8,32	7,72	8,19	7,92	7,83	8,29	7,94	8,36	7,87	8,15
8,08	8,36	8,13	8,24	8,00	7,67	8,48	8,02	8,54	8,10
8,43	7,91	7,70	8,04	8,12	7,81	8,45	8,22	7,76	7,89

y tomando como tallos las dos primeras cifras y como hojas las finales resulta el siguiente diagrama de tallos y hojas:

7,6	5 7
7,7	0 2 2 6
7,8	1 1 3 7 9
7,9	1 2 4 4 7 8
8,0	0 0 2 3 4 7 8
8,1	0 1 2 3 3 5 5 9
8,2	1 2 3 4 4 8 9
8,3	0 2 6 6
8,4	1 3 5 8
8,5	2 4 7

Propuestos

P 2.1 Preguntadas 50 personas por su tiempo de espera en una parada de autobús, se obtuvieron los siguientes resultados, expresados en minutos:

2	4	8	1	0	10	9	9	7	2
5	6	4	2	7	1	6	3	8	10
3	0	6	10	1	5	2	5	1	3
1	3	6	8	5	4	4	6	3	6
0	7	9	3	2	7	8	0	7	7

Constrúyase una tabla estadística en la que aparezcan las frecuencias absolutas, las frecuencias relativas, las frecuencias absolutas acumuladas crecientes y las frecuencias relativas acumuladas decrecientes.

2.2 Los siguientes números representan los litros de combustible que, durante una semana, han necesitado los vehículos de una empresa de reparto:

35	30	12	46	49	54	56
59	50	70	67	75	93	18
32	44	46	50	55	58	21
60	72	67	77	36	45	47
73	69	24	63	74	65	77
56	41	80	52	65	103	45
48	56	58	74	80	71	24
54	48	39	44	88	54	70
74	71	28	45	68		

Constrúyase una tabla estadística, distribuyendo los datos en intervalos de amplitud 15, comenzando en el 0-15, en la que figuren frecuencias absolutas, frecuencias relativas y frecuencias absolutas acumuladas en sentido creciente.

2.3 Complétense los datos que faltan en la tabla siguiente:

x_i	n_i	f_i	N_i	F_i
10	2	0,05	2	0,05
13	4	0,1	6	0,15
16	-	-	16	0,4
19	15	-	-	-
22	6	0,15	37	0,925
25	-	-	-	1

2.4 Los desplazamientos de los operarios de una factoría para llegar a su puesto de trabajo son, en kilómetros, los siguientes:

Número de kilómetros	*Número de operarios*
más de 1	91
más de 15	30
más de 30	13
más de 45	6
más de 60	5
más de 75	3
más de 90	1

Sabiendo que el operario más distante realiza 93 km de viaje, obténgase la distribución de frecuencias absolutas acumuladas en sentido creciente. Indíquese cuántos operarios realizan un desplazamiento comprendido entre 30 y 60 km.

2.5 Lanzados dos dados 80 veces y sumando las puntuaciones obtenidas en cada lanzamiento, se han obtenido los resultados mostrados en la Tabla 2.1. Obténgase la representación gráfica más conveniente.

Suma	*Frecuencia*
2	2
3	4
4	7
5	9
6	11
7	13
8	11
9	10
10	8
11	4
12	1

Tabla 2.1. Datos del ejercicio propuesto 2.5

P 2.6 Las calificaciones obtenidas en la asignatura de Estadística por los 57 alumnos de un grupo están dadas por la tabla adjunta:

Calificación	*Nº de alumnos*
2	1
3	2
4	2
5	6
6	8
7	15
8	12
9	8
10	3

(a) Constrúyase una tabla estadística con frecuencias relativas y frecuencias absolutas acumuladas en sentido creciente.

(b) Encuéntrese el porcentaje de suspensos y el de alumnos aprobados que no han sido sobresalientes.

(c) Represéntese gráficamente la distribución.

P 2.7 Observados los datos relativos a 100 personas del sector servicios con declaración de la renta positiva en el último año, se obtuvo:

Cantidad pagada	*Nº de contribuyentes*
De 0 a 400	15
De 400 a 800	22
De 800 a 1 200	41
De 1 200 a 1 600	9
De 1 600 a 2 000	6
De 2 000 a 2 400	4
De 2 400 a 2 800	2
De 2 800 a 3 200	1

Constrúyase el histograma correspondiente.

2.8 Las operaciones en bolsa llevadas a cabo por un banco comercial a lo largo de un mes han sido:

Inversión en euros	*Nº de operaciones*
De 1 a 100 000	3
De 100 000 a 250 000	8
De 250 000 a 500 000	13
De 500 000 a 750 000	10
De 750 000 a 1 000 000	7
De 1 000 000 a 2 000 000	8
De 2 000 000 a 3 000 000	1
De 3 000 000 a 4 000 000	0
De 4 000 000 a 6 000 000	2

Constrúyase una tabla estadística con las marcas de clase, las frecuencias absolutas y las frecuencia relativas. Dibújese el histograma correspondiente.

2.9 A partir de la siguiente tabla de datos,

276	307	280	309	287	322	283	314	271	288
300	296	317	297	260	305	298	284	327	300
273	285	292	286	273	315	309	274	290	280

constrúyase el correspondiente diagrama de tallos y hojas.

.10 Constrúyase el diagrama de tallos y hojas correspondiente a la siguiente distribución de datos

205,3	146,7	211,7	236,6	197,3	137,1	193,6	178,2	171,1	217,0
159,9	151,4	224,9	143,2	162,4	182,1	173,6	131,9	169,0	191,8
147,8	196,8	160,3	154,8	114,1	200,9	186,0	167,3	176,7	171,2
200,1	155,5	150,4	223,8	183,8	164,0	125,4	170,4	188,3	168,1

Capítulo 3

Medidas de centralización o promedios

3.1. Medidas de centralización

La finalidad de todo proceso estadístico es obtener información cuantitativa sobre alguna característica de un determinado colectivo, lo que obligaría a manejar gran cantidad de datos. Para simplificar el estudio se utilizan ciertos *indicadores* o *medidas* que nos informan directa y suficientemente acerca de la característica estudiada.

Los indicadores, también llamados *estadísticos*, sirven para valorar ciertos aspectos de la distribución, como son la centralización de los datos, la dispersión, la simetría, la concentración, la dependencia entre variables, etc.

Una *medida de centralización* o *promedio* es aquel valor que es capaz de representar todos los datos. Los más frecuentemente usados son la media aritmética, la mediana y la moda. En algunos procesos de carácter más específico se utilizan otros promedios, como la media geométrica, la media cuadrática, la media armónica y los cuantiles.

3.2. Media aritmética simple

La *media aritmética* es el promedio más utilizado, y se define como el cociente entre la suma de todos los datos y el número de ellos. Se simboliza por $\overline{X}$ y, para las distribuciones estadísticas de tipo ordinal simple, viene dada por la fórmula

$$\overline{X}=\frac{x_1+x_2+\cdots+x_N}{N}=\frac{\sum_{i=1}^{N} x_i}{N} \tag{3.1}$$

EJEMPLO 3.1. Las calificaciones de un alumno en el primer cuatrimestre han sido

$$4, \quad 5, \quad 7, \quad 8, \quad 10,$$

por lo que su nota media es

$$\overline{X}=\frac{4+5+7+8+10}{5}=6,8.$$

Para las distribuciones ordinales con repetición, la fórmula anterior queda en la forma

$$\overline{X}=\frac{x_1 n_1+x_2 n_2+\cdots+x_k n_k}{N}=\frac{\sum_{i=1}^{k} x_i n_i}{N} \tag{3.2}$$

EJEMPLO 3.2. Ordenados los resultados obtenidos en los diez lanzamientos de un dado:

$$1, \quad 2, \quad 2, \quad 3, \quad 3, \quad 4, \quad 5, \quad 5, \quad 5, \quad 6,$$

la puntuación media obtenida es

$$\overline{X}=\frac{1\cdot 1+2\cdot 2+3\cdot 2+4\cdot 1+5\cdot 3+6\cdot 1}{10}=\frac{36}{10}=3,6.$$

En las distribuciones de datos agrupados la media aritmética viene dada por la fórmula anterior, en la cual los valores x_i corresponden a las marcas de clase.

Propiedades

La media aritmética cumple, entre otras, las siguientes propiedades:

1. Dada la variable X, y siendo C una constante arbitraria, la variable $Y = CX$ tiene por media
$$\overline{Y} = C\overline{X}, \tag{3.3}$$
es decir, *al multiplicar una variable por una constante, la media queda multiplicada por esta constante.*

2. Si X es una variable y D una constante arbitraria, la variable $Y = X + D$ verifica que su media es
$$\overline{Y} = \overline{X} + D, \tag{3.4}$$
es decir, *al sumar a una variable estadística una constante, la media aumenta en dicha constante.*

3. Dadas las variables estadísticas X e Y, si se considera la variable suma de ellas dada por $Z = X + Y$, se cumple que
$$\overline{Z} = \overline{X} + \overline{Y}, \tag{3.5}$$
es decir, *la variable suma de otras dos tiene por media la suma de las medias.*

4. En toda distribución estadística se verifica que la suma de las desviaciones de todos los datos respecto a la media aritmética es nula, es decir,
$$\sum_{i=1}^{k}(x_i - \overline{X})n_i = 0. \tag{3.6}$$

DEMOSTRACIÓN.
1. Por definición de la nueva variable se verifica
$$\overline{Y} = \frac{\sum_{i=1}^{k} y_i n_i}{N} = \frac{\sum_{i=1}^{k}(Cx_i)n_i}{N}$$
y de acuerdo con la propiedad asociativa del producto y la propiedad distributiva del producto respecto de la suma, se obtiene
$$\overline{Y} = \frac{C\sum_{i=1}^{k} x_i n_i}{N} = C\left(\frac{\sum_{i=1}^{k} x_i n_i}{N}\right) = C\overline{X}.$$

2. Por definición de media aritmética es
$$\overline{Y} = \frac{\sum_{i=1}^{k} y_i n_i}{N} = \frac{\sum_{i=1}^{k}(x_i + D)n_i}{N}$$
Si tenemos en cuenta las propiedades distributiva del producto respecto de la suma y asociativa de la suma, podemos escribir
$$\overline{Y} = \frac{\sum_{i=1}^{k}(x_i n_i + Dn_i)}{N} = \frac{\sum_{i=1}^{k} x_i n_i}{N} + \frac{\sum_{i=1}^{k} Dn_i}{N} = \overline{X} + D\frac{\sum_{i=1}^{k} n_i}{N} = \overline{X} + D\frac{N}{N} = \overline{X} + D.$$

3. Por definición de media aritmética es

$$\overline{Z} = \frac{\sum_{i=1}^{k} z_i n_i}{N} = \frac{\sum_{i=1}^{k} (x_i + y_i) n_i}{N}$$

Si se tienen en cuenta la propiedad distributiva del producto respecto de la suma y la propiedad asociativa de la suma, resulta

$$\overline{Z} = \frac{\sum_{i=1}^{k} (x_i n_i + y_i n_i)}{N} = \frac{\sum_{i=1}^{k} x_i n_i}{N} + \frac{\sum_{i=1}^{k} y_i n_i}{N} = \overline{X} + \overline{Y}.$$

4. Aplicando la propiedad distributiva del producto respecto de la suma y la definición de media aritmética, se tiene

$$\sum_{i=1}^{k} (x_i - \overline{X}) n_i = \sum_{i=1}^{k} x_i n_i - \sum_{i=1}^{k} \overline{X} n_i = \overline{X}N - \overline{X} \sum_{i=1}^{k} n_i = \overline{X}N - \overline{X}N = 0.$$

Fórmulas reductoras

Cuando la distribución es tal que los valores que toma la variable son números elevados o de muchas cifras, la utilización directa de la fórmula (3.2) representa una gran incomodidad, por lo que es conveniente utilizar las *fórmulas reductoras* siguientes:

$$\overline{X} = O_x + \frac{\sum_{i=1}^{k} (x_i - O_x) n_i}{N} \tag{3.7}$$

donde O_x es un valor arbitrario que en cada caso se tomará de forma que las diferencias $x_i - O_x$ sean las más manejables, o bien

$$\overline{X} = O_x + \frac{\sum_{i=1}^{k} \left(\frac{x_i - O_x}{a} \right) n_i}{N} a, \tag{3.8}$$

en la que la constante a es el máximo común divisor de las diferencias $x_i - x_{i-1}$, es decir, entre cada valor de la variable y el anterior; si estas diferencias son todas iguales, este valor común es a y suele llamarse *salto de la variable*.

Demostremos que las fórmulas (3.7) y (3.8) dan, efectivamente, el valor de la media.

DEMOSTRACIÓN.

Si hacemos

$$x_i - O_x = x_i'$$

es $x_i = O_x + x_i'$ y por la segunda de las propiedades de la media aritmética se tiene que

$$\overline{X} = O_x + \overline{X'} = O_x + \frac{\sum_{i=1}^{k} x_i' n_i}{N} = O_x + \frac{\sum_{i=1}^{k} (x_i - O_x) n_i}{N}$$

Si es

$$\frac{x_i - O_x}{a} = x_i',$$

resulta $x_i = O_x + a x_i'$, y aplicando las propiedades primera y segunda de la media aritmética se tiene que:

$$\begin{aligned} \overline{X} &= O_x + a\overline{X'} = O_x + a\frac{\sum_{i=1}^{k} x_i' n_i}{N} = \\ &= O_x + a\frac{\sum_{i=1}^{k} \left(\frac{x_i - O_x}{a} \right) n_i}{N} = O_x + \frac{\sum_{i=1}^{k} \left(\frac{x_i - O_x}{a} \right) n_i}{N} a \end{aligned}$$

3.3. Media aritmética ponderada

En determinadas distribuciones estadísticas es notorio que no todos los valores de la variable tienen la misma influencia, y, por ello, a cada valor se le asigna un coeficiente diferenciador, llamado *peso*. Para calcular la media aritmética se utilizan estos coeficientes, o pesos, dando lugar a la llamada *media aritmética ponderada*, de forma que, si la variable toma los valores $x_1, x_2, \ldots, x_N$, con pesos respectivos $p_1, p_2, \ldots, p_N$,

$$\overline{X} = \frac{x_1 p_1 + x_2 p_2 + \cdots + x_N p_N}{p_1 + p_2 + \cdots p_N} = \frac{\sum_{i=1}^{N} x_i p_i}{\sum_{i=1}^{N} p_i} \tag{3.9}$$

EJEMPLO 3.3. La selección de técnicos en una determinada empresa se realiza mediante tres pruebas de dificultad creciente, en las que cada una se valora doble que la anterior. Si un aspirante ha obtenido como calificaciones 5, 8 y 7, se deben asignar pesos 1, 2 y 4, respectivamente, y la media aritmética ponderada viene dada por

$$\overline{X} = \frac{5 \cdot 1 + 8 \cdot 2 + 7 \cdot 4}{1 + 2 + 4} = \frac{49}{7} = 7.$$

3.4. Mediana

Se llama *mediana* de una distribución, y se designa por Me, al número tal que, ordenados los datos de forma creciente o decreciente, la mitad son inferiores a dicho número y la otra mitad son superiores.

Si la distribución estadística es del tipo ordinal simple y N es un número impar, existe un único valor de la variable en el centro de la distribución, y éste es la mediana. En el caso de que N sea par, la mediana se define como la media aritmética de los dos valores centrales.

EJEMPLO 3.4. Los siguientes datos ordenados en sentido creciente

$$2, \quad 3, \quad 3, \quad 5, \quad 5, \quad 7, \quad 9,$$

tienen por mediana $Me = 5$, por ser éste el dato central.

EJEMPLO 3.5. La mediana de los datos ordenados

$$8, \quad 9, \quad 9, \quad 10, \quad 12, \quad 13, \quad 13, \quad 15, \quad 17, \quad 18,$$

es la media aritmética de los números 12 y 13, es decir

$$Me = \frac{12 + 13}{2} = 12{,}5.$$

Cuando la distribución es ordinal con repetición, se construye la tabla correspondiente en la que aparezcan las frecuencias absolutas acumuladas, se observa el primer valor de la variable para el cual la frecuencia absoluta acumulada iguale o supere a $N/2$ y se procede como en las distribuciones del tipo ordinal simple, dependiendo de que N sea impar o par.

Para las distribuciones de datos agrupados, se considera el valor $N/2$ y se busca en la columna correspondiente a las frecuencias absolutas acumuladas el primer valor de la variable que iguale o supere a $N/2$; el intervalo en el que esto ocurre se llama *intervalo mediano*. Si este intervalo es L_{i-1}–L_i, la mediana es $Me = L_{i-1} + m$, donde es preciso calcular m. El valor de m lo obtenemos razonando como sigue. La frecuencia absoluta acumulada hasta el intervalo anterior al mediano es N_{i-1}; para llegar a los $N/2$ datos que exige la mediana necesitamos tomar $N/2 - N_{i-1}$ del intervalo mediano, al cual corresponden n_i datos uniformemente distribuidos en una amplitud a_i; como a cada dato le corresponde una longitud de intervalo dada por $\frac{a_i}{n_i}$, a los $\frac{N}{2} - N_{i-1}$ datos les corresponderá

$$\left(\frac{N}{2} - N_{i-1}\right)\frac{a_i}{n_i},$$

que es el valor buscado, y entonces tenemos la siguiente fórmula de la mediana:

$$Me = L_{i-1} + \frac{\frac{N}{2} - N_{i-1}}{n_i} \cdot a_i \tag{3.10}$$

Geométricamente, y para distribuciones de datos agrupados, la mediana es el valor cuya vertical divide el histograma en partes de igual superficie, como puede observarse en la Figura 3.1.

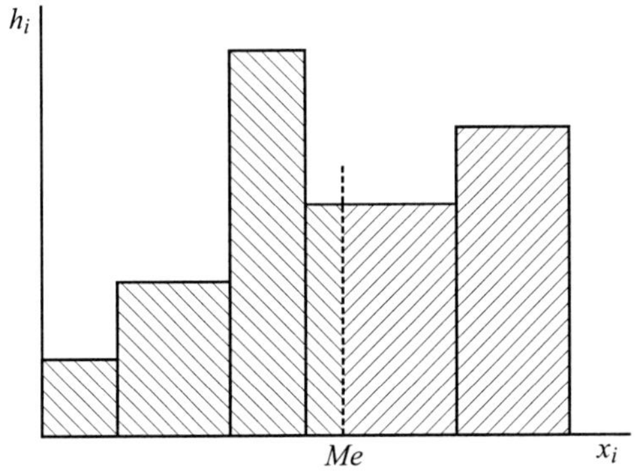

Figura 3.1. La mediana divide al histograma en dos partes

3.5. Moda

Usualmente se define la *moda* de una distribución estadística, y se designa por Mo, como el valor de la variable al que corresponde mayor frecuencia.

De acuerdo con la definición dada, en las distribuciones de tipo ordinal simple cada valor de la variable sería una moda.

En las distribuciones de tipo ordinal con repetición, una vez construida la tabla correspondiente, basta con considerar la columna de frecuencias absolutas, y la moda vendrá dada por el valor o los valores a los que corresponde mayor frecuencia. En estas distribuciones puede haber más de una moda, caso en el que se llaman distribuciones *bimodales*, *trimodales*,... si bien se acostumbra a decir que la distribución carece de moda cuando presenta más de dos.

EJEMPLO 3.6. La moda de la distribución

$$2,\quad 2,\quad 3,\quad 3,\quad 4,\quad 4,\quad 4,\quad 5,\quad 6,\quad 6,\quad 7,\quad 8,$$

es $Mo = 4$ por ser el dato de mayor frecuencia.

EJEMPLO 3.7. La distribución de datos

$$1, \quad 1, \quad 2, \quad 3, \quad 4, \quad 5, \quad 5, \quad 5, \quad 6, \quad 6, \quad 7, \quad 8, \quad 8, \quad 8, \quad 9, \quad 10,$$

presenta dos modas que son

$$Mo = 5 \qquad \text{y} \qquad Mo = 8.$$

Si se trata de una distribución de datos agrupados en intervalos, la moda es un valor situado en el intervalo al que corresponde mayor altura en el histograma. Este intervalo se llama *intervalo modal*. Si el intervalo modal es L_{i-1}–L_i, la moda viene dada por $M_0 = L_{i-1} + m$, y el número m se obtiene del siguiente razonamiento. Consideremos los intervalos anterior y posterior al modal, de alturas h_{i-1} y h_{i+1}. Si estas alturas coinciden, la moda es el valor central del intervalo modal. Si el intervalo anterior al modal es de altura nula, la moda es L_i, mientras que, si la altura del intervalo posterior es cero, la moda es L_{i-1}. En consecuencia, m es un valor que, con relación a la amplitud, a_i, del intervalo modal, debe estar en la misma proporción en que la altura h_{i+1} esté con relación a la suma de las alturas, $h_{i-1} + h_{i+1}$, de los intervalos anterior y posterior, es decir,

$$\frac{m}{a_i} = \frac{h_{i+1}}{h_{i-1} + h_{i+1}}$$

de donde

$$m = \frac{h_{i+1}}{h_{i-1} + h_{i+1}} \cdot a_i$$

y, por tanto, la fórmula de la moda resulta ser

$$Mo = L_{i-1} + \frac{h_{i+1}}{h_{i-1} + h_{i+1}} \cdot a_i \tag{3.11}$$

En el caso de que los intervalos de la distribución tengan la misma amplitud, a, al ser

$$h_i = \frac{n_i}{a}$$

queda

$$Mo = L_{i-1} + \frac{\dfrac{n_{i+1}}{a}}{\dfrac{n_{i-1}}{a} + \dfrac{n_{i+1}}{a}} \cdot a$$

es decir,

$$Mo = L_{i-1} + \frac{n_{i+1}}{n_{i-1} + n_{i+1}} \cdot a \tag{3.12}$$

Otro procedimiento, menos utilizado, para calcular la moda consiste en encontrar la parábola que pasa por los puntos medios de las bases superiores de los rectángulos del histograma correspondiente al intervalo modal, al anterior y al posterior. Obtenida esta parábola, la abscisa de su vértice es la moda, como se observa en la Figura 3.2.

3.6. Media geométrica

Dados dos números x_1 y x_2, se llama media geométrica o proporcional de ellos al número G tal que se verifica

$$\frac{x_1}{G} = \frac{G}{x_2}$$

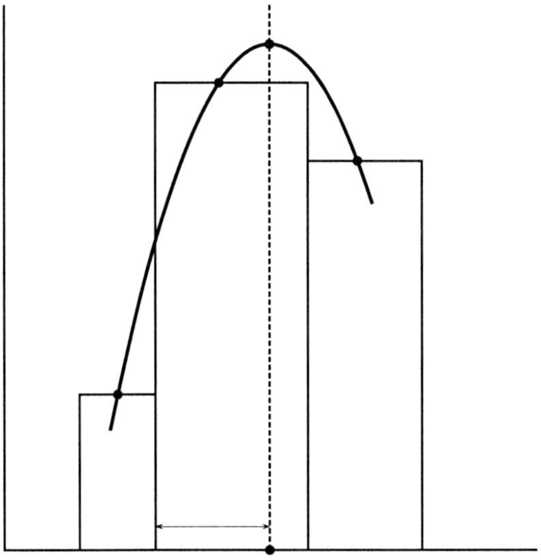

Figura 3.2. La moda como máximo de la parábola

de donde

$$G = \sqrt{x_1 \cdot x_2}$$

La definición anterior se generaliza para N valores diciendo que su *media geométrica* es la raíz de índice N del producto de los N números.

En distribuciones estadísticas del tipo ordinal simple es

$$G = \sqrt[N]{x_1 \cdot x_2 \cdots x_N} \tag{3.13}$$

y para las del tipo ordinal con repetición

$$G = \sqrt[N]{x_1^{n_1} \cdot x_2^{n_2} \cdots x_k^{n_k}} \tag{3.14}$$

fórmula válida para distribuciones de datos agrupados, en la que los valores de la variable son reemplazados por las marcas de clase.

EJEMPLO 3.8. La media geométrica de los números 4 y 9 es

$$G = \sqrt{4 \cdot 9} = \sqrt{36} = 6.$$

EJEMPLO 3.9. Los números 20, 27 y 50 tienen por media geométrica

$$G = \sqrt[3]{20 \cdot 27 \cdot 50} = \sqrt[3]{2^2 \cdot 5 \cdot 3^3 \cdot 2 \cdot 5^2} = \sqrt[3]{2^3 \cdot 3^3 \cdot 5^3} = \sqrt[3]{(2 \cdot 3 \cdot 5)^3} = 30.$$

EJEMPLO 3.10. La media geométrica de 9 y 16 es 12, la media geométrica de 25 y 9 es 15 y la media geométrica de 25 y 16 es 20. Estas medias resultan de forma inmediata observando el triángulo rectángulo de la Figura 3.3, con sólo aplicar los clásicos *teoremas de la altura y del cateto* que dicen respectivamente: «En todo triángulo rectángulo la altura relativa a la hipotenusa es media proporcional entre los dos segmentos que determina sobre aquélla» y «cada cateto es media proporcional entre la hipotenusa y su proyección sobre ella».

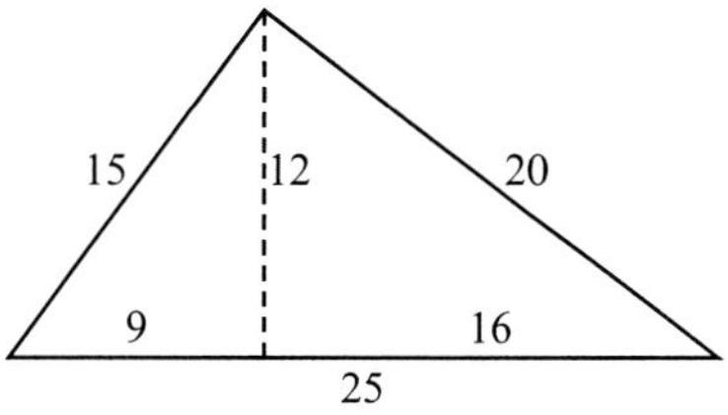

Figura 3.3. El triángulo rectángulo y las medias geométricas del Ejemplo 3.10

3.7. Media cuadrática

Se llama *media cuadrática* de una distribución estadística, y se designa por C, a la raíz cuadrada de la media aritmética de los cuadrados de los valores de la variable.

Para las distribuciones del tipo ordinal simple es

$$C = \sqrt{\frac{x_1^2 + x_2^2 + \cdots x_N^2}{N}} = \sqrt{\frac{\sum_{i=1}^{N} x_i^2}{N}} \tag{3.15}$$

y para las distribuciones de los tipos ordinal con repetición y de datos agrupados

$$C = \sqrt{\frac{x_1^2 n_1 + x_2^2 n_2 + \cdots x_k^2 n_k}{N}} = \sqrt{\frac{\sum_{i=1}^{k} x_i^2 n_i}{N}} \tag{3.16}$$

EJEMPLO 3.11. La media cuadrática de los números 2, 4, 6 y 8 es

$$C = \sqrt{\frac{2^2 + 4^2 + 6^2 + 8^2}{4}} = \sqrt{\frac{4 + 16 + 36 + 64}{4}} = \sqrt{\frac{120}{4}} = \sqrt{30} \simeq 5{,}477.$$

3.8. Media armónica

Media armónica de una distribución estadística es el valor recíproco de la media aritmética de los valores recíprocos de la variable y se representa por H.

Para las distribuciones del tipo ordinal simple, la media armónica se obtiene con la fórmula

$$\frac{1}{H} = \frac{\frac{1}{x_1} + \frac{1}{x_2} + \cdots + \frac{1}{x_N}}{N} = \frac{\sum\limits_{i=1}^{N} \frac{1}{x_i}}{N} \tag{3.17}$$

mientras que para las de los tipos ordinal con repetición y datos agrupados es

$$\frac{1}{H} = \frac{\frac{1}{x_1} n_1 + \frac{1}{x_2} n_2 + \cdots + \frac{1}{x_k} n_k}{N} = \frac{\sum\limits_{i=1}^{k} \frac{1}{x_i} n_i}{N} \tag{3.18}$$

EJEMPLO 3.12. La media armónica, H, de los números 40 y 60 es tal que

$$\frac{1}{H} = \frac{\frac{1}{40} + \frac{1}{60}}{2} = \frac{\frac{3+2}{120}}{2} = \frac{5}{2 \cdot 120} = \frac{1}{2 \cdot 24} = \frac{1}{48}$$

es decir $H = 48$.

EJEMPLO 3.13. El cubo es el poliedro armónico por excelencia, ya que el número de sus vértices, que es ocho, es la media armónica entre el número de sus caras, que es seis, y el número de sus aristas que es 12. En efecto

$$\frac{1}{H} = \frac{\frac{1}{6}+\frac{1}{12}}{2} = \frac{\frac{2+1}{12}}{2} = \frac{3}{24} = \frac{1}{8}$$

luego $H = 8$.

3.9. Cuantiles

Hemos visto que la mediana es el valor que hace que el 50 % de los datos sean anteriores a ella y el otro 50 % posteriores. Generalizando esta idea, se establecen otras medidas llamadas, en sentido amplio, *cuantiles*, siendo las más usadas los *cuartiles*, los *deciles* y los *percentiles*.

Los *cuartiles* separan la distribución en cuatro partes iguales: el primer cuartil, Q_1, es el valor tal que el 25 % de los datos son anteriores a él, mientras que el 75 % restante son posteriores. El segundo cuartil, Q_2, se sitúa de tal modo que el 50 % de los datos son anteriores a él, por lo que coincide con la mediana. El tercer cuartil, Q_3, separa el 75 % de los datos anteriores a él del 25 % que son posteriores.

El cálculo de los cuartiles en las distribuciones del tipo ordinal con repetición se efectúa considerando los valores $N/4$, $2N/4$ y $3N/4$ y observando los valores de la variable para los que se igualan o superan estos números en la columna de frecuencias absolutas acumuladas.

Para las distribuciones de datos agrupados, razonando de forma análoga al caso de la mediana, se obtiene que el cuartil Q_p es

$$Q_p = L_{i-1} + \frac{\frac{pN}{4} - N_{i-1}}{n_i} \cdot a_i \tag{3.19}$$

donde $p = 1,2,3$.

Los *deciles* son los nueve números que separan la distribución en diez partes iguales, siendo el primero, D_1, el que deja como anteriores un 10 % de los datos, el segundo, D_2, un 20 %, etc.; como era de esperar, D_5 coincide con la mediana.

El cálculo del tercer decil, por ejemplo, en una distribución del tipo ordinal con repetición se realiza calculando $3N/10$. siendo D_3 el primer valor de la variable cuya frecuencia absoluta acumulada iguale o supere el valor $3N/10$.

En las distribuciones de datos agrupados los deciles se obtienen mediante la fórmula

$$D_p = L_{i-1} + \frac{\frac{pN}{10} - N_{i-1}}{n_i} \cdot a_i \tag{3.20}$$

en la que $p = 1,2,3,\ldots,9$,

Los 99 percentiles, P_p, de toda distribución separan los datos en 100 partes iguales, siendo, por ejemplo, el percentil 57 el valor que hace que el 57 % de los datos sean anteriores a él y el 43 % sean posteriores. El percentil P_{50} coincide con D_5, con Q_2 y con la mediana.

Para las distribuciones del tipo ordinal con repetición, el percentil P_p se obtiene considerando el número $pN/100$ y procediendo de modo análogo al caso de cuartiles y deciles.

En las distribuciones de datos agrupados, el cálculo de los percentiles se hace con la fórmula

$$P_p = L_{i-1} + \frac{\frac{pN}{100} - N_{i-1}}{n_i} \cdot a_i \tag{3.21}$$

en la que $p = 1,2,3,\ldots,99$.

3.10. Momentos

Dada una distribución estadística, existen unos parámetros asociados a ella que la caracterizan y que reciben el nombre genérico de momentos. Algunos de estos *momentos* coinciden con medidas de centralización, de dispersión, de forma, etc.

Los momentos más utilizados en la Estadística descriptiva son los descritos a continuación.

Momentos respecto al origen

Se llama *momento de orden h*, respecto al origen, de una distribución a la media aritmética de las potencias de orden h de los valores de la variable. Para distribuciones del tipo ordinal simple, el momento de orden h es

$$\alpha_h = \overline{X^h} = \frac{x_1^h + x_2^h + \cdots + x_N^h}{N} = \frac{\sum_{i=1}^{N} x_i^h}{N}, \tag{3.22}$$

y para distribuciones de los tipos ordinal con repetición y datos agrupados,

$$\alpha_h = \overline{X^h} = \frac{x_1^h n_1 + x_2^h n_2 + \cdots + x_k^h n_k}{N} = \frac{\sum_{i=1}^{k} x_i^h n_i}{N} \tag{3.23}$$

de donde, para distribuciones ordinales simples, se tiene que

$$\begin{aligned} &\text{para} \quad h = 0 \quad \text{es} \quad \alpha_0 = \frac{1+1+\cdots+1}{N} = \tfrac{N}{N} = 1 \\ &\text{para} \quad h = 1 \quad \text{es} \quad \alpha_1 = \frac{x_1 + x_2 + \cdots + x_N}{N} = \overline{X} \\ \text{y} \quad &\text{para} \quad h = 2 \quad \text{es} \quad \alpha_2 = \frac{x_1^2 + x_2^2 + \cdots + x_N^2}{N} = C^2, \end{aligned}$$

mientras que, para las distribuciones del tipo ordinal con repetición,

$$\begin{aligned} &\text{para} \quad h = 0 \quad \text{es} \quad \alpha_0 = \frac{n_1 + n_2 + \cdots + n_k}{N} = \frac{N}{N} = 1 \\ &\text{para} \quad h = 1 \quad \text{es} \quad \alpha_1 = \frac{x_1 n_1 + x_2 n_2 + \cdots + x_k n_k}{N} = \overline{X} \\ \text{y} \quad &\text{para} \quad h = 2 \quad \text{es} \quad \alpha_2 = \frac{x_1^2 n_1 + x_2^2 n_2 + \cdots + x_k^2 n_k}{N} = C^2. \end{aligned}$$

Momentos respecto a la media

Dada una distribución estadística de media $\overline{X}$, se define el momento de orden h respecto a la media, o momento central de orden h, como la media aritmética de las potencias de orden h de las desviaciones de los valores de la variable respecto a su media aritmética.

Para las distribuciones de tipo ordinal simple es

$$\mu_h = \overline{(X - \overline{X})^h} = \frac{(x_1 - \overline{X})^h + (x_2 - \overline{X})^h + \cdots + (x_N - \overline{X})^h}{N} = \frac{\sum\limits_{i=1}^{N} (x_i - \overline{X})^h}{N} \tag{3.24}$$

y, si la distribución es del tipo ordinal con repetición o del tipo de datos agrupados,

$$\begin{aligned}\mu_h &= \overline{(X-\overline{X})^h} = \\ &= \frac{(x_1-\overline{X})^h n_1 + (x_2-\overline{X})^h n_2 + \cdots + (x_k-\overline{X})^h n_k}{N} = \frac{\sum_{i=1}^{k}(x_i-\overline{X})^h n_i}{N}\end{aligned} \qquad (3.25)$$

obteniéndose, para los valores iniciales de h, en las distribuciones del tipo ordinal simple

$$\begin{aligned}\mu_0 &= \frac{1+1+\cdots+1}{N} = \frac{N}{N} = 1 \\ \mu_1 &= \frac{(x_1-\overline{X})+(x_2-\overline{X})+\cdots+(x_N-\overline{X})}{N} = \frac{\sum_{i=1}^{N}(x_i-\overline{X})}{N} = \frac{0}{N} = 0 \\ \mu_2 &= \frac{(x_1-\overline{X})^2+(x_2-\overline{X})^2+\cdots+(x_N-\overline{X})^2}{N} = \frac{\sum_{i=1}^{N}(x_i-\overline{X})^2}{N}\end{aligned}$$

y, si la distribución es del tipo ordinal con repetición o del tipo de datos agrupados,

$$\begin{aligned}\mu_0 &= \frac{1\cdot n_1+1\cdot n_2+\cdots+1\cdot n_k}{N} = \frac{\sum_{i=1}^{k} n_i}{N} = 1 \\ \mu_1 &= \frac{(x_1-\overline{X})n_1+(x_2-\overline{X})n_2+\cdots+(x_k-\overline{X})n_k}{N} = \frac{\sum_{i=1}^{k}(x_i-\overline{X})n_i}{N} = \frac{0}{N} = 0 \\ \mu_2 &= \frac{(x_1-\overline{X})^2 n_1+(x_2-\overline{X})^2 n_2+\cdots+(x_k-\overline{X})^2 n_k}{N} = \frac{\sum_{i=1}^{k}(x_i-\overline{X})^2 n_k}{N}\end{aligned}$$

Momentos respecto a un punto

Llamaremos momento de orden h respecto a un punto P, para una distribución estadística, y lo representaremos por v_h, al número

$$v_h = \frac{\sum_{i=1}^{N}(x_i-P)^h}{N} \qquad (3.26)$$

si se trata de una distribución ordinal simple, mientras que, si la distribución es del tipo ordinal con repetición o si es de datos agrupados, el momento será

$$v_h = \frac{\sum_{i=1}^{k}(x_i-P)^h n_i}{N} \qquad (3.27)$$

Nótese que los momentos respecto el origen y los momentos centrales son casos particulares de los momentos respecto a un punto, cuando se sustituye P por cero o $\overline{X}$, respectivamente.

Relaciones entre momentos

De las posibles relaciones entre momentos son de particular interés las existentes entre los momentos centrales y los momentos respecto al origen, ya que nos van a permitir obtener ciertas medidas de una distribución estadística con brevedad, como veremos en lecciones posteriores. Así, tenemos las relaciones

$$\mu_2 = \alpha_2 - \alpha_1^2, \tag{3.28}$$

$$\mu_3 = \alpha_3 - 3\alpha_1\alpha_2 + 2\alpha_1^3 \tag{3.29}$$

La expresión de μ_h se obtiene de forma análoga, desarrollando $(x_i - \overline{X})^h$ por la fórmula del binomio de Newton.

EN DETALLE

3.1 Las edades, en años, de los alumnos de un curso vienen dadas por la siguiente tabla:

Edad	*Nº de alumnos*
18	12
19	17
20	11
21	9
23	2
26	1

Calcúlese la media de las edades.

RESOLUCIÓN

Con la tabla siguiente:

x_i	n_i	$x_i n_i$
18	12	216
19	17	323
20	11	220
21	9	189
23	2	46
26	1	26
	52	1 020

obtenemos que $N = 52$ y $\sum x_i n_i = 1\,020$, con lo cual

$$\overline{X} = \frac{1\,020}{52} = 19{,}6 \text{ años.}$$

.2 Las temperaturas medias registradas en una ciudad durante un año fueron, en grados centígrados, las indicadas en la Tabla 3.1. Calcúlese la temperatura media registrada en dicho año.

Temperatura	*Nº de días*
De $-10°$ a $-5°$	3
De $-5°$ a $0°$	8
De $0°$ a $5°$	65
De $5°$ a $10°$	103
De $10°$ a $15°$	94
De $15°$ a $20°$	56
De $20°$ a $25°$	27
De $25°$ a $30°$	9

Tabla 3.1. Temperaturas del ejercicio 3.2

RESOLUCIÓN

Se construye la tabla en la que aparecen las marcas de clase como nuevos valores de la variable, y efectuamos los productos correspondientes como si se tratase de una distribución del tipo ordinal con repetición:

L_{i-1}–L_i	x_i	n_i	$x_i n_i$
[−10;−5)	−7,5	3	−22,5
[−5;0)	−2,5	8	−20
[0;5)	2,5	65	162,5
[5;10)	7,5	103	772,5
[10;15)	12,5	94	1 175
[15;20)	17,5	56	980
[20;25)	22,5	27	607,5
[25;30]	27,5	9	247,5
		365	3 902,5

de donde, al ser

$$N = 365 \qquad \text{y} \qquad \sum x_i n_i = 3\,902{,}5,$$

se tiene:

$$\overline{X} = \frac{3\,902{,}5}{365} = 10{,}7 \text{ grados.}$$

3.3 Un estudio pluviométrico realizado en 80 núcleos rurales españoles registró durante el último año los siguientes datos respecto a precipitaciones, medidas en milímetros:

810	1 053	1 495	545	513	404	566	917	312	514
1 868	593	1 352	442	419	372	368	391	553	353
473	574	591	440	423	259	322	670	226	815
1 048	1 508	529	513	404	572	917	320	503	598
1 861	1 348	441	362	419	379	554	332	390	498
567	595	442	414	283	317	675	194	835	1 028
516	1 502	414	559	919	340	518	1 552	1 658	361
379	492	578	587	446	417	280	310	670	228

Calcúlese la media aritmética distribuyendo los datos, primero en cinco intervalos y luego en diez. ¿Cuál de los dos valores obtenidos es más adecuado?

RESOLUCIÓN

Construimos la tabla de cinco intervalos en la forma

L_{i-1}–L_i	*Recuento*	x_i	n_i	$x_i n_i$
[0; 400)	⧄ ⧄ ⧄ ⧄ ⌜	200	22	4 400
[400; 800)	⧄ ⧄ ⧄ ⧄ ⧄ ⧄ ⧄ ⧄	600	40	24 000
[800; 1 200)	⧄ □	1 000	9	9 000
[1 200; 1 600)	⧄ |	1 400	6	8 400
[1 600; 2 000]	⊓	1 800	3	5 400
			80	51 200

siendo

$$\overline{X} = \frac{51\,200}{80} = 640 \text{ milímetros.}$$

Con diez intervalos se tiene la tabla

L_{i-1}–L_i	*Recuento*	x_i	n_i	$x_i n_i$
[0; 200)	|	100	1	100
[200; 400)	⧄ ⧄ ⧄ ⧄ |	300	21	6 300
[400; 600)	⧄ ⧄ ⧄ ⧄ ⧄ ⧄ ⧄ ⌜	500	37	18 500
[600; 800)	⊓	700	3	2 100
[800; 1 000)	⧄ |	900	6	5 400
[1 000; 1 200)	⊓	1 100	3	3 300
[1 200; 1 400)	⌜	1 300	2	2 600
[1 400; 1 600)	□	1 500	4	6 000
[1 600; 1 800)	|	1 700	1	1 700
[1 800; 2 000]	⌜	1 900	2	3 800
			80	49 800

y resulta

$$\overline{X} = \frac{49\,800}{80} = 622{,}5 \text{ milímetros.}$$

Al realizar un agrupamiento de los datos para calcular la media aritmética se comete un error que disminuye a medida que aumenta el número de intervalos. Por ello, es más adecuado tomar como medida de los datos el valor 622,5. Puede comprobarse que, si la distribución inicial se trata como del tipo ordinal con repetición, se obtiene como valor exacto de la media

$$\overline{X} = 627{,}4 \text{ milímetros.}$$

.4 Establecido un balance de explotación sobre las ocho sucursales de una cadena de almacenes, resultó la estimación indicada en la Tabla 3.2.
Obténgase el porcentaje medio de beneficios sobre las ventas totales de la cadena.

Sucursal	*Beneficios sobre ventas (%)*	*Ventas totales (en miles de euros)*
1	28	500
2	15	126
3	24	432
4	32	870
5	17	180
6	23	450
7	18	912
8	25	713

Tabla 3.2. Datos del problema 3.4

RESOLUCIÓN

El porcentaje medio se obtiene como media aritmética ponderada de los beneficios, siendo el peso respectivo la venta total de cada sucursal, es decir,

x_i	p_i	$x_i p_i$
28	500	14 000
15	126	1 890
24	432	10 368
32	870	27 840
17	180	3 060
23	450	10 350
18	912	16 416
25	713	17 825
	4 183	101 749

de donde

$$\overline{X} = \frac{101\,749}{4\,183} = 24{,}32\,\%.$$

3.5 Dadas las distribuciones siguientes, calcúlese su mediana:

(a)

x_i	n_i
2	15
5	12
8	6
11	8
14	9
17	13
20	4
23	6
	73

(b)

x_i	n_i
3	3
4	7
5	12
6	7
7	15
	44

(c)

x_i	n_i
15	30
20	22
25	9
30	28
35	15
40	6
	110

RESOLUCIÓN

(a) Puesto que

$$\frac{N}{2} = \frac{73}{2} = 36{,}5$$

el dato central es el que ocupa el lugar 37, y, considerando la columna de frecuencias acumuladas,

x_i	n_i	N_i
2	15	15
5	12	27
8	6	33
11	8	41
14	9	50
17	13	63
20	4	67
23	6	73
	73	

el primer valor de la misma que supera a 36,5 es 41, que corresponde al valor $x_i = 11$, con lo cual

$$Me = 11.$$

(b) Al ser

$$\frac{N}{2} = \frac{44}{2} = 22$$

en el centro de la distribución están los datos que ocupan los lugares 22 y 23, y, construida la tabla

x_i	n_i	N_i
3	3	3
4	7	10
5	12	22
6	7	29
7	15	44
	44	

en la columna de frecuencias acumuladas, los valores correspondientes a estos lugares son 5 y 6, por lo que la mediana es

$$Me = \frac{5+6}{2} = 5{,}5.$$

(c) En este caso es

$$\frac{N}{2} = \frac{110}{2} = 55$$

y considerando la tabla

x_i	n_i	N_i
15	30	30
20	22	52
25	9	61
30	28	89
35	15	104
40	6	110
	110	

los valores centrales ocupan los lugares 55 y 56, que, de la columna de frecuencias acumuladas, se tiene que corresponden ambos al valor de la variable $x_i = 25$, y, por tanto,

$$Me = 25.$$

3.6 Calcúlese la mediana de las distribuciones siguientes:

(a)

L_{i-1}–L_i	n_i
2-5	15
5-10	17
10-16	12
16-20	16
20-24	13
24-30	12

(b)

L_{i-1}–L_i	n_i
0-15	4
15-30	6
30-45	9
45-60	5
60-75	7
75-90	2
90-105	5

RESOLUCIÓN

(a) Ya que

$$\frac{N}{2} = \frac{85}{2} = 42{,}5$$

y se trata de una distribución de datos agrupados en la que el dato central ocupa el lugar 43, observando en la tabla la columna de frecuencias acumuladas,

L_{i-1}–L_i	n_i	N_i
[2; 5)	15	15
[5; 10)	17	32
[10; 16)	12	44
[16; 20)	16	60
[20; 24)	13	73
[24; 30]	12	85
	85	

el intervalo mediano es [10; 16), y aplicando la fórmula (3.10) obtenemos:

$$Me = 10 + \frac{42{,}5 - 32}{12} \cdot 6 = 15{,}25.$$

(b) Siendo $N = 38$, tenemos que

$$\frac{N}{2} = \frac{38}{2} = 19,$$

y el valor mediano es el de la variable correspondiente a los lugares 19 y 20. Al observar la columna de frecuencias acumuladas,

L_{i-1}–L_i	n_i	N_i
[0; 15)	4	4
[15; 30)	6	10
[30; 45)	9	19
[45; 60)	5	24
[60; 75)	7	31
[75; 90)	2	33
[90; 105]	5	38
	38	

se tiene que el lugar 19 se alcanza en el intervalo [30; 45) y el 20 en el [45; 60).

La mediana, en este caso, es $Me = 45$, ya que los dos intervalos anteriores son medianos, y aplicando la fórmula (3.10) a cada uno de ellos, se obtiene el mismo resultado:

$$Me = 30 + \frac{19-10}{9} \cdot 15 = 30 + 15 = 45$$

y

$$Me = 45 + \frac{19-19}{9} \cdot 15 = 45 + 0 = 45.$$

3.7 En las distribuciones de frecuencias siguientes, calcúlese la moda.

(a)

x_i	n_i
1	45
2	27
3	82
4	94
5	62

(b)

x_i	n_i
10	7
20	28
30	43
40	52
50	41
60	52
70	27

Resolución

(a) $Mo = 4$, pues es el valor de la variable que tiene mayor frecuencia, en este caso 94.

(b) En esta distribución existen dos frecuencias que son máximas, con valor 52. Se trata, por tanto, de una distribución bimodal, y las modas son

$$Mo = 40 \qquad \text{y} \qquad Mo = 60.$$

3.8 Hállese la moda de las distribuciones estadísticas que se dan a continuación:

(a)

L_{i-1}–L_i	n_i
2-5	14
5-8	12
8-11	26
11-14	10
14-17	21
17-20	13

(b)

L_{i-1}–L_i	n_i
0-4	8
4-10	23
10-13	12
13-20	16
20-25	7

(c)

L_{i-1}–L_i	n_i
12-19	32
19-26	16
26-33	8
33-40	4

Resolución

(a) Como se trata de una distribución con intervalos de igual amplitud, utilizaremos la fórmula (3.12) aplicada al intervalo [8;11), que es el intervalo modal, al ser su frecuencia la mayor, resultando

$$Mo = 8 + \frac{10}{12+10} \cdot 3 = 8 + 1{,}364 = 9{,}364.$$

(b) Al ser intervalos de diferente amplitud, calculamos las alturas correspondientes a los intervalos:

L_{i-1}–L_i	n_i	h_i
[0; 4)	8	2
[4; 10)	23	3,83
[10; 13)	12	4
[13; 20)	16	2,29
[20; 25]	7	1,4

resultando que el intervalo modal es [10;13), al ser el de mayor altura. Aplicando la fórmula (3.11), se tiene:

$$Mo = 10 + \frac{2{,}29}{3{,}83 + 2{,}29} \cdot 3 = 10 + 1{,}12 = 11{,}12.$$

(c) El intervalo modal es [12; 19), por tener la mayor frecuencia; al aplicar la fórmula (3.12), y dado que no existe intervalo anterior al modal, debemos tomar

$$h_{i-1} = 0$$

con lo cual

$$Mo = 12 + \frac{16}{0 + 16} \cdot 7 = 12 + 7 = 19.$$

Adviértase que la moda se sitúa en el extremo superior del intervalo modal, debido a la inexistencia de intervalo anterior al modal, acorde con el razonamiento seguido para deducir la fórmula de la moda.

3.9 El departamento de contabilidad de una determinada empresa registró los siguientes datos relativos a la percepción neta anual de sueldos en euros para sus empleados:

Haberes netos	*Nº de empleados*
9 070	2
12 070	14
15 070	31
18 070	22
21 070	15
24 070	3
30 070	1

Calcúlense, la media, la mediana y la moda de la distribución de sueldos.

RESOLUCIÓN

Por las características de los datos, es conveniente utilizar, para el cálculo de la media, la fórmula reductora (3.8), eligiendo como O_x el dato x_i que ocupa el lugar central en la tabla, es decir,

$$O_x = 18\,070$$

y el salto de la variable es $a = 3\,000$.

Para obtener los resultados pedidos se construye la tabla siguiente:

x_i	n_i	N_i	$x_i - O_x$	$\frac{x_i - O_x}{a}$	$\left(\frac{x_i - O_x}{a}\right) n_i$	
9 070	2	2	−9 000	−3	−6	
12 070	14	16	−6 000	−2	−28	} −65
15 070	31	47	−3 000	−1	−31	
18 070	22	69	0	0	0	
21 070	15	84	3 000	1	15	
24 070	3	87	6 000	2	6	} 25
30 070	1	88	12 000	4	4	
	88				−40	

siendo

$$\overline{X} = 18\,070 + \frac{-40}{88} \cdot 3\,000 = 18\,070 + (-1\,363{,}64) = 16\,706{,}36 \text{ euros.}$$

Para obtener la mediana, al ser $N/2 = 44$, el primer valor de la variable cuya frecuencia acumulada supera a 44 es 15 070, luego

$$Me = 15\,070 \text{ euros.}$$

La moda se obtiene observando que el valor de la variable que tiene mayor frecuencia es

$$Mo = 15\ 070 \text{ euros,}$$

que, casualmente, coincide con la mediana.

.10 La distribución de las acciones de una sociedad es la que aparece en la siguiente tabla:

Nº de acciones	*Accionistas*
De 0 a 50	23
De 50 a 100	72
De 100 a 150	62
De 150 a 200	48
De 200 a 250	19
De 250 a 300	8
De 300 a 350	14
De 350 a 400	7
De 400 a 450	5
De 450 a 500	2

Hállense la media aritmética, la mediana y la moda de la distribución.

RESOLUCIÓN

Establezcamos la tabla correspondiente:

L_{i-1}–L_i	x_i	n_i	N_i	$x_i n_i$
[0; 50)	25	23	23	575
[50; 100)	75	72	95	5 400
[100; 150)	125	62	157	7 750
[150; 200)	175	48	205	8 400
[200; 250)	225	19	224	4 275
[250; 300)	275	8	232	2 200
[300; 350)	325	14	246	4 550
[350; 400)	375	7	253	2 625
[400; 450)	425	5	258	2 125
[450; 500]	475	2	260	950
		260		38 850

y se tiene:

$$\overline{X} = \frac{38\,850}{260} = 149{,}42 \text{ acciones.}$$

Para el cálculo de la mediana, al ser $N/2 = 130$, el intervalo mediano es [100; 150), y entonces

$$Me = 100 + \frac{130 - 95}{62} \cdot 50 = 128{,}23 \text{ acciones.}$$

La moda la obtenemos considerando el intervalo modal, que en este caso es el de mayor frecuencia absoluta, es decir, [50; 100). Por tanto,

$$Mo = 50 + \frac{62}{23+62} \cdot 50 = 86{,}47 \text{ acciones.}$$

3.11 Calcúlese la media geométrica de la siguientes distribuciones:

(a) 2; 3; 12; 18. (b)

x_i	n_i
6	4
15	1
50	2
60	3
225	2

Resolución

(a) Como se trata de una distribución ordinal simple con $N = 4$,

$$G = \sqrt[4]{2 \cdot 3 \cdot 12 \cdot 18} = \sqrt{\sqrt{36 \cdot 36}} = \sqrt{\sqrt{36^2}} = \sqrt{36} = 6.$$

b) Al ser una distribución ordinal con repetición, la media geométrica es

$$G = \sqrt[12]{6^4 \cdot 15 \cdot 50^2 \cdot 60^3 \cdot 225^2} = \sqrt[12]{30^{12}} = 30.$$

3.12 Cada uno de los componentes del equipo USA de relevos 4×100 metros alcanzó en una competición la siguiente velocidad:

10,16 m/s, 10,35 m/s, 10,40 m/s y 10,52 m/s.

¿Cuál fue la velocidad media desarrollada por el testigo que se entregan los corredores?

Resolución

Sean A, B, C y D los componentes del equipo, V_A, V_B, V_C y V_D sus velocidades y T_A, T_B, T_C y T_D los tiempos empleados en los 100 metros que cada uno recorre.

Tenemos que

$$100 = V_A \cdot T_A = V_B \cdot T_B = V_C \cdot T_C = V_D \cdot T_D,$$

de donde

$$T_A = \frac{100}{V_A}, \qquad T_B = \frac{100}{V_B}, \qquad T_C = \frac{100}{V_C}, \qquad T_D = \frac{100}{V_D}$$

Como la velocidad media en el trayecto es igual al espacio total dividido entre el tiempo empleado en ello,

$$\begin{aligned} \textit{Velocidad media} &= \frac{400}{T_{total}} = \frac{400}{T_A + T_B + T_C + T_D} = \\ &= \frac{400}{\frac{100}{V_A} + \frac{100}{V_B} + \frac{100}{V_C} + \frac{100}{V_D}} = \frac{4}{\frac{1}{V_A} + \frac{1}{V_B} + \frac{1}{V_C} + \frac{1}{V_D}} \end{aligned}$$

que es la media armónica de las velocidades individuales de los atletas, resultando igual a

$$\frac{4}{\frac{1}{10{,}16} + \frac{1}{10{,}35} + \frac{1}{10{,}40} + \frac{1}{10{,}52}} = \frac{4}{0{,}38625} = 10{,}356 \text{ m/s.}$$

3.13 Un inversor en bolsa ha comprado acciones de una misma empresa en cinco ocasiones; los precios respectivos por acción han sido de 20,48, 23,04, 19,20, 25,60 y 30,72 euros. Calcúlese el precio medio de las acciones que ha comprado en los supuestos siguientes:

(a) Las cinco veces adquirió igual número, N, de acciones.

(b) En todas las compras empleó igual cantidad, C, de dinero.

RESOLUCIÓN

(a) El precio medio viene dado por el cociente entre el dinero total invertido y el número total de acciones adquiridas, es decir,

$$\begin{aligned} \textit{Precio medio} &= \frac{20{,}48N + 23{,}04N + 19{,}20N + 25{,}60N + 30{,}72N}{5N} = \\ &= \frac{20{,}48 + 23{,}04 + 19{,}20 + 25{,}60 + 30{,}72}{5} = \frac{119{,}04}{5} = 23{,}81 \text{ €/acción,} \end{aligned}$$

que es la media aritmética de los precios.

(b) El precio medio es el cociente entre el dinero total invertido, que es $5C$, y el número total de acciones compradas, que es

$$\frac{C}{20{,}48} + \frac{C}{23{,}04} + \frac{C}{19{,}20} + \frac{C}{25{,}60} + \frac{C}{30{,}72}$$

es decir,

$$\begin{aligned} \textit{Precio medio} &= \frac{5C}{\frac{C}{20{,}48} + \frac{C}{23{,}04} + \frac{C}{19{,}20} + \frac{C}{25{,}60} + \frac{C}{30{,}72}} = \\ &= \frac{5}{\frac{1}{20{,}48} + \frac{1}{23{,}04} + \frac{1}{19{,}20} + \frac{1}{25{,}60} + \frac{1}{30{,}72}} = \frac{50}{2{,}1593} = 23{,}16 \text{ €/acción,} \end{aligned}$$

que es la media armónica de los precios.

14 Calcúlese la media aritmética, la media geométrica, la media cuadrática y la media armónica de los números

6, 8, 9, 18 y 32

y compárense los resultados obtenidos.

RESOLUCIÓN

Aplicando las fórmulas correspondientes se tiene:

$$\begin{aligned} \overline{X} &= \frac{6+8+9+18+32}{5} = 14{,}6 \\ G &= \sqrt[5]{6 \cdot 8 \cdot 9 \cdot 18 \cdot 32} = \sqrt[5]{12^5} = 12 \\ C &= \sqrt{\frac{6^2+8^2+9^2+18^2+32^2}{5}} = 17{,}487 \\ H &= \frac{5}{\frac{1}{6}+\frac{1}{8}+\frac{1}{9}+\frac{1}{18}+\frac{1}{32}} = 10{,}213 \end{aligned}$$

y se observa que

$$H \leq G \leq \overline{X} \leq C.$$

Puede demostrarse que esta relación es válida para cualquier distribución estadística.

3.15 Determínense los cuartiles de la siguiente distribución de frecuencias:

x_i	n_i
3	6
5	15
7	17
9	3
11	1

RESOLUCIÓN

Estableciendo la columna de frecuencias acumuladas,

x_i	n_i	N_i
3	6	6
5	15	21
7	17	38
9	3	41
11	1	42
	42	

y considerando el valor $N/2 = 10{,}5$, el dato que ocupa el lugar 11 es el que deja la cuarta parte de los datos anteriores a él y los restantes posteriores, y corresponde al valor 5 de la variable. Por tanto, es

$$Q_1 = 5.$$

Al ser $2N/4 = 21$, hemos de considerar los lugares 21 y 22, que corresponden a los valores de la variable 5 y 7, de donde

$$Q_2 = Me = \frac{5+7}{2} = 6.$$

Para Q_3, como $3N/4 = 31{,}5$ y el dato del lugar 32 es el valor 7 de la variable, se tiene que

$$Q_3 = 7.$$

3.16 Para la siguiente distribución estadística:

x_i	n_i
10	9
12	18
15	23
18	29
20	18
23	12
25	9
30	7

hállense los deciles cuarto y séptimo y los percentiles de lugares 16 y 87.

RESOLUCIÓN

Con la tabla

x_i	n_i	N_i
10	9	9
12	18	27
15	23	50
18	29	79
20	18	97
23	12	109
25	9	118
30	7	125
	125	

para obtener D_4, como es $4N/10 = 50$, tenemos que los lugares 50 y 51 corresponden a los valores 15 y 18, por lo que

$$D_4 = \frac{15+18}{2} = 16{,}5.$$

El valor de D_7 resulta de observar que, al ser $7N/10 = 87{,}5$, el dato de lugar 88 es de valor 20, y, por tanto,

$$D_7 = 20.$$

Para obtener los percentiles pedidos, P_{16} y P_{87}, calculamos $16N/100 = 20$ y $87N/100 = 108{,}75$, y de la observación de la columna de frecuencias acumuladas resulta

$$P_{16} = 12,$$

porque los datos de lugares 20 y 21 los ocupa el valor 12 de la variable, mientras que, al ser 23 el valor de la variable que ocupa el lugar 109, resulta

$$P_{87} = 23.$$

17 Obténganse el primer cuartil, el séptimo decil y el percentil del lugar 53 en la siguiente distribución:

L_{i-1}–L_i	n_i
2-6	17
6-10	12
10-15	11
15-25	8
25-32	5
32-40	16
40-45	29

RESOLUCIÓN

Considerando la distribución de frecuencias acumuladas,

L_{i-1}–L_i	n_i	N_i
[2; 6)	17	17
[6; 10)	12	29
[10; 15)	11	40
[15; 25)	8	48
[25; 32)	5	53
[32; 40)	16	69
[40; 45]	29	98
	98	

y, al ser $N/4 = 24{,}5$, el intervalo en el que está Q_1 es [6;10); aplicando en este intervalo la fórmula (3.19),

$$Q_1 = 6 + \frac{24{,}5 - 17}{12} \cdot 4 = 8{,}5.$$

Para obtener D_7, hallamos $7N/10 = 68{,}6$, con lo cual D_7 está en el intervalo [32; 40), y, aplicando la fórmula (3.20), queda

$$D_7 = 32 + \frac{68{,}6 - 53}{16} \cdot 8 = 39{,}8.$$

Calculando $53N/100 = 51{,}94$, el intervalo en que se encuentra el percentil 53 es [25; 32), y de la fórmula (3.21) obtenemos:

$$P_{53} = 25 + \frac{51{,}94 - 48}{5} \cdot 7 = 30{,}516.$$

3.18 Realizando un control de calidad en una muestra aleatoria de 200 tubos fluorescentes de un determinado tipo, para determinar su duración en horas de funcionamiento en condiciones prefijadas, se obtuvieron los siguientes resultados:

Duración	*Nº de tubos*
0-720	1
720-1 440	4
1 440-2 160	9
2 160-2 880	32
2 880-3 600	56
3 600-4 320	51
4 320-5 040	34
5 040-5 760	8
5 760-6 480	3
6 480-7 200	2

Si del total de la muestra se detraen el diez por ciento de los tubos con menor duración y el cinco por ciento de aquéllos que presentan duración máxima, determínense los valores mínimo y máximo de la duración de los tubos restantes de la muestra.

RESOLUCIÓN

Para desestimar el 10 % de los tubos de duración menor hemos de calcular el primer decil, D_1.

Estableciendo las frecuencias acumuladas correspondientes se tiene:

L_{i-1}–L_i	n_i	N_i
[0; 720)	1	1
[720; 1 440)	4	5
[1 440; 2 160)	9	14
[2 160; 2 880)	32	46
[2 880; 3 600)	56	102
[3 600; 4 320)	51	153
[4 320; 5 040)	34	187
[5 040; 5 760)	8	195
[5 760; 6 480)	3	198
[6 480; 7 200]	2	200
	200	

y, dado que $N/10 = 20$, el intervalo en el que está el primer decil es [2 160; 2 880), y por aplicación de la fórmula (3.20) se tiene:

$$D_1 = 2\,160 + \frac{20-14}{32} \cdot 720 = 2\,295.$$

Al prescindir del 5 % de la muestra con duración mayor, es preciso determinar el percentil de lugar 95, es decir, P_{95}.

Considerando que $95N/100 = 190$, el valor que toma P_{95}, está en el intervalo [5 040; 5 760), y resulta ser

$$P_{95} = 5\,040 + \frac{190-187}{8} \cdot 720 = 5\,310.$$

En consecuencia, el 85 % de los tubos restantes tiene una duración comprendida entre 2 295 y 5 310 horas.

.19 Obténganse los momentos de orden 1 y 2, respecto al origen y respecto a la media aritmética, en la distribución

x_i	n_i
4	2
6	5
7	17
9	28
10	25
12	17
14	3
15	3

Resolución

Construyamos la tabla con todos los datos que se van a utilizar, obteniendo previamente la media aritmética:

x_i	n_i	$x_i n_i$	$x_i^2 n_i$	$x_i - \overline{X}$	$(x_i - \overline{X}) n_i$	$(x_i - \overline{X})^2 n_i$
4	2	8	32	−5,5	−11	60,50
6	5	30	180	−3,5	−17,5	61,25
7	17	119	833	−2,54	−42,5	106,25
9	28	252	2 268	−0,5	−14	7
10	25	250	2 500	0,5	12,5	6,25
12	17	204	2 448	2,5	42,5	106,25
14	3	42	588	4,5	13,5	60,75
15	3	45	675	5,5	16,5	90,75
	100	950	9 524			499

$$\overline{X} = \frac{950}{100} = 9{,}5.$$

A partir de la tabla se tiene que

$$\begin{aligned}
\alpha_1 &= \frac{\sum x_i n_i}{N} = \frac{950}{100} = 9{,}5 = \overline{X} \\
\alpha_2 &= \frac{\sum x_i^2 n_i}{N} = \frac{9\,524}{100} = 95{,}24 \\
\mu_1 &= \frac{\sum (x_i - \overline{X}) n_i}{N} = \frac{0}{100} = 0 \\
\mu_2 &= \frac{\sum (x_i - \overline{X})^2 n_i}{N} = \frac{499}{100} = 4{,}99.
\end{aligned}$$

3.20 Dada la distribución estadística

L_{i-1}–L_i	n_i
0-8	3
8-10	4
10-16	9
16-22	7
22-30	2

hállense los momentos α_3, μ_2 y μ_3.

RESOLUCIÓN

Como se trata de una distribución de datos agrupados, la reducimos a una del tipo ordinal con repetición mediante las marcas de clase, y estableciendo la pertinente tabla de datos se tiene:

L_{i-1}–L_i	x_i	n_i	$x_i n_i$	x_i^3	$x_i^3 n_i$	$x_i - \overline{X}$	$(x_i - \overline{X})^2$	$(x_i - \overline{X})^2 n_i$	$(x_i - \overline{X})^3 n_i$	
[0; 8)	4	3	12	64	192	−10	100	300	−3 000	
[8; 10)	9	4	36	729	2 916	−5	25	100	−500	} −3 509
[10; 16)	13	9	117	2 197	19 773	−1	1	9	−9	
[16; 22)	19	7	133	6 859	48 013	5	25	175	875	} 4 331
[22; 30]	26	2	52	17 576	35 152	12	144	288	3 456	
		25	350		106 046			872		822

$$\overline{X} = \frac{350}{25} = 14,$$

de donde

$$
\begin{aligned}
\alpha_3 &= \frac{\sum x_i^3 n_i}{N} = \frac{106\,046}{25} = 4\,281{,}84 \\
\mu_2 &= \frac{\sum (x_i - \overline{X})^2 n_i}{N} = \frac{872}{25} = 34{,}88 \\
\mu_3 &= \frac{\sum (x_i - \overline{X})^3 n_i}{N} = \frac{822}{25} = 32{,}88.
\end{aligned}
$$

Para el cálculo de μ_2 y μ_3 es conveniente, en los casos en que la media no sea un número entero, utilizar las fórmulas desarrolladas (3.28) y (3.29).

PROPUESTOS

3.1 El número de personas que componen 85 unidades familiares se describe por la siguiente tabla:

Personas por familia	*Nº de familias*
1	2
2	7
3	16
4	23
5	21
6	12
8	3
10	1

Hállese el número medio de personas que componen una familia.

3.2 El precio por habitación individual en un determinado hotel es de 98,50 euros al día, y el de cada habitación doble es de 130,50 euros. Sabiendo que el precio medio por habitación es de 119,22 euros, ¿en qué proporción se distribuyen las habitaciones del hotel?

3.3 Los pesos de los niños observados en una consulta, al cumplir el primer mes de vida, varían de acuerdo con la tabla siguiente:

Peso (en gramos)	*Nº de niños*
De 3 000 a 3 700	2
De 3 700 a 4 000	5
De 4 000 a 4 200	18
De 4 200 a 4 500	91
De 4 500 a 4 700	15
De 4 700 a 5 000	6
De 5 000 a 5 400	3

Hállese el peso medio de los niños revisados.

P 3.4 Determínese el producto bruto «per capita» para los habitantes de la Europa de los Quince, sabiendo que los productos brutos «per capita» correspondientes a cada país miembro, así como sus poblaciones en 1999 son los que se dan en la tabla adjunta:

País	*Producto Nacional Bruto «per capita» (en dólares)*	*Población (en millones)*
Alemania	25 350	82,04
Austria	25 970	8,03
Bélgica	24 510	10,21
Dinamarca	32 030	5,31
España	14 000	39,39
Finlandia	23 780	5,16
Francia	23 480	58,97
Gran Bretaña	26 640	59,28
Grecia	11 770	10,52
Holanda	24 320	15,76
Irlanda	19 160	3,74
Italia	19 710	57,61
Luxemburgo	44 640	0,43
Portugal	10 600	9,98
Suecia	25 040	8,85

P 3.5 La tabla que se da a continuación recoge los resultados de las diez pruebas propuestas por una empresa a los aspirantes a ocupar determinados puestos de su plantilla:

Nº de pruebas correctas	*Nº de aspirantes*
10	1
9	2
8	3
7	6
6	12
5	15
4	6
3	2

Hállense la media aritmética y la mediana.

P 3.6 El presupuesto destinado a alimentación en el pasado año por las familias de un municipio español ha sido, en euros, el siguiente:

Presupuesto anual	*Nº de familias*
De 0 a 1 500	19
De 1 500 a 2 500	43
De 2 500 a 3 500	159
De 3 500 a 4 500	163
De 4 500 a 6 000	232
De 6 000 a 8 000	73
De 8 000 a 10 000	51
De 10 000 a 15 000	2

Hállense la media, la mediana y la moda de los gastos en alimentación.

3.7 Calcúlense la media aritmética y la moda de la siguiente distribución estadística:

x_i	n_i
620 007 311	5
620 007 313	12
620 007 314	20
620 007 316	8
620 007 320	5

3.8 El censo de población de los municipios de la provincia de Madrid relativo al año 2006 es el que se da a continuación:

Nº de habitantes	*Nº de municipios*
De 0 a 100	6
De 100 a 500	40
De 500 a 1 000	24
De 1 000 a 2 000	26
De 2 000 a 5 000	39
De 5 000 a 10 000	11
De 10 000 a 20 000	9
De 20 000 a 50 000	11
De 50 000 a 100 000	6
De 148 216	1
De 149 383	1
De 165 813	1
De 172 372	1
De 184 140	1
De 205 918	1
De 3 128 600	1

Hállense la media, la mediana y la moda.

3.9 Realizada una encuesta a 100 personas casadas respecto a la edad a la que contrajeron matrimonio, se obtuvieron los siguientes resultados:

Edad	*Nº de personas*
15	1
19	2
20	4
22	13
23	30
24	21
25	16
26	9
28	2
33	1
65	1

Hállense la media aritmética, la mediana y la moda.

P 3.10 Los precios de los distintos modelos de automóviles comercializados en España en enero de 2009 son los que se dan a continuación:

Precio	*N° de modelos*
De 6 000 a 10 000	43
De 10 000 a 12 000	42
De 12 000 a 14 000	73
De 14 000 a 17 000	75
De 17 000 a 20 000	52
De 20 000 a 25 000	89
De 25 000 a 30 000	45
De 30 000 a 40 000	73
De 40 000 a 50 000	45
De 50 000 a 70 000	60
De 70 000 a 100 000	27
De 100 000 a 260 000	20

Obténganse el precio medio, la mediana y la moda.

P 3.11 En una comunidad de vecinos viven 32 niños, con edades distribuidas, en la forma siguiente:

Edad	*N° de niños*
De 0 a 2 años	3
De 2 a 4 años	7
De 4 a 6 años	9
De 6 a 10 años	4
De 10 a 14 años	2
De 14 a 16 años	7

Hállense la media aritmética y la media geométrica de las edades.

P 3.12 El ciclista Pérez entrena durante una hora a la velocidad de 60 km/h y a 20 km/h durante la hora siguiente. Por su parte, el ciclista Gómez sube un puerto a 20 km/h y desciende por la misma ruta a 60 km/h. Hállese la velocidad media.

P 3.13 Cinco mecanógrafas escriben el mismo texto de acuerdo con las siguientes velocidades: 375, 362, 315, 408 y 350 pulsaciones por minuto. Hállese la velocidad media.

P 3.14 Hállense la media cuadrática y la media geométrica de la siguiente distribución:

x_i	n_i
1	4
6	4
8	8
12	4
81	7
2 401	9

3.15 Realizada una distribución estadística en un taller de reparación de automóviles sobre los días de permanencia en el mismo, se obtuvieron los siguientes datos:

Días de estancia	*Nº de automóviles*
1	23
2	12
3	7
4	10
5	3
8	2
15	1

¿Cuántos días, como máximo, permanecen en el taller el 75 % de los automóviles?

3.16 Elegida al azar una muestra de 100 clientes en un determinado hotel de la Costa Brava, se han comprobado los siguientes resultados respecto a los días de estancia continuada:

Días de estancia	*Nº de clientes*
3	2
5	3
7	15
8	8
9	7
10	12
14	22
15	27
20	4

(a) ¿Cuántos de los clientes observados han permanecido más de seis días pero menos de catorce?

(b) Hállense el tercer decil y el percentil de lugar 96 y explíquese su significado.

3.17 Para hacer un estudio sobre la edad de los conductores españoles, se tomaron aleatoriamente dos conductores de cada provincia, y obtuvieron los siguientes datos:

Edad	*Nº de conductores*
De 18 a 25	12
De 25 a 30	15
De 30 a 35	19
De 35 a 40	18
De 40 a 50	17
De 50 a 60	11
De 60 a 70	9
Más de 70	1

Hállense la mediana, el primer cuartil, el séptimo decil y el percentil de lugar 95.

P 3.18 Los sueldos anuales de los empleados de una empresa varían de acuerdo con la tabla siguiente:

Sueldo (en euros)	*Nº de empleados*
Menos de 6 000	4
De 6 000 a 9 000	12
De 9 000 a 12 000	9
De 12 000 a 14 000	23
De 14 000 a 15 500	68
De 15 500 a 17 000	87
De 17 000 a 19 000	47
De 19 000 a 22 000	18
De 22 000 a 25 000	3
De 25 000 a 35 000	2
Más de 35 000	1

(a) Hállese el sueldo más frecuente.

(b) Prescindiendo del 5 % de los empleados que tienen menor sueldo y del 5 % de los que lo tienen mayor, ¿entre qué valores fluctúa el sueldo del 90 % restante de los empleados?

P 3.19 En la distribución de frecuencias siguiente:

x_i	n_i
20	16
22	24
27	32
30	15
34	8
40	3

hállense los momentos α_3 y μ_3.

P 3.20 Obténgase la combinación de momentos $\alpha_2 - \alpha_1^2$ en la distribución estadística siguiente:

L_{i-1}–L_i	n_i
6-10	5
10-20	15
20-26	19
26-28	9
28-32	8
32-40	3

Capítulo 4

Medidas de dispersión

4.1. Medidas de dispersión

Las medidas de posición central, o promedios, facilitan, como se ha dicho, una información sobre las distribuciones estadísticas midiendo la magnitud de los valores de la variable de una forma global. Sin embargo, esta información resulta insuficiente, ya que no tiene en cuenta la situación relativa de los datos, proximidad o alejamiento entre ellos.

Así, por ejemplo, si las calificaciones obtenidas en los tres exámenes parciales de una asignatura por un alumno han sido 5, 6 y 7, y por otro alumno, 9, 7 y 2, la distribución de puntuaciones presenta, en ambos casos, una media aritmética coincidente de valor 6. En el primer caso, las calificaciones son valores de gran proximidad a la media aritmética, en tanto que en el segundo esta separación es ostensiblemente mayor.

Se llama *medida de dispersión* de una distribución estadística a cualquier parámetro o estadístico que valore la proximidad o alejamiento existente entre los datos. Las medidas de dispersión más comúnmente utilizadas son el recorrido, la desviación media, la varianza y la desviación 10-90. Todas estas medidas aprecian la separación absoluta entre datos de una distribución. Cuando es necesario comparar la dispersión de varias distribuciones se utiliza un estadístico de dispersión relativa, llamado coeficiente de variación, o se recurre a tipificar la variable.

4.2. Recorrido o rango

Para una distribución estadística dada, se llama *recorrido* o *rango* a la diferencia entre los valores máximo y mínimo de la variable, es decir,

$$Re = x_{\text{máx}} - x_{\text{mín}} \tag{4.1}$$

EJEMPLO 4.1. La distribución estadística dada por los datos

$$17, \quad 12, \quad 5, \quad 8, \quad 21, \quad 15, \quad 15, \quad 13, \quad 7, \quad 9, \quad 9, \quad 12,$$

tiene por recorrido

$$Re = 21 - 5 = 16.$$

4.3. Desviación media

La *desviación media* se define como la media aritmética de los valores absolutos de las desviaciones de los datos respecto a su media aritmética. Se designa por $D_{\overline{X}}$ y viene dada por la fórmula

$$D_{\overline{X}} = \frac{\sum_{i=1}^{k} |x_i - \overline{X}| n_i}{N} \tag{4.2}$$

Nótese que la utilización del valor absoluto se hace inevitable, ya que sin él todas las distribuciones estadísticas presentarían desviación media nula, como muestra la cuarta propiedad de la media aritmética, fórmula (3.6).

Si las desviaciones se calculan respecto a la mediana, la desviación media correspondiente es

$$D_{Me} = \frac{\sum_{i=1}^{k} |x_i - Me| n_i}{N} \tag{4.3}$$

EJEMPLO 4.2. Los datos 2, 3, 4, 6, 10, tienen media aritmética $\overline{X} = 5$ y mediana $Me = 4$, por lo que las desviaciones medias respecto de la media y de la mediana son

$$D_{\overline{X}} = \frac{|2-5|+|3-5|+|4-5|+|6-5|+|10-5|}{5} = \frac{3+2+1+1+5}{5} = \frac{12}{5} = 2{,}4,$$
$$D_{Me} = \frac{|2-4|+|3-4|+|4-4|+|6-4|+|10-4|}{5} = \frac{2+1+0+2+6}{5} = \frac{11}{5} = 2{,}2.$$

4.4. Varianza

Se define la *varianza* de una distribución como la media aritmética de los cuadrados de las desviaciones de los datos respecto a su media aritmética. Se simboliza por S^2 y, según la definición dada, es

$$S^2 = \frac{\sum_{i=1}^{k}(x_i - \overline{X})^2 n_i}{N} \tag{4.4}$$

Si en la fórmula anterior se desarrolla el cuadrado, se tiene:

$$\begin{aligned} S^2 &= \frac{\sum_{i=1}^{k}(x_i^2 - 2\overline{X}x_i + \overline{X}^2)n_i}{N} = \frac{\sum_{i=1}^{k} x_i^2 n_i - 2\overline{X}\sum_{i=1}^{k} x_i n_i + \overline{X}^2 \sum_{i=1}^{k} n_i}{N} = \\ &= \frac{\sum_{i=1}^{k} x_i^2 n_i}{N} - 2\overline{X}\frac{\sum_{i=1}^{k} x_i^2 n_i}{N} + \overline{X}^2 \frac{\sum_{i=1}^{k} n_i}{N} = \frac{\sum_{i=1}^{k} x_i^2 n_i}{N} - 2\overline{X}^2 + \overline{X}^2 = \frac{\sum_{i=1}^{k} x_i^2 n_i}{N} - \overline{X}^2 \end{aligned}$$

y, por tanto, queda

$$S^2 = \frac{\sum_{i=1}^{k} x_i^2 n_i}{N} - \left(\frac{\sum_{i=1}^{k} x_i n_i}{N}\right)^2 \tag{4.5}$$

Esta fórmula expresa que la varianza es *la media de los cuadrados menos el cuadrado de la media*, y, recordando la definición de momento de orden h respecto al origen, es

$$S^2 = \alpha_2 - \alpha_1^2. \tag{4.6}$$

La expresión de la varianza dada por la fórmula (4.5) tiene la ventaja, frente a la definición de varianza, dada por (4.4), que utiliza directamente los valores de la variable. Si las diferencias entre éstos y la media son números decimales, sus cuadrados presentan incomodidad de manejo.

EJEMPLO 4.3. La media aritmética de los datos 3, 5, 6, 7 y 9 es $\overline{X} = 6$ y su varianza, calculada con la fórmula (4.4) resulta ser

$$S^2 = \frac{(3-6)^2+(5-6)^2+(6-6)^2+(7-6)^2+(9-6)^2}{5} = \frac{9+1+0+1+9}{5} = \frac{20}{5} = 4.$$

Al mismo resultado se llega utilizando la fórmula (4.5)

$$\begin{aligned} S^2 &= \frac{3^2+5^2+6^2+7^2+9^2}{5} - 6^2 = \\ &= \frac{9+25+36+49+81}{5} - 36 = \frac{200}{5} - 36 = 40 - 36 = 4. \end{aligned}$$

Fórmulas reductoras

En el caso de que la distribución estadística tome grandes valores, análogamente a lo que ocurre con la media aritmética, es conveniente utilizar las siguientes fórmulas:

$$S^2 = \frac{\sum\limits_{i=1}^{k}(x_i - O_x)^2 n_i}{N} - \left(\frac{\sum\limits_{i=1}^{k}(x_i - O_x)n_i}{N}\right)^2 \tag{4.7}$$

$$S^2 = \frac{\sum\limits_{i=1}^{k}\left(\frac{x_i - O_x}{a}\right)^2 n_i}{N} - \left(\frac{\sum\limits_{i=1}^{k}\left(\frac{x_i - O_x}{a}\right)n_i}{N}\right)^2 \tag{4.8}$$

donde O_x es un valor arbitrario elegido de modo que las diferencias $x_i - O_x$ tengan valor absoluto mínimo, y la constante a de la fórmula (4.8) es el máximo común divisor de las diferencias $x_i - x_{i-1}$, que, en el caso de que todas estas diferencias coincidan, se llama *salto* de la variable.

Demostremos que con las fórmulas (4.7) y (4.8) se obtiene, en efecto, el valor de la varianza.

Dada la variable x_i, consideremos la variable x'_i, dada por $x'_i = x_i - O_x$. Por la segunda propiedad de la media aritmética, fórmula (3.4),

$$\overline{X'} = \overline{X} - O_x$$

y entonces

$$S_{X'}^2 = \frac{\sum_{i=1}^{k}(x'_i - \overline{X'})^2 n_i}{N} = \frac{\sum_{i=1}^{k}(x_i - O_x - \overline{X} + O_x)^2 n_i}{N} = \frac{\sum_{i=1}^{k}(x_i - \overline{X})^2 n_i}{N} = S_X^2$$

Tenemos, pues, que $S_{X'}^2 = S_X^2$, y en virtud de la fórmula (4.5), queda

$$S_X^2 = S_{X'}^2 = \frac{\sum_{i=1}^{k} x_i'^2 n_i}{N} - \left(\frac{\sum_{i=1}^{k} x'_i n_i}{N}\right)^2 = \frac{\sum_{i=1}^{k}(x_i - O_x)^2 n_i}{N} - \left(\frac{\sum\limits_{i=1}^{k}(x_i - O_x)n_i}{N}\right)^2$$

con lo que queda probada la fórmula (4.7).

Análogamente, haciendo

$$x'_i = \frac{x_i - O_x}{a} = \frac{x_i}{a} - \frac{O_x}{a}$$

por las propiedades primera y segunda de la media aritmética, fórmulas (3.3) y 3.4), es

$$\overline{X'} = \frac{\overline{X}}{a} - \frac{O_x}{a}$$

y, por tanto,

$$\begin{aligned} S_{X'}^2 &= \frac{\sum_{i=1}^{k}(x'_i - \overline{X'})^2 n_i}{N} = \frac{\sum_{i=1}^{k}\left(\frac{x_i}{a} - \frac{O_x}{a} - \frac{\overline{X}}{a} + \frac{O_x}{a}\right)^2 n_i}{N} = \\ &= \frac{\sum_{i=1}^{k}\left(\frac{x_i}{a} - \frac{\overline{X}}{a}\right)^2 n_i}{N} = \frac{1}{a^2}\frac{\sum_{i=1}^{k}(x_i - \overline{X})^2 n_i}{N} = \frac{S_X^2}{a^2} \end{aligned}$$

de donde

$$S_X^2 = a^2 S_{X'}^2$$

y utilizando la fórmula (4.5), queda

$$\begin{aligned} S_X^2 &= a^2\left[\frac{\sum_{i=1}^{k} x_i'^2 n_i}{N} - \left(\frac{\sum_{i=1}^{k} x_i' n_i}{N}\right)^2\right] = \\ &= a^2\left[\frac{\sum_{i=1}^{k}\left(\frac{x_i-O_x}{a}\right)^2 n_i}{N} - \left(\frac{\sum_{i=1}^{k}\left(\frac{x_i-O_x}{a}\right) n_i}{N}\right)^2\right] \end{aligned}$$

que es la fórmula (4.8).

4.5. Desviación típica

Dada una distribución estadística, se llama *desviación típica* a la raíz cuadrada, con signo positivo, de la varianza; se representa por S y es

$$S = +\sqrt{S^2}. \tag{4.9}$$

La desviación típica, llamada también desviación cuadrática media o desviación estándar, es la medida de dispersión más frecuente utilizada, del mismo modo que la media aritmética lo es entre las medidas de centralización. Usualmente, una distribución estadística se suele caracterizar de un modo abreviado indicando solamente los valores de su media y su desviación típica.

4.6. Desviación cuartílica y desviación percentílica 10-90

Se llama *rango intercuartílico* a la diferencia entre el tercer y el primer cuartil, es decir,

$$Q_3 - Q_1.$$

Se define la *desviación cuartílica*, o recorrido semiintercuartílico, de una distribución, y se designa por DC, como la mitad de la diferencia entre los cuartiles tercero y primero, es decir,

$$DC = \frac{Q_3 - Q_1}{2} \tag{4.10}$$

Dada una distribución estadística, al valor que es la mitad de la diferencia entre los percentiles de lugares 90 y 10 se le llama *desviación percentílica 10-90*, o recorrido semipercentílico 10-90; se representa por DP y, por tanto, es

$$DP_{10\text{-}90} = \frac{P_{90} - P_{10}}{2} \tag{4.11}$$

4.7. Diagramas de caja

Se llama *diagrama de caja* o gráfico de caja a la representación de una distribución de datos que utiliza los cuartiles como medidas de posición y el rango intercuartílico como medida de la variabilidad. Con este gráfico se logra a la vez representar los datos y mostrar su simetría. Además permite definir los llamados *datos atípicos*. Esta representación puede sustituir al histograma y tiene una elaboración más sencilla.

Para la construcción de este diagrama se calculan la mediana, los cuartiles y los límites inferior y superior, nombrados como LI y LS, siendo LI la menor observación que pertenece al intervalo $[Q_1 - 1{,}5(Q_3 - Q_1); Me]$ y LS el mayor dato que pertenece al intervalo $[Me; Q_3 + 1{,}5(Q_3 - Q_1)]$. Los datos situados fuera del intervalo $[LI; LS]$ se llaman datos atípicos y los datos cuya distancia al cuartil respectivo sea mayor que tres veces el rango intercuartílico se les llama *datos extremos* y necesitan un estudio especial.

Con los cuartiles se dibuja un rectángulo o caja, cuya base es el rango intercuartílico $Q_3 - Q_1$ y se sitúa la mediana mediante un trazo vertical. A continuación, y a cada lado de la caja, se añaden segmentos con extremos LI y LS. Los datos atípicos y extremos, si los hubiere, se marcan con puntos en la línea de los segmentos.

EJEMPLO 4.4. Para una distribución estadística cuya mediana es 22, sus cuartiles 20 y 26, siendo 12 el dato menor y 36 el mayor, el rango intercuartílico es $Q_3 - Q_1 = 26 - 20 = 6$, y calculamos

$$1{,}5(Q_3 - Q_1) = 1 - 5 \cdot 6 = 9 \qquad \text{y} \qquad 3(Q_3 - Q_1) = 18.$$

Como $Q_1 - 9 = 20 - 9 = 11$, el menor dato, que es 12, se encuentra contenido en el intervalo $[Q_1 - 1{,}5(Q_3 - Q_1); Me]$, con lo cual el límite inferior es $LI = 12$.
El dato mayor, que es 36, está fuera del intervalo

$$[Me; Q_3 + 1{,}5(Q_3 - Q_1)] = [22; 26 + 1{,}5 \cdot 6] = [22; 35]$$

y por tanto el límite superior es $LS = 35$, siendo el valor 36 un dato atípico.
En consecuencia el diagrama de caja es el representado en la Figura 4.1.

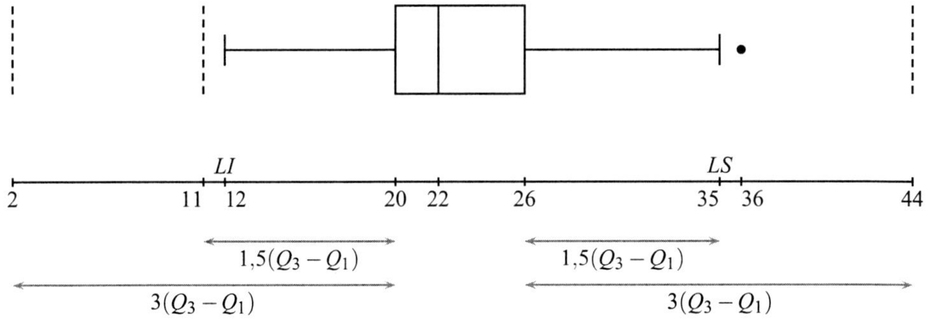

Figura 4.1. Diagrama de caja y recta auxiliar para construirlo

4.8. Coeficiente de variación

Cuando se quiere comparar el grado de dispersión de dos distribuciones que no vienen dadas por la misma unidad, se utiliza un estadístico, debido a Karl Pearson, llamado *coeficiente de variación*, que se designa por V y viene dado por

$$V = \frac{S}{\overline{X}}$$

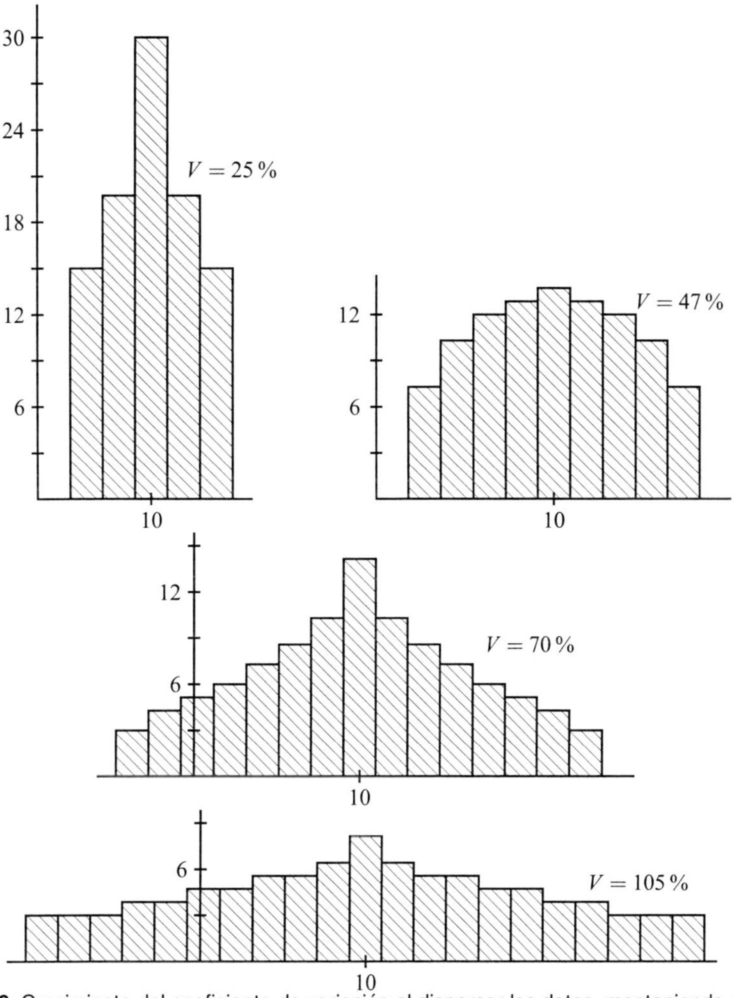

Figura 4.2. Crecimiento del coeficiente de variación al dispersar los datos, manteniendo constante la media ($\overline{X} = 10, N = 100$)

Este coeficiente es un número abstracto, ya que es un cociente de dos cantidades de una misma magnitud, y representa la desviación típica medida en unidades de la media aritmética. Se acostumbra a expresar este coeficiente en tantos por ciento, caso en el que su valor está dado por

$$V = \frac{S}{\overline{X}} \cdot 100 \tag{4.12}$$

Las representaciones que aparecen en la Figura 4.2 dan una idea del comportamiento del coeficiente de variación al aumentar la desviación típica, permaneciendo la media aritmética constante.

4.9. Variable tipificada

Cuando se quieren comparar dos distribuciones estadísticas o dos medidas que no sean la media aritmética y la desviación típica, es necesario eliminar la influencia de estas medidas, lo cual se hace considerando una nueva variable para cada una de las distribuciones a comparar, que se llama *variable tipificada*.

Si X es una variable estadística, de media $\overline{X}$ y desviación típica S, la variable tipificada correspondiente es Z, siendo

$$Z = \frac{X - \overline{X}}{S} \tag{4.13}$$

La variable tipificada, Z, tiene media aritmética nula y desviación típica de valor 1.

En efecto, la media de la variable tipificada Z es

$$\overline{Z} = \frac{\sum_{i=1}^{k} z_i n_i}{N} = \frac{\sum_{i=1}^{k} \left(\frac{x_i - \overline{X}}{S}\right) n_i}{N} = \frac{1}{S} \cdot \frac{\sum_{i=1}^{k} (x_i - \overline{X}) n_i}{N} = \frac{1}{S} \cdot \frac{0}{N} = 0.$$

Por otra parte su varianza vale

$$\begin{aligned} S_z^2 &= \frac{\sum_{i=1}^{k} (z_i - \overline{Z})^2 n_i}{N} = \frac{\sum_{i=1}^{k} z_i^2 n_i}{N} = \\ &= \frac{\sum_{i=1}^{k} \left(\frac{x_i - \overline{X}}{S}\right) n_i}{N} = \frac{1}{S^2} \cdot \frac{\sum_{i=1}^{k} (x_i - \overline{X})^2 n_i}{N} = \frac{S^2}{S^2} = 1 \end{aligned}$$

y por tanto la desviación típica es $S_z = 1$.

EN DETALLE

4.1 Dadas las siguientes distribuciones estadísticas:

(a) 1,1; 0,9; 2,2; 1; 3,3; 0,8; 4,4; 0,7; 0,6; 0,5; 0,4.

(b)

x_i	n_i
3	5
4	7
6	1
8	2
11	5
12	4

(c)

L_{i-1}–L_i	n_i
De 300 a 500	24
De 500 a 800	30
De 800 a 1 200	40
De 1 200 a 1 500	17
De 1 500 a 1 600	9
De 1 600 a 2 000	12

calcúlense sus recorridos.

RESOLUCIÓN

(a) $Re = 4{,}4 - 0{,}4 = 4$.

(b) $Re = 12 - 3 = 9$.

(c) $Re = 2\,000 - 300 = 1\,700$.

4.2 Realizando un test de inteligencia a los 205 aspirantes a ingresar en una academia militar, se obtuvieron los resultados indicados en la Tabla 4.1, en cuanto a las puntuaciones logradas. Calcúlense el recorrido, la desviación media respecto a la media y la desviación media respecto a la mediana.

RESOLUCIÓN

$$Re = 120 - 50 = 70.$$

Puntuación	*Aspirantes*
De 50 a 55	1
De 55 a 60	2
De 60 a 65	3
De 65 a 70	5
De 70 a 75	14
De 75 a 80	23
De 80 a 85	51
De 85 a 90	35
De 90 a 95	19
De 95 a 100	16
De 100 a 105	15
De 105 a 110	10
De 110 a 115	9
De 115 a 120	2

Tabla 4.1. Resultados para el problema 4.2

Para obtener las desviaciones medias construimos la tabla

L_{i-1}–L_i	x_i	n_i	N_i	$x_i n_i$
[50; 55)	52,5	1	1	52,5
[55; 60)	57,5	2	3	115
[60; 65)	62,5	3	6	187,5
[65; 70)	67,5	5	11	387,5
[70; 75)	72,5	14	25	1 015
[75; 80)	77,5	23	48	1 782,5
[80; 85)	82,5	51	99	4 207,5
[85; 90)	87,5	35	134	3 062,5
[90; 95)	92,5	19	153	1 757,5
[95; 100)	97,5	16	169	1 560
[100; 105)	102,5	15	184	1 537,5
[105; 110)	107,5	10	194	1 075
[110; 115)	112,5	9	203	1 012,5
[115; 120]	117,5	2	205	235
		205		17 937,5

de donde resulta

$$\bar{x} = \frac{17\,937{,}5}{205} = 87{,}5.$$

Al ser

$$\frac{n}{2} = 102{,}5$$

el intervalo mediano es [85; 90) y la mediana resulta

$$Me = 85 + \frac{102{,}5 - 99}{35} \cdot 5 = 85{,}5.$$

Estableciendo entonces la siguiente tabla:

x_i	n_i	$x_i - \overline{X}$	$x_i - Me$	$\lvert x_i - \overline{X}\rvert n_i$	$\lvert x_i - Me\rvert n_i$
52,5	1	−35	−33	35	33
57,5	2	−30	−28	60	56
62,5	3	−25	−23	75	69
67,5	5	−20	−18	100	90
72,5	14	−15	−13	210	182
77,5	23	−10	−8	230	184
82,5	51	−5	−3	255	153
87,5	35	0	2	0	70
92,5	19	5	7	95	133
97,5	16	10	12	160	192
102,5	15	15	17	225	255
107,5	10	20	22	220	220
112,5	9	25	27	225	243
117,5	2	30	32	60	64
				1 930	1 944

Se obtiene:

$$D_{\overline{X}} = \frac{1\,930}{205} = 9{,}415 \qquad \text{y} \qquad D_{Me} = \frac{1\,944}{205} = 9{,}483.$$

4.3 El número de visitantes que han entrado en España durante los últimos años ha sido el siguiente:

Año	*Nº de visitantes*	*Año*	*Nº de visitantes*
1995	58 359 923	2001	75 712 017
1996	61 785 465	2002	78 952 748
1997	64 962 936	2003	81 944 187
1998	70 857 741	2004	85 872 246
1999	76 391 972	2005	92 118 264
2000	74 413 027	2006	96 075 842

Hállense la media y la desviación típica.

RESOLUCIÓN

Para calcular la media efectuaremos la suma total de visitantes a lo largo de los doce años, obteniendo 917 446 368, y entonces es

$$\overline{X} = \frac{917\,446\,368}{12} = 76\,453\,864.$$

Para calcular la desviación típica, y dado que los datos son de muchas cifras, es conveniente redondear a miles, pues de este modo sus cuadrados son más cómodos de obtener. Con ello tendremos la siguiente tabla:

Nº de visitantes (en miles) x_i	x_i^2
58 360	3 405 889 600
61 785	3 817 386 225
64 963	4 220 191 369
70 858	5 020 856 164
76 392	5 835 737 664
74 413	5 537 294 569
75 712	5 732 306 944
78 953	6 233 576 209
81 944	6 714 819 136
85 872	7 374 000 384
92 118	8 485 725 924
96 076	9 230 597 776
917 446	71 608 381 964

Obsérvese que

$$58\,360^2 = (58 \cdot 10^3 + 360)^2 = 58^2 \cdot 10^6 + 2 \cdot 58 \cdot 10^3 \cdot 360 + 360^2.$$

y como

$$\begin{aligned} S^2 &= \frac{\sum x_i^2}{N} - \left(\frac{\sum x_i}{N}\right)^2 = \frac{71\,608\,381\,964}{12} - \left(\frac{917\,446}{12}\right)^2 = \\ &= 5\,967\,365\,163{,}67 - 5\,845\,188\,631{,}36 = 122\,176\,532{,}31 \end{aligned}$$

se tiene, para la desviación típica,

$$S = \sqrt{122\,176\,532{,}31} = 11\,053{,}35$$

y, al estar los datos expresados en miles,

$$S = 11\,053\,350 \text{ visitantes.}$$

4.4 Las ventas de zapatos de caballero en una zapatería, distribuidas por tallas, han sido, durante el mes de octubre último, las siguientes:

Talla	*Nº de pares*
37	3
38	4
39	55
40	234
41	366
42	229
43	57
44	6
45	2

Hállense la varianza y la desviación típica de las tallas vendidas.

RESOLUCIÓN

Construyendo la tabla correspondiente,

x_i	n_i	x_in_i	$x_i^2n_i$
37	3	111	4 107
38	4	152	5 776
39	55	2 145	83 655
40	234	9 360	374 400
41	366	15 006	615 246
42	229	9 618	403 956
43	57	2 451	105 393
44	6	264	11 616
45	2	90	4 050
	956	39 197	1 608 199

se obtiene que

$$S^2 = \frac{\sum x_i^2 n_i}{N} - \left(\frac{\sum x_i^2 n_i}{N}\right)^2 = \frac{1\,608\,199}{956} - \left(\frac{39\,197}{956}\right)^2 =$$

$$= 1\,682{,}216 - 1\,681{,}085 = 1{,}131$$

y la desviación típica es

$$S = +\sqrt{S^2} = \sqrt{1{,}131} = 1{,}06.$$

4.5 Las ventas en Lotería Nacional en las administraciones de una capital de provincia durante 2008, en miles de euros, se distribuyen de acuerdo con la siguiente tabla:

Cantidad	*Nº de administraciones*
De 0 a 2 500	4
De 2 500 a 5 000	10
De 5 000 a 7 500	2
De 7 500 a 10 000	5
22 450	1

Calcúlense la media aritmética, la varianza y la desviación típica.

RESOLUCIÓN

Considerando las marcas de clase para los intervalos correspondientes, se tiene la siguiente tabla:

L_{i-1}–L_i	x_i	n_i	x_in_i	$x_i^2n_i$
[0; 2 500)	1 250	4	5 000	6 250 000
[2 500; 5 000)	3 750	10	37 500	140 625 000
[5 000; 7 500)	6 250	2	12 500	78 125 000
[7 500; 10 000]	8 750	5	43 750	382 812 500
22 450	22 450	1	22 450	504 002 500
		22	121 200	1 111 815 000

de la cual resulta

$$\begin{aligned} \overline{X} &= \frac{121\,200}{22} = 5\,509{,}09 \text{ miles.} \\ S^2 &= \frac{\sum x_i^2 n_i}{N} - \left(\frac{\sum x_i^2 n_i}{N}\right)^2 = \frac{1\,111\,815\,000}{22} - \left(\frac{121\,200}{22}\right)^2 = \\ &= 50\,537\,045{,}45 - 30\,350\,082{,}64 = 20\,186\,962{,}81 \end{aligned}$$

y la desviación típica es

$$S = \sqrt{20\,186\,962{,}81} = 4\,493 \text{ miles de euros.}$$

4.6 De los ocho empleados de una oficina, se han considerado las distribuciones de sus edades y sus años de antigüedad en la empresa:

Edad	40	22	19	30	62	32	45	51
Antigüedad	15	3	1	8	39	13	17	24

Calcúlense los recorridos de estas dos distribuciones. ¿Cuál de las dos tiene mayor grado de dispersión?

RESOLUCIÓN

$$\begin{aligned} Re\,(\text{edades}) &= 62 - 19 = 43, \\ Re\,(\text{antigüedad}) &= 39 - 1 = 38. \end{aligned}$$

El recorrido diferente no indica nada sobre el grado de dispersión. Calculemos el coeficiente de variación de cada una de ellas.

Distribución de edades:

$$\begin{aligned} \overline{X}_e &= \frac{\sum x_i}{N} = \frac{301}{8} = 37{,}6 \text{ años} \\ S_e^2 &= \frac{\sum x_i^2}{N} - \left(\frac{\sum x_i}{N}\right)^2 = \frac{12\,839}{8} - \frac{301^2}{8^2} = 189{,}23 \\ S_e &= \sqrt{189{,}23} = 13{,}8 \\ V_e &= \frac{S_e}{\overline{X}_e} \cdot 100 = \frac{13{,}8}{37{,}6} \cdot 100 = 36{,}7\,\%. \end{aligned}$$

Distribución de antigüedades:

$$\begin{aligned} \overline{X}_a &= \frac{120}{8} = 15 \text{ años} \\ S_a^2 &= \frac{2\,854}{8} - 15^2 = 131{,}75 \\ S_a &= \sqrt{131{,}75} = 11{,}48 \\ V_a &= \frac{S_a}{\overline{X}_a} \cdot 100 = \frac{11{,}48}{15} \cdot 100 = 76{,}5\,\%. \end{aligned}$$

Por tanto, tiene una mayor dispersión la distribución de antigüedades, pese a que su recorrido es menor.

4.7 Los datos que se dan a continuación representan las primas anuales relativas al seguro de incendio de inmuebles asegurados por una determinada compañía:

Prima anual	*Nº de inmuebles*
108,30	5
124,60	3
133,75	14
143,80	17
172,00	10
181,28	7

Hállense la prima anual media y el coeficiente de variación.

RESOLUCIÓN

Dado que los datos, para ser utilizados directamente, presentan incomodidad, consideramos un valor auxiliar $O_x = 133{,}75$ y construimos la tabla siguiente

x_i	n_i	$x_i - O_x$	$(x_i - O_x)n_i$		$(x_i - O_x)^2 n_i$
108,30	5	−25,45	−127,25	} −154,70	3 238,5125
124,30	3	−9,15	−27,45		251,1675
133,75	14	0	0		0
143,80	17	10,05	170,85		1 717,0425
172,00	10	38,25	382,50	} 886,06	14 630,6250
181,28	7	47,53	332,71		15 813,7063
	56			731,36	35 651,0538

y resulta

$$\overline{X} = 133{,}75 + \frac{731{,}36}{56} = 146{,}81$$

$$S^2 = \frac{35\,651{,}0538}{56} - \left(\frac{731{,}36}{56}\right)^2 = 636{,}6259 - 170{,}5636 = 466{,}0623$$

$$S = \sqrt{466{,}0623} = 21{,}59$$

con lo cual se tiene:

$$V = \frac{S}{\overline{X}} \cdot 100 = \frac{21{,}59}{146{,}81} = 14{,}7\%.$$

4.8 Una empresa inmobiliaria ofrece apartamentos en régimen de alquiler, en una costa española, cuyos precios mensuales y número de ellos de cada tipo son los que se dan a continuación:

Precio alquiler	*Nº de apartamentos*
De 700 a 1 000	21
De 1 000 a 1 100	27
De 1 100 a 1 300	34
De 1 300 a 1 500	14
De 1 500 a 1 800	8
De 1 800 a 2 000	11
De 2 000 a 2 100	10

(a) Obténganse el alquiler medio por apartamento, el precio más frecuente y el precio que se sitúa en la mitad de la oferta.

(b) Si una persona quiere gastar en alquiler entre 1 250 y 1 350 euros por mes, ¿a qué porcentaje del total de apartamentos tiene opción?

(c) Hállense la desviación típica y el coeficiente de variación.

RESOLUCIÓN

(a) Considerando las marcas de clase y tomando $O_x = 1400$ y $a = 50$, se tiene la siguiente tabla:

L_{i-1}–L_i	x_i	$\frac{x_i-O_x}{a}$	n_i	N_i	h_i	$\left(\frac{x_i-O_x}{a}\right)n_i$		$\left(\frac{x_i-O_x}{a}\right)^2 n_i$
[700; 1 100)	850	−11	21	21	0,070	−231		2 541
[1 000; 1 100)	1 050	−7	27	48	0,270	−189	− 556	1 323
[1 100; 1 300)	1 200	−4	34	82	0,170	−136		544
[1 300; 1 500)	1 400	0	14	96	0,070	0		0
[1 500; 1 800)	1 650	5	8	104	0,027	40		200
[1 800; 2 000)	1 900	10	11	115	0,055	110	280	1 100
[2 000; 2 100]	2 050	13	10	125	0,100	130		1 690
			125				276	7 398

$$\begin{aligned}\overline{X} &= O_x + \frac{\sum\left(\frac{x_i-O_x}{a}\right)n_i}{N}\cdot a = \\ &= 1400 + \frac{-276}{125}\cdot 50 = 1215,62 \text{ euros/mes.}\end{aligned}$$

El precio más frecuente es la moda de la distribución de precios; como la mayor altura del histograma es la correspondiente al intervalo [1 000; 1 100), éste es el intervalo modal, y aplicando la fórmula (3.11) tenemos:

$$Mo = 1\,000 + \frac{0,170}{0,170 + 0,070}\cdot 100 = 1\,070,83 \text{ euros/mes.}$$

Al ser

$$\frac{N}{2} = 62,5$$

el intervalo mediano es [1 100; 1 300), y, en virtud de la fórmula (3.10) se tiene:

$$Me = 1\,100 + \frac{62,5 - 48}{34}\cdot 200 = 1\,185,29 \text{ euros/mes.}$$

(b) El valor 1 250 está en el intervalo [1 100; 1 300), cuya amplitud es 200. Como los precios se distribuyen uniformemente en el intervalo y 1 250 se sitúa exactamente sobre las 3/4 partes del mismo, esta persona tiene opción a la cuarta parte de los apartamentos situados en este intervalo con precios más altos; es decir, puede optar por el 25 % de los 34 apartamentos de este intervalo.

Análogamente, el valor 1 350 se sitúa en la primera cuarta parte del intervalo [1 300; 1 500), por lo que ahora el demandante tiene opción al 25 % de los 14 apartamentos de este intervalo.

En consecuencia, el número de apartamentos a los que tiene opción es

$$\frac{25}{100} \cdot 34 + \frac{25}{100} \cdot 14 = 12 \text{ apartamentos,}$$

que, expresado en porcentaje sobre el total de apartamentos de la oferta, es

$$\frac{12}{125} \cdot 100 = 9{,}6\,\%.$$

(c) Aplicando la fórmula (4.8) se tiene que la varianza es

$$\begin{aligned} S^2 &= a^2 \left[\frac{\sum \left(\frac{x_i - O_x}{a}\right)^2 n_i}{N} - \left(\frac{\sum \left(\frac{x_i - O_x}{a}\right) n_i}{N} \right)^2 \right] = \\ &= 50^2 \cdot \left[\frac{7\,398}{125} - \left(\frac{-276}{125} \right)^2 \right] = 2\,500(59{,}184 - 4{,}875) = 135\,772{,}5 \end{aligned}$$

y la desviación típica resulta ser

$$S = \sqrt{S^2} = 368{,}47$$

con lo que el coeficiente de variación tiene el valor

$$V = \frac{S}{\overline{X}} \cdot 100 = \frac{368{,}47}{1\,215{,}62} \cdot 100 = 30{,}31\,\%.$$

4.9 La siguiente distribución estadística se obtuvo al realizar una encuesta a 100 taxistas madrileños, y se refiere al número de horas de trabajo realizadas durante un mes:

Horas	*Taxistas*
De 170 a 174	7
De 174 a 178	8
De 178 a 182	10
De 182 a 186	16
De 186 a 190	15
De 190 a 194	13
De 194 a 198	12
De 198 a 202	9
De 202 a 206	4
De 206 a 210	6

Hállense la mediana, la desviación cuartílica y la desviación percentílica 10-90.

Resolución

Construimos la tabla

L_{i-1}–L_i	x_i	n_i	N_i
[170; 174)	172	7	7
[174; 178)	176	8	15
[178; 182)	180	10	25
[182; 186)	184	16	41
[186; 190)	188	15	56
[190; 194)	192	13	69
[194; 198)	196	12	81
[198; 202)	200	9	90
[202; 206)	204	4	94
[206; 210]	208	6	100
		100	

y, como $\frac{N}{2} = 50$, el intervalo mediano es [186; 190), y la mediana vale

$$Me = 186 + \frac{50-41}{15} \cdot 4 = 188{,}4$$

Al ser

$$DC = \frac{Q_3 - Q_1}{2}$$

necesitamos calcular los cuartiles primero y tercero. Siendo $\frac{N}{4} = 25$, es $Q_1 = 182$ (de la observación de la tabla) y, como $\frac{3N}{4} = 75$, Q_3 está en el intervalo [194; 198) y su valor es

$$Q_3 = 194 + \frac{75-69}{12} \cdot 4 = 196$$

con lo cual resulta

$$DC = \frac{196-182}{2} = \frac{14}{2} = 7.$$

Para obtener la desviación percentílica, calculemos P_{10} y P_{90}. Como $\frac{10N}{100} = 10$, P_{10} está en el intervalo [174; 178) y vale

$$P_{10} = 174 + \frac{10-7}{8} \cdot 4 = 175{,}5$$

y como $\frac{90N}{100} = 90$, de forma directa, $P_{90} = 202$. Por tanto resulta

$$DP_{10-90} = \frac{P_{90} - P_{10}}{2} = \frac{202 - 175{,}5}{2} = 13{,}25$$

10 Una empresa A ha cotizado en bolsa a una media anual de 7,50 euros, con una desviación típica de valor 0,80. Otra empresa B, durante el mismo período, lo ha hecho con una media anual de 10,25 y desviación típica de 1,25. Un inversor compró en ese año acciones de la empresa A a una cotización de 7,58 euros, y de la empresa B a 10,35. ¿En cuál de las empresas fue más interesante invertir?

RESOLUCIÓN

Como se trata de comparar datos de dos distribuciones diferentes, es preciso considerar sus variables tipificadas:

$$\text{Distribución } A \ : \quad \begin{cases} \overline{X} = 7,50 \\ S_X = 0,80 \end{cases} \quad Z_X = \frac{X - 7,50}{0,80}$$

$$\text{Distribución } B \ : \quad \begin{cases} \overline{X} = 10,25 \\ S_X = 1,25 \end{cases} \quad Z_X = \frac{X - 10,25}{1,25}$$

Para el valor $X = 7{,}58$, su variable tipificada es

$$Z_X = \frac{7{,}58 - 7{,}50}{0{,}80} = 0{,}1$$

y, para el valor $Y = 10{,}35$, es

$$Z_Y = \frac{10{,}35 - 10{,}25}{1{,}25} = 0{,}08$$

Los resultados obtenidos nos indican que las acciones de la empresa B tienen un precio relativo menor que las de la empresa A ($Z_Y < Z_X$), por lo que la inversión en la empresa B resultó más interesante.

4.11 Un distribuidor de motos tenía en almacén en enero de 2009 las siguientes existencias

Modelo	*Precio* (x_i)	*Unidades* (n_i)
PX 50 SW	1 300	1
PX 50 RX	1 400	3
Scoopy 75 M	2 100	2
Scoopy 80 K	2 200	2
Yupy 90 M	2 600	1
Yupy 90 Metal	2 800	2
DAX 705	2 900	3
CRM 125R	4 600	2
CRB 900RR	17 800	1
Goldwing 1500 SE	27 300	3

Hállense el promedio más conveniente para esta distribución.

Resolución

Calculando la media aritmética se tiene que es

$$\overline{X} = \frac{\sum x_i n_i}{\sum n_i} = \frac{139\,900}{20} = 6\,995 \text{ euros/unidad.}$$

A la vista de la tabla, la media obtenida no promedia la distribución, en el sentido de que sólo dos modelos la superan, mientras que los restantes son de precio inferior. Esto se pone de manifiesto en forma matemática calculando el coeficiente de variación; para ello, tomando

$$O_x = 2\,600 \qquad \text{y} \qquad a = 100$$

construimos la siguiente tabla:

x_i	n_i	N_i	$\frac{x_i - O_x}{a}$	$\left(\frac{x_i - O_x}{a}\right) n_i$		$\left(\frac{x_i - O_x}{a}\right)^2 n_i$
1 300	1	1	−13	−13		169
1 400	3	4	−12	−36	−67	432
2 100	2	6	−5	−10		50
2 200	2	8	−4	−8		32
2 600	1	9	0	0		0
2 800	2	11	2	4		8
2 900	3	14	3	9		27
4 600	2	16	20	40	946	800
17 800	1	17	152	152		23 104
27 300	3	20	247	741		183 027
					879	207 649

resultando

$$\begin{aligned} S^2 &= 100^2 \left[\frac{207\,649}{20} - \left(\frac{879}{20} \right)^2 \right] = \\ &= 10\,000 \cdot [10\,382,45 - 1\,931,60] = 84\,508\,500 \end{aligned}$$

y

$$S = \sqrt{S^2} = 9\,192,85$$

con lo que

$$V = \frac{S}{\overline{X}} \cdot 100 = \frac{9\,192,85}{6995} \cdot 100 = 131\,\%$$

y, en consecuencia, los datos presentan una dispersión muy elevada respecto a la media, por lo que este promedio no es adecuado.

Dado que la distribución carece de moda, hemos de calcular la mediana; como $\frac{N}{2} = 10$, por observación de la columna de frecuencias acumuladas en la tabla,

$$Me = 2\,800$$

y éste es el promedio más adecuado para representar esta distribución de datos.

.12 Los tipos de cambio oficial vendedor de una determinada divisa en euros, durante los días de cotización de cierto año se dan agrupados en la forma siguiente:

Cotización	*Días*
De 1,08 a 1,12	17
De 1,12 a 1,16	29
De 1,16 a 1,20	7
De 1,20 a 1,24	41
De 1,24 a 1,28	96
De 1,28 a 1,32	59
De 1,32 a 1,36	1

Calcúlese el cambio medio a lo largo del año y estúdiese su representatividad.

RESOLUCIÓN

A partir de la tabla correspondiente de intervalos y marcas de clase,

L_{i-1}–L_i	x_i	n_i	$x_i n_i$	$x_i^2 n_i$
[1,08; 1,12)	1,10	17	18,70	20,5700
[1,12; 1,16)	1,14	29	33,06	37,6884
[1,16; 1,20)	1,18	7	8,26	9,7468
[1,20; 1,24)	1,22	41	50,02	61,0244
[1,24; 1,28)	1,26	96	120,96	152,4096
[1,28; 1,32)	1,30	59	76,70	99,7100
[1,32; 1,36]	1,34	1	1,34	1,7956
		250	309,04	382,9448

se tiene que

$$\begin{aligned}
\overline{X} &= \frac{309{,}04}{250} = 1{,}24 \text{ euros} \\
S^2 &= \frac{382{,}9448}{250} - \left(\frac{309{,}04}{250}\right)^2 = 1{,}5318 - 1{,}5281 = 0{,}0037 \\
S &= \sqrt{0{,}0037} = 0{,}06
\end{aligned}$$

En consecuencia, se tiene, para el coeficiente de variación:

$$V = \frac{S}{\overline{X}} \cdot 100 = \frac{0{,}06}{1{,}24} \cdot 100 = 4{,}84\%,$$

cuyo valor indica que la media tiene una gran representatividad, ya que la dispersión es muy pequeña.

4.13 De una distribución de datos se sabe que $Me = 20$, $Q_1 = 12$ y $Q_3 = 36$. Además el único dato anterior al primer cuartil es 9 y los únicos datos posteriores al tercer cuartil son 81 y 123. Obténgase la representación de esta distribución mediante un diagrama de caja e indíquese cuáles son los elementos atípicos y extremos de la distribución.

RESOLUCIÓN

Como el rango intercuartílico es $Q_3 - Q_1 = 24$, resultan

$$1{,}5(Q_3 - Q_1) = 1{,}5 \cdot 24 = 36 \qquad \text{y} \qquad 3(Q_3 - Q_1) = 3 \cdot 24 = 72$$

por lo que se deben considerar los intervalos

$$[Q_1 - 36;\ Q_3 + 36] = [-24; 72] \qquad \text{y} \qquad [Q_1 - 72;\ Q_3 + 72] = [-60; 108].$$

El dato 123 está fuera de este último intervalo por lo que es un dato extremo. Por otra parte el dato 81 está en el intervalo $[-60; 108]$ y no pertenece al intervalo $[-24; 72]$ por lo que es un dato atípico.

Como el valor 9 es la menor de las observaciones del intervalo

$$[Q_1 - 1{,}5(Q_3 - Q_1);\ Me] = [-24; 20],$$

se trata del límite inferior, es decir $LI = 9$.

Por otra parte el límite superior es

$$LS = Q_3 + 1{,}5(Q_3 - Q_1) = 36 + 1{,}5 \cdot 24 = 72$$

ya que existen datos de la distribución mayores que él.

En consecuencia el diagrama de caja de la distribución es el de la Figura 4.3.

4.14 Obténgase el diagrama de caja de la siguiente distribución:

x_i	n_i
30	6
50	15
70	17
90	3
110	1

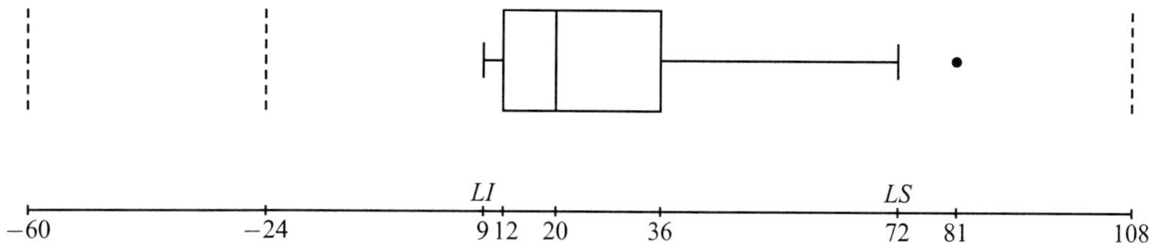

Figura 4.3. Diagrama de caja del problema resuelto 4.13

Resolución

A partir de la tabla

x_i	n_i	N_i
30	6	6
50	15	21
70	17	38
90	3	41
110	1	42
	42	

se obtienen $Q_1 = 50$, $Q_2 = Me = 60$, $Q_3 = 70$ y por tanto son

$$\begin{aligned} Q_3 - Q_1 &= 70 - 50 = 20 \\ 1{,}5(Q_3 - Q_1) &= 1{,}5 \cdot 20 = 30 \\ 3(Q_3 - Q_1) &= 3 \cdot 20 = 60 \end{aligned}$$

Además

$$[Q_1 - 1{,}5(Q_3 - Q_1);\ Me] = [20;60] \qquad \text{y} \qquad [Me;\ Q_3 + 1{,}5(Q_3 - Q_1)] = [60;100].$$

Teniendo en cuenta que $30 \in [20;60]$ es $LI = 30$, y como $110 \notin [60;110]$ y

$$110 \in [Me;\ Q_3 + 3(Q_3 - Q_1)] = [60;130],$$

resulta que el dato 110 es atípico y $LS = 100$.

Con los resultados obtenidos el diagrama de caja correspondiente es el de la Figura 4.4

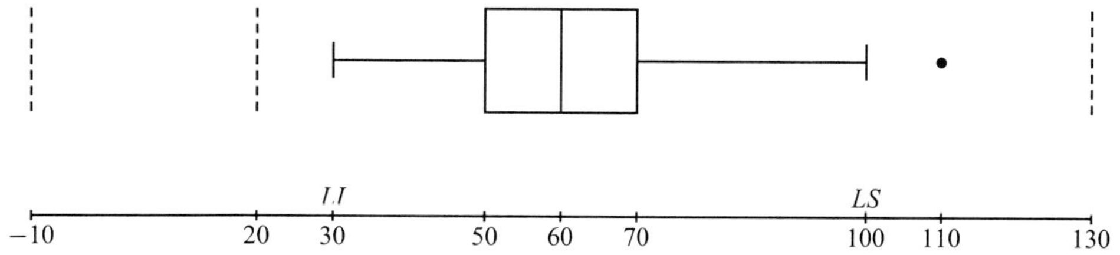

Figura 4.4. Diagrama de caja del problema resuelto 4.14

PROPUESTOS

P 4.1 De una variable estadística se sabe que su valor mínimo es 3 y su valor máximo 51. Otra variable tiene un recorrido de valor igual a 63. ¿Cuál de los dos tiene mayor dispersión?

P 4.2 Para la distribución estadística siguiente:

x_i	3	9	15	21	27	33	39
n_i	9	12	18	10	13	5	11

¿cuál de las desviaciones medias, respecto a la media aritmética o respecto a la mediana, es mayor?

P 4.3 La población española se distribuye por provincias, según el Padrón Municipal de 2006, del siguiente modo:

Nº de habitantes	*Nº de provincias*
De 50 000 a 200 000	8
De 200 000 a 400 000	10
De 400 000 a 500 000	4
De 500 000 a 700 000	11
De 700 000 a 1 000 000	6
De 1 000 000 a 2 000 000	10
De 2 000 000 a 6 000 000	3

Hállense la población media por provincia y la desviación típica.

P 4.4 Las plantas ornamentales que se han vendido en un vivero en una semana se distribuyen, según los precios, de acuerdo con la tabla siguiente:

Precio por planta	*Nº de plantas*
1,50	5
2,00	5
2,50	20
3,00	16
3,50	9
4,00	8
5,00	31
6,00	40
7,00	20
8,00	23
9,00	14
10,00	38
11,00	3
12,00	16
13,00	1
15,00	4
20,00	5
60,00	7
80,00	1

Determínese el precio medio por planta vendida, así como la desviación típica.

4.5 La tabla que se da a continuación aporta el número de ejemplares que los diarios españoles de información general distribuyeron cada día de 2008:

Nº de ejemplares	*Nº de diarios*
De 1 000 a 5 000	15
De 5 000 a 10 000	24
De 10 000 a 20 000	16
De 20 000 a 50 000	23
De 50 000 a 100 000	4
De 100 000 a 300 000	9
314 007	1
320 161	1
435 238	1

Hállese:

(a) La tirada media de los diarios.

(b) La tirada más frecuente y la tirada que se sitúa en la mitad de la oferta.

(c) La desviación típica.

4.6 Para las distribuciones que se dan a continuación, decídase cuál tiene mayor dispersión:

Distribución A	
L_{i-1}–L_i	n_i
0-4	6
4-8	10
8-12	12
12-16	5
16-20	3

Distribución B	
x_i	n_i
41	2
44	5
57	9
60	14
65	6
73	4
80	1

4.7 Un hotel dispone de seis tipos de habitaciones. El número de cada clase, así como sus precios por día, son:

Precio	*Habitaciones*
52,50	33
66,80	67
74,00	40
81,25	15
103,00	3
120,05	2

Hállese el precio medio por habitación y el coeficiente de variación.

P 4.8 Revisadas las cien últimas facturas de los clientes de un hotel, se comprobaron los siguientes gastos en concepto de extras de cafetería:

Extras de cafetería (en euros)	*Clientes*
De 0 a 40	8
De 40 a 60	27
De 60 a 80	20
De 80 a 100	17
De 100 a 140	14
De 140 a 180	12
De 180 a 300	2

Calcúlese:

(a) La media, la mediana y la moda de la distribución.

(b) La varianza y la desviación típica.

(c) El coeficiente de variación.

P 4.9 Los municipios españoles, clasificados por su número de habitantes en 2008, se distribuyen del siguiente modo:

Nº de habitantes	*Municipios*
Menos de 100	678
De 100 a 500	2 899
De 500 a 1 000	1 254
De 1 000 a 2 000	1 038
De 2 000 a 3 000	561
De 3 000 a 10 000	1 046
De 10 000 a 20 000	306
De 20 000 a 30 000	115
De 30 000 a 50 000	49
De 50 000 a 100 000	56
De 100 000 a 500 000	48
Más de 500 000	6

Calcúlense la mediana y las desviaciones cuartílica y percentílica 10-90.

P 4.10 Un estudiante español ha obtenido en Matemáticas la calificación final 7, siendo la media del grupo 6 y la desviación típica 1,1. Un amigo suyo francés, del curso equivalente, le comunica que ha obtenido calificación 14 en la misma asignatura, siendo 12,5 la nota media de su grupo y 1,6 la desviación típica correspondiente. Comparativamente, ¿cuál ha obtenido mejor calificación?

P 4.11 Las 80 plazas de garaje de una comunidad de 120 vecinos están distribuidas entre los propietarios del siguiente modo:

Plazas (x_i)	*Vecinos* (n_i)
0	56
1	55
2	5
3	3
6	1

Determínense los promedios y analícese su representatividad.

4.12 Las capacidades, en hectómetros cúbicos, de los 43 embalses situados en una cuenca hidrográfica española se distribuyen de acuerdo con la tabla siguiente:

Capacidad (en hm³)	*Nº de embalses*
De 0 a 25	14
De 25 a 50	7
De 50 a 100	6
De 100 a 200	8
De 200 a 400	6
De 400 a 600	1
De 600 a 1 000	1

Hállense los promedios y estúdiese su representatividad.

4.13 Una distribución estadística tiene como dato menor 82 y el mayor de sus datos es 148. Se sabe que el valor de la mediana es 120 y los cuartiles son $Q_1 = 110$ y $Q_3 = 130$. Constrúyase el diagrama de caja correspondiente y analícese la existencia de datos atípicos y de datos extremos.

4.14 Una distribución estadística está dada por la siguiente tabla

L_{i-1}–L_i	n_i
[12; 16)	7
[16; 20)	13
[20; 25)	10
[25; 35)	20
[35; 42)	10
[42; 50)	14
[50; 55]	6

Constrúyase el correspondiente diagrama de caja.

Capítulo 5

Medidas de forma y concentración

5.1. Medidas de forma (asimetría y apuntamiento)

La visión global de una distribución estadística, en forma abreviada, se realiza dando algunas medidas de centralización y dispersión, generalmente una de cada tipo, y en la mayoría de los casos son la media aritmética y la desviación típica. Sin embargo, una distribución muestra más rápidamente sus características diferenciadoras frente a otra si se hace su representación gráfica, donde los elementos específicos se captan con la simple mirada y nos inducen ya de forma intuitiva al tratamiento o fin más adecuado.

Cuando se observa el polígono de frecuencias de una distribución, podemos valorar de forma aproximada si la vertical correspondiente a la media aritmética separa o no áreas iguales, de la zona que limita dicho polígono; se trata, en definitiva, de analizar si existe o no simetría axial, lo que hace necesaria la introducción de algún estadístico o medida de la *asimetría* de una distribución.

Aparte de la simetría interesa analizar la forma que tiene la gráfica representativa de la distribución en cuanto a que sea más o menos esbelta, en el sentido de que las frecuencias de la moda y las de los valores próximos a ella superen en mayor o menor grado las correspondientes a los restantes valores de la variable. Tendremos, por tanto, una clasificación de las gráficas en tipos de mayor o menor apuntamiento o aplanamiento. Esta característica nos conduce a la conveniencia de considerar ciertos parámetros de valoración del mayor o menor *apuntamiento.*

5.2. Medidas de asimetría

Se dice que una distribución estadística es *simétrica* cuando lo es su representación gráfica, ya sea el diagrama de barras, el histograma o el polígono de frecuencias correspondiente. Se dice que es *asimétrica* o *sesgada* cuando su representación gráfica está desplazada en mayor o menor grado a la izquierda o a la derecha. Si su desplazamiento es hacia la derecha, diremos que la distribución presenta asimetría positiva, y negativa si el desplazamiento es hacia la izquierda. El mayor o menor grado de desplazamiento se puede determinar mediante unos parámetros o estadísticos llamados *coeficientes de asimetría o de sesgo.*

Coeficiente de asimetría de Pearson

Es el coeficiente de asimetría más utilizado, y si bien sólo es aplicable en las distribuciones estadísticas que presentan una sola moda y cuya gráfica tiene forma de campana. Está dado por la fórmula

$$As = \frac{\overline{X} - Mo}{S} \tag{5.1}$$

De esta forma se deduce que, si $\overline{X} = Mo$, entonces $As = 0$, y la distribución es simétrica; por el contrario, si $\overline{X} > Mo$, es $As > 0$, y la distribución presenta asimetría positiva, y, si $\overline{X} < Mo$, la asimetría es negativa, al scr $As < 0$. Estas tres situaciones corresponden a cada uno de los histogramas que se representan a continuación:

Experimentalmente se ha comprobado que, en las distribuciones moderadamente asimétricas, con representación en forma de campana y que presentan una sola moda, se verifica la relación aproximada

$$\overline{X} - Mo \simeq 3\left(\overline{X} - Me\right) \tag{5.2}$$

que habitualmente se denomina *relación empírica entre media, mediana y moda* de una distribución.

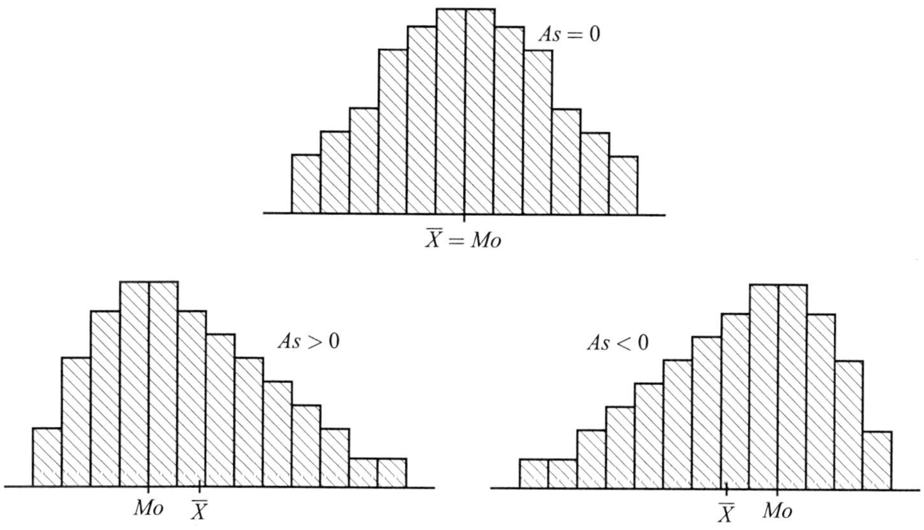

Figura 5.1. Visualización de la asimetría

La relación anterior nos permite obtener en forma aproximada el coeficiente de asimetría de Pearson empleando la mediana, siendo entonces

$$As \simeq \frac{3(\overline{X} - Me)}{S} \tag{5.3}$$

Coeficiente de asimetría de Fisher

Este coeficiente se define en la forma

$$g_1 = \frac{1}{S^3} \cdot \frac{\sum\limits_{i=1}^{k} (x_i - \overline{X})^3 n_i}{N} \tag{5.4}$$

cuyo cálculo es más complicado que el del coeficiente de asimetría de Pearson, si bien tiene la ventaja de ser aplicable a toda distribución estadística.

Con el fin de utilizar los datos originales de la distribución, la fórmula anterior puede escribirse en la forma

$$g_1 = \frac{1}{S^3} \left[\frac{\sum_{i=1}^{k} x_i^3 n_i}{N} - \frac{3\sum_{i=1}^{k} x_i n_i}{N} \cdot \frac{\sum_{i=1}^{k} x_i^2 n_i}{N} + 2\left(\frac{\sum_{i=1}^{k} x_i n_i}{N} \right)^3 \right] \tag{5.5}$$

En efecto, recordando la definición de momento de orden h respecto a la media aritmética, es

$$g_1 = \frac{\mu_3}{S^3} \tag{5.6}$$

y puesto que la fórmula (3.29) no da

$$\mu_3 = \alpha_3 - 3\alpha_1\alpha_2 + 2\alpha_1^3,$$

queda que

$$g_1 = \frac{1}{S^3}(\alpha_3 - 3\alpha_1\alpha_2 + 2\alpha_1^3). \tag{5.7}$$

Sustituyendo cada uno de los momentos respecto del origen por su expresión, se tiene la fórmula

$$g_1 = \frac{1}{S^3}\left[\frac{\sum_{i=1}^{k} x_i^3 n_i}{N} - \frac{3\sum_{i=1}^{k} x_i n_i}{N}\cdot\frac{\sum_{i=1}^{k} x_i^2 n_i}{N} + 2\left(\frac{\sum_{i=1}^{k} x_i n_i}{N}\right)^3\right]$$

que es (5.5).

En determinadas distribuciones es conveniente hacer un desplazamiento utilizando un valor intermedio O_x, y en este caso es

$$g_1 = \frac{1}{S^3}\left[\frac{\sum\limits_{i=1}^{k}(x_i - O_x)^3 n_i}{N} - \frac{3\sum\limits_{i=1}^{k}(x_i - O_x) n_i}{N}\cdot\frac{\sum\limits_{i=1}^{k}(x_i - O_x)^2 n_i}{N} + 2\left(\frac{\sum\limits_{i=1}^{k}(x_i - O_x) n_i}{N}\right)^3\right] \quad (5.8)$$

y, si la variable presenta un salto constante de valor a, este coeficiente viene dado por

$$g_1 = \frac{a^3}{S^3}\left[\frac{\sum\limits_{i=1}^{k}\left(\frac{x_i - O_x}{a}\right)^3 n_i}{N} - \frac{3\sum\limits_{i=1}^{k}\left(\frac{x_i - O_x}{a}\right) n_i}{N}\cdot\frac{\sum\limits_{i=1}^{k}\left(\frac{x_i - O_x}{a}\right)^2 n_i}{N} + 2\left(\frac{\sum\limits_{i=1}^{k}\left(\frac{x_i - O_x}{a}\right) n_i}{N}\right)^3\right] \quad (5.9)$$

En efecto, si hacemos el cambio

$$\frac{x_i - O_x}{a} = x_i'$$

obtenemos $x_i = O_x + a x_i'$ y por las propiedades de la media aritmética se tiene que $\overline{X} = O_x + a\overline{X'}$. Si ahora se llevan los valores de x_i y $\overline{X}$ a la fórmula que define el coeficiente de asimetría,

$$g_1 = \frac{1}{S^3}\frac{\sum_{i=1}^{k}(x_i - \overline{X})^3 n_i}{N}$$

se obtiene

$$\begin{aligned} g_1 &= \frac{1}{S^3}\frac{\sum_{i=1}^{k}(O_x + a x_i' - O_x - a\overline{X'})^3 n_i}{N} = \frac{1}{S^3}\frac{\sum_{i=1}^{k} a^3 (x_i' - \overline{X'})^3 n_i}{N} = \\ &= \frac{a^3}{S^3}\left[\frac{\sum_{i=1}^{k} x_i'^3 n_i}{N} - 3\frac{\sum_{i=1}^{k} x_i' n_i}{N}\frac{\sum_{i=1}^{k} x_i'^2 n_i}{N} + 2\left(\frac{\sum_{i=1}^{k} x_i' n_i}{N}\right)^3\right] \end{aligned}$$

Sustituyendo en la fórmula anterior x_i' por su valor,

$$x_i' = \frac{x_i - O_x}{a}$$

resulta

$$g_1 = \frac{a^3}{S^3}\left[\frac{\sum_{i=1}^{k}\left(\frac{x_i - O_x}{a}\right)^3 n_i}{N} - \frac{3\sum_{i=1}^{k}\left(\frac{x_i - O_x}{a}\right) n_i}{N}\cdot\frac{\sum_{i=1}^{k}\left(\frac{x_i - O_x}{a}\right)^2 n_i}{N} + 2\left(\frac{\sum_{i=1}^{k}\left(\frac{x_i - O_x}{a}\right) n_i}{N}\right)^3\right]$$

que es la fórmula (5.9). Haciendo $a = 1$ en ésta, resulta la fórmula (5.8).

Otras medidas de asimetría

Además de las medidas anteriormente definidas, existen otras de uso menos frecuente, entre las cuales debemos citar el *coeficiente de sesgo cuartílico*, también llamado coeficiente de asimetría de Bowley-Yule, que se define por

$$SC = \frac{(Q_3 - Q_2) - (Q_2 - Q_1)}{Q_3 - Q_1} \tag{5.10}$$

y el *coeficiente de sesgo percentílico* 10-90, dado por

$$SP_{10-90} = \frac{(P_{90} - P_{50}) - (P_{50} - P_{10})}{P_{90} - P_{10}} \tag{5.11}$$

Estos coeficientes de sesgo, y los similares a ellos, vienen dados por el cociente entre la diferencia de las desviaciones a la mediana de dos cuantiles y la diferencia entre ellos.

Las gráficas de la Figura 5.2 dan una idea del comportamiento de los coeficientes de asimetría para distintas distribuciones.

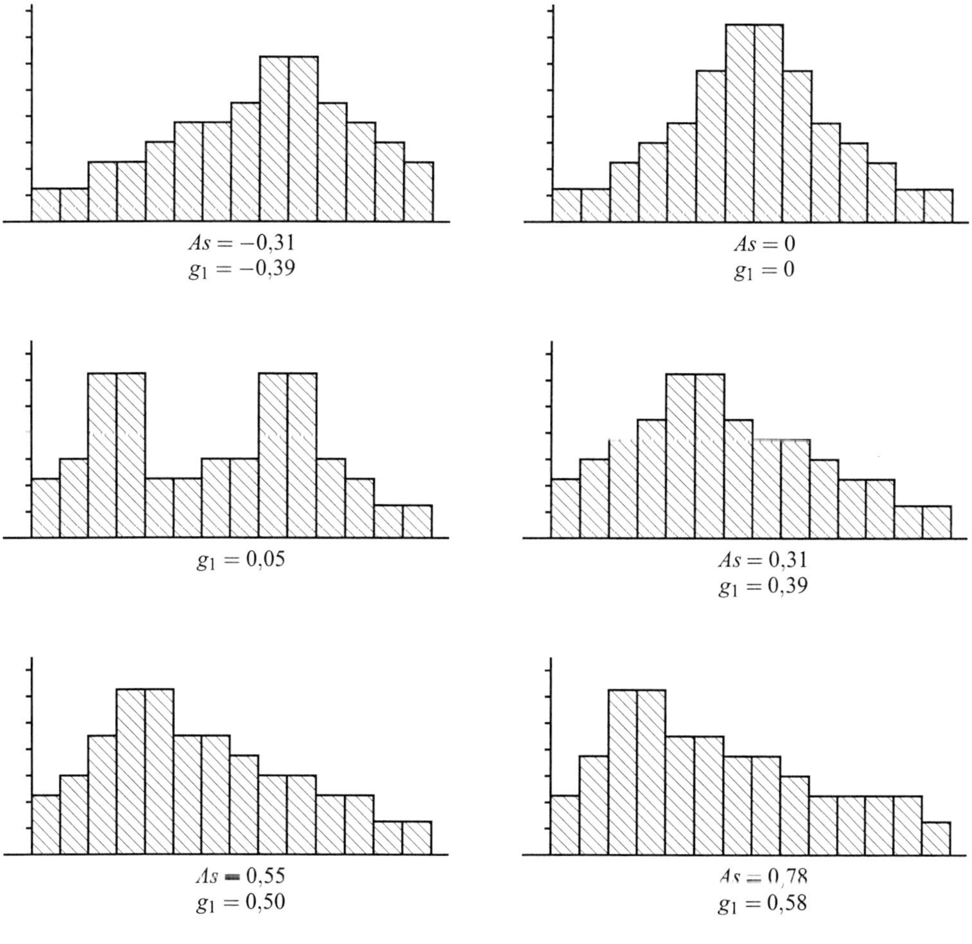

Figura 5.2. Coeficientes de asimetría de algunas distribuciones estadísticas

5.3. Medidas de apuntamiento o curtosis

Las medidas de apuntamiento, que tratan de valorar la estilización de la representación gráfica de una distribución estadística, tienen significado válido únicamente en el caso de las distribuciones acampanadas con media aritmética y moda coincidentes o de gran proximidad y, por tanto, con simetría o ligera asimetría.

Estos parámetros tratan de medir la mayor o menor cantidad de datos que se agrupan en torno a la moda. Si para valores próximos a la moda las frecuencias son altas, la gráfica será muy apuntada en esa zona, y se dice que es de tipo *leptocúrtico*; si las frecuencias en torno a la moda son moderadamente altas con relación a las demás frecuencias, la gráfica se dice de tipo *mesocúrtico*; si las frecuencias de los valores próximos a la moda son sólo ligeramente superiores a las correspondientes al resto de los valores, la gráfica tiende más al aplanamiento que al apuntamiento, y se dice que es de tipo *platicúrtico*. Estas tres situaciones quedan reflejadas en las representaciones gráficas que se dan a continuación:

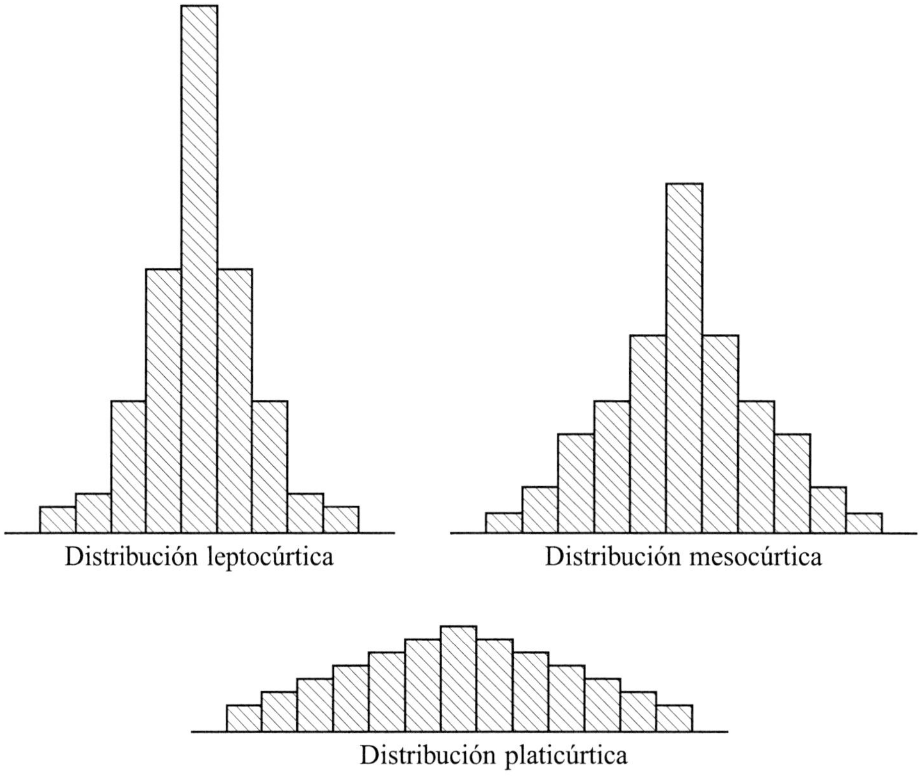

Figura 5.3. Modelos de apuntamiento

El grado de apuntamiento de una distribución estadística puede calcularse mediante determinados estadísticos, de entre los cuales los más comúnmente usados son el *coeficiente de apuntamiento*, Ap, y el *coeficiente de apuntamiento percentílico* 10-90, AP_{10-90}, siendo éste último de utilización menos frecuente. El coeficiente Ap está dado por

$$Ap = \frac{1}{S^4} \cdot \frac{\sum_{i=1}^{k} (x_i - \overline{X})^4 n_i}{N} \tag{5.12}$$

que, en virtud de la definición de momento de orden h respecto a la media, se puede escribir como

$$Ap = \frac{\mu_4}{S^4} \tag{5.13}$$

El coeficiente de apuntamiento percentílico es

$$AP_{10-90} = \frac{DC}{P_{90} - P_{10}}$$

donde DC es la desviación cuartílica, definida anteriormente mediante la fórmula (4.10). Sustituyendo se obtiene:

$$AP_{10-90} = \frac{Q_3 - Q_1}{2(P_{90} - P_{10})} \tag{5.14}$$

Son distribuciones de tipo mesocúrtico aquéllas en las que $Ap \simeq 3$; son de tipo leptocúrtico si $Ap > 3$, y de tipo platicúrtico si $Ap < 3$. Algunos autores utilizan de forma equivalente $Ap - 3$, llamado coeficiente de apuntamiento de Fisher.

En la Figura 5.4 se ilustra, mediante algunos ejemplos, cómo varía el coeficiente de apuntamiento para determinadas distribuciones en las que la media aritmética permanece constante.

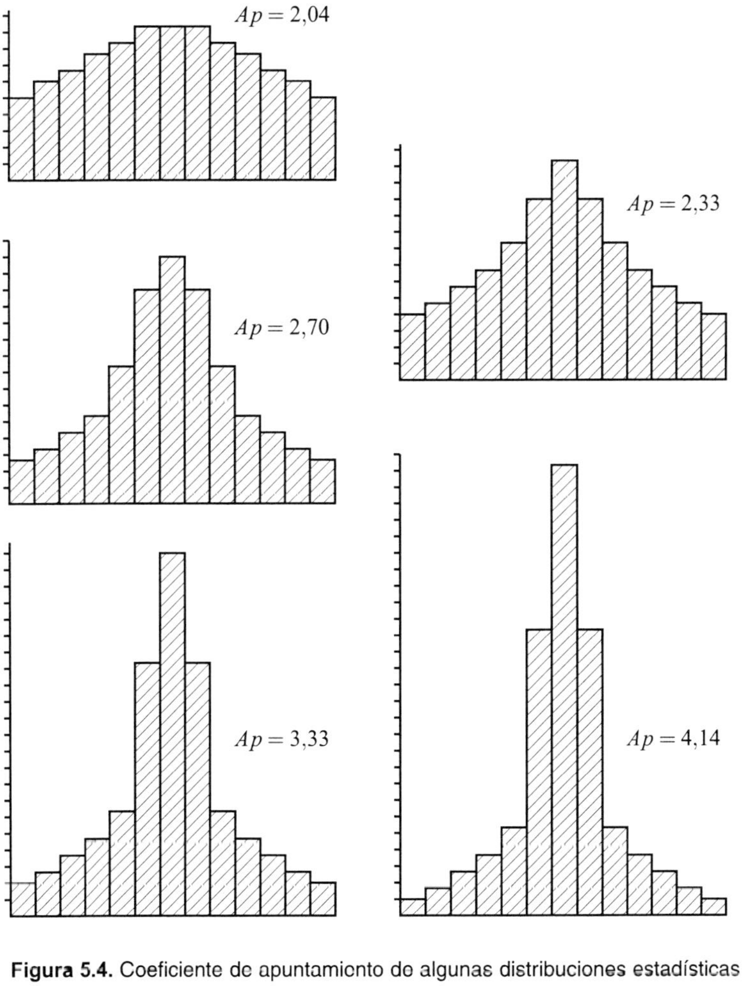

Figura 5.4. Coeficiente de apuntamiento de algunas distribuciones estadísticas

5.4. Medidas de concentración

Las medidas de dispersión de una distribución estadística miden la separación existente entre los valores de la variable y los promedios, o, lo que es equivalente, dan una cuantificación del mayor o menor grado de aproximación en que el promedio elegido puede sustituir a cada uno de los datos de la distribución.

El término concentración, desde el punto de vista de la Estadística descriptiva, no debe tomarse como término opuesto al de dispersión, sino que, en el campo de la Estadística económica, se entiende por *concentración* la acumulación de una magnitud económica en determinados individuos; concentración, pues, en el aspecto económico, tiene acepción opuesta a reparto equitativo.

Como medida de concentración de una distribución estadística de variable económica se utiliza el *índice de concentración* de Gini, que se simboliza por I_{co}.

Si los valores de la variable son x_i y sus frecuencias absolutas correspondientes son n_i, llamaremos *riqueza del grupo i* al producto $x_i n_i$.

Las respectivas frecuencias relativas acumuladas, expresadas en tanto por ciento, son el porcentaje de individuos,

$$p_i = \frac{N_i}{N} \cdot 100, \tag{5.15}$$

y el de riqueza,

$$q_i = \frac{\sum_{j=1}^{i} x_j n_j}{\sum_{j=1}^{k} x_j n_j} \cdot 100, \tag{5.16}$$

y permiten definir el índice de concentración de Gini mediante la fórmula

$$I_{co} = \frac{\sum_{i=1}^{k-1}(p_i - q_i)}{\sum_{i=1}^{k-1} p_i} \tag{5.17}$$

en la que la limitación de las sumas a los $k-1$ primeros grupos se debe a que, para el grupo k-ésimo, se alcanza el 100 % de los individuos y el 100 % de la riqueza.

De la definición de índice de concentración se deduce que:

(a) Si para cada i es $p_i = q_i$, $I_{co} = 0$, pues el numerador de la fórmula (5.17) se anula, y el reparto es equitativo, ya que cada porcentaje de individuos posee el mismo porcentaje de riqueza.

(b) Si $q_i = 0$, para $i = 1, 2, \ldots, k-1$, y $q_k = 0$ (con lo que $q_k = 100\,\%$), es

$$I_{co} = \frac{\sum p_i}{\sum p_i} = 1,$$

por lo cual la riqueza se concentra en un solo individuo.

Curva de Lorenz

Para estas distribuciones de tipo económico, los porcentajes p_i y q_i están relacionados por medio de una función cuya gráfica se llama *curva de Lorenz*, y que es el límite de las poligonales resultantes para las posibles divisiones en intervalos de clase de la variable estadística.

Un método aproximado para dibujar la curva de Lorenz consiste en considerar un cuadrado de lado igual a 100 y situar en la posición horizontal la variación de los porcentajes, p_i, y en la vertical los porcentajes, q_i.

Como para $p_i = 0$ es $q_i = 0$, y para $p_i = 100\,\%$ es $q_i = 100\,\%$, la gráfica pasa por los vértices $(0,0)$ y $(100,100)$. Por otra parte, al ser $p_i \geq q_i$, dado que los datos están ordenados en sucesión no decreciente, es decir, $x_1 \leq x_2 \leq x_3 \leq \cdots \leq x_k$, la gráfica está siempre situada por debajo de la diagonal del cuadrado o coincidente con ella, en el caso de existir reparto equitativo.

La interpretación gráfica de lo expuesto queda reflejada en el diagrama:

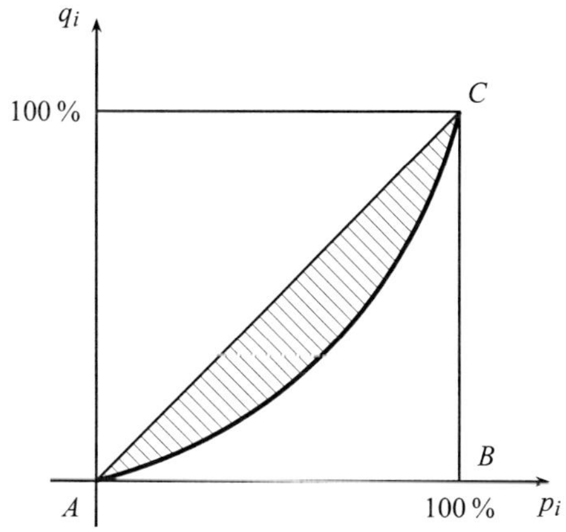

Figura 5.5. Representación de la curva de Lorenz

Mediante un proceso elemental de integración numérica, se demuestra que el cociente entre la superficie limitada por la diagonal del cuadrado y la curva de Lorenz y la superficie del triángulo $\widehat{ABC}$ coincide con el índice de concentración, lo que se expresa como

$$I_{co} = \frac{S_{\widehat{ABC}}}{A_{\widehat{ABC}}} \tag{5.18}$$

En el cálculo de la superficie comprendida entre la diagonal y la curva de Lorenz se presentan dos situaciones extremas:

(a Que la superficie sea igual a cero, con lo cual es $I_{co} = 0$, coincidiendo la curva de Lorenz con la diagonal.

(b Que la superficie coincida con la del triángulo $\widehat{ABC}$, caso en el que

$$I_{co} = \frac{S_{\widehat{ABC}}}{A_{\widehat{ABC}}} = 1,$$

lo que significa que la concentración de riqueza es máxima en un solo individuo.

Estas dos situaciones límite se indican en la Figura 5.6.

5.5. La distribución normal

La distribución estadística de mayor interés desde el punto de vista matemático es la *distribución normal* o de Gauss, la cual se presenta de forma natural en muchos procesos de la vida ordinaria. Se llegó incluso a pensar durante mucho tiempo que todos los fenómenos naturales se distribuían estadísticamente siguiendo esta ley.

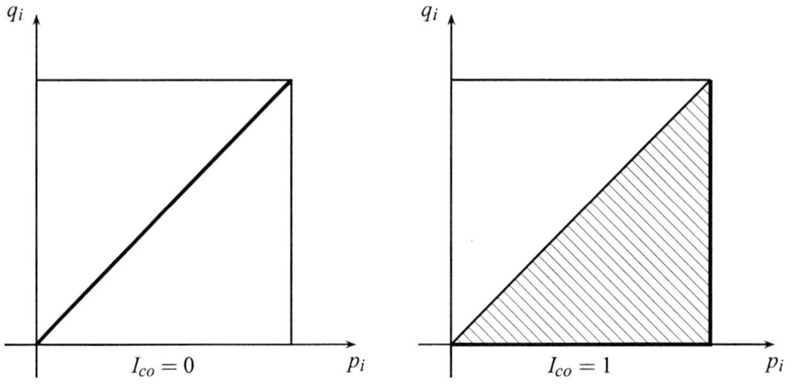

Figura 5.6. Modelos límite de la curva de Lorenz

Hemos visto que toda distribución estadística de datos agrupados en intervalos de clase lleva asociados un histograma y el correspondiente polígono de frecuencias. Si a partir de una distribución consideramos sucesivas formas de agrupar los datos, de modo que en cada paso del proceso la amplitud de los intervalos disminuya progresivamente siguiendo un criterio prefijado, al considerar los sucesivos histogramas o los polígonos de frecuencias asociados existen multitud de distribuciones en las que, al realizar este proceso, se observa una manifiesta suavización de estos polígonos que nos hace pensar en una *curva ideal* a la cual pretenden acercarse tanto más cuanto menor sea la amplitud de los intervalos de clase.

Esta idea aparece reflejada gráficamente en la Figura 5.7.

Esta curva en forma de campana, simétrica respecto a la media aritmética, y que vamos a describir de forma elemental, es la que llamaremos curva de la distribución normal, curva normal o, más informalmente, campana de Gauss. Su representación gráfica se muestra en la Figura 5.8.

Algunas distribuciones estadísticas que siguen el modelo de la curva normal son:

(a) Estatura, peso y perímetro cefálico de grandes grupos de la misma edad y sexo.

(b) Índices de natalidad, nupcialidad y mortalidad en condiciones constantes.

(c) Sueldos y producciones de empleados en condiciones análogas.

(d) Valoraciones psicológicas: calificaciones de exámenes, tests de inteligencia, tiempo de reacción a determinados estímulos, etc.

(e) Errores de medición relativos a longitudes, tiempos, pesos, velocidades, etc.

Del mismo modo que la suma de las áreas de los rectángulos del histograma mide el tamaño de la muestra o el número total de datos, el área situada debajo de la curva normal coincide también con el tamaño de la muestra.

La curva representativa de una distribución normal es la correspondiente a la función matemática dada por

$$f(x) = \frac{1}{S\sqrt{2\pi}} e^{-\frac{1}{2}[(x-\overline{X})/S]^2} \tag{5.19}$$

y se llama *función de densidad* de la distribución normal, donde $\overline{X}$ es la media aritmética de la distribución y S es la desviación típica.

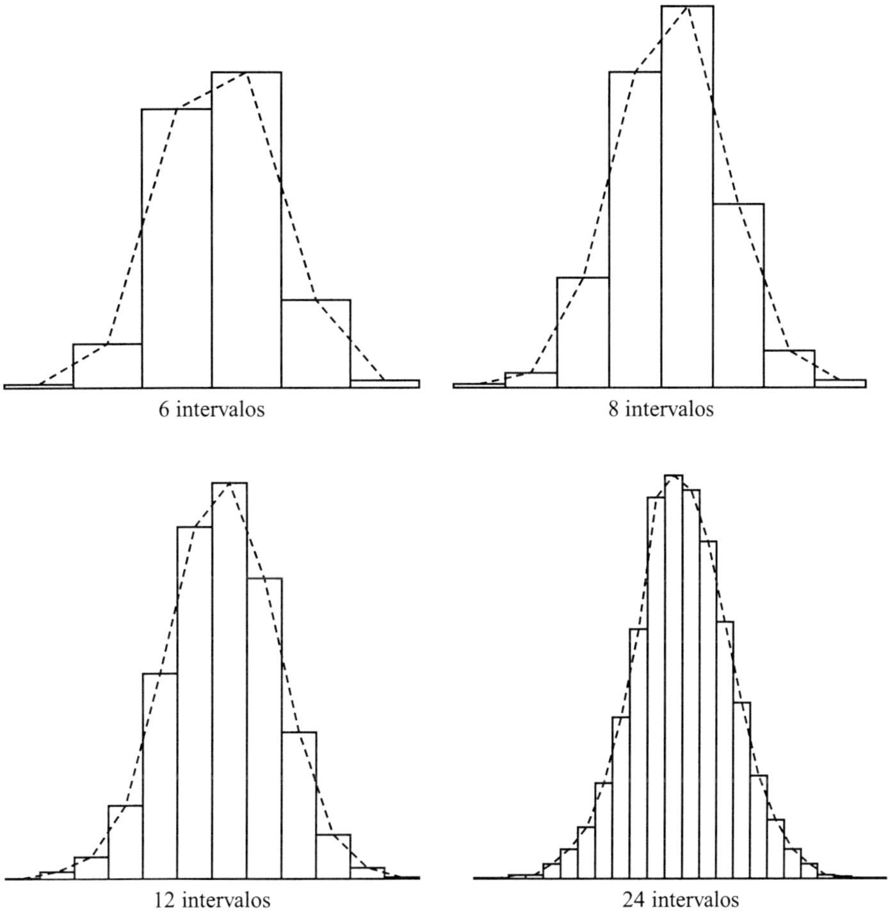

Figura 5.7. Tendencia del polígono de frecuencias a la curva normal en la distribución de estaturas de 1 000 individuos

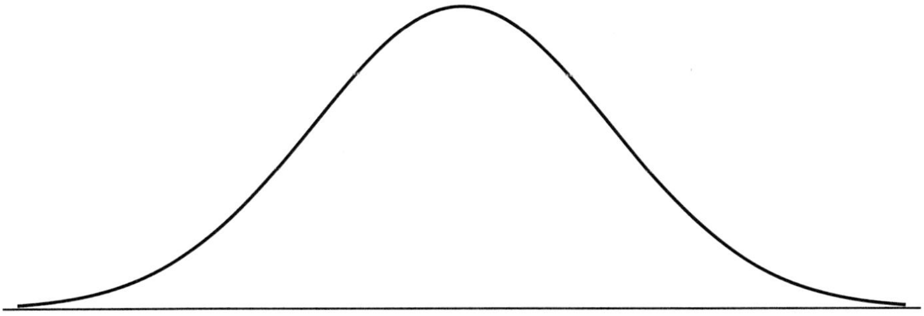

Figura 5.8. La curva normal

Esta función tiene, entre otras, las siguientes propiedades:

(a) Está definida y es positiva para todo valor x.

(b) Es continua y derivable en todo su campo de definición.

(c) Es simétrica respecto a la recta $x = \overline{X}$.

(d) El eje horizontal es asíntota de la curva.

(e) Posee un máximo relativo en el punto $(\overline{X}, 1/S\sqrt{2\pi})$.

(f) Tiene inflexión para valores de x dados por $x = \overline{X} \pm S$.

Los procesos de cálculo se agilizan notablemente tipificando la variable, es decir, considerando la variable Z obtenida de la X, dada inicialmente, por

$$Z = \frac{X - \overline{X}}{S}$$

con lo que

$$f(z) = \frac{1}{\sqrt{2\pi}} e^{-(Z^2/2)} \tag{5.20}$$

cuya variable Z tiene media 0 y desviación típica 1, y la distribución normal correspondiente a esta función de variable Z se designa por $N(0;1)$ («distribución normal cero uno»).

Esta función correspondiente a la variable tipificada es tal que el área encerrada entre la curva representativa y el eje horizontal tiene valor 1.

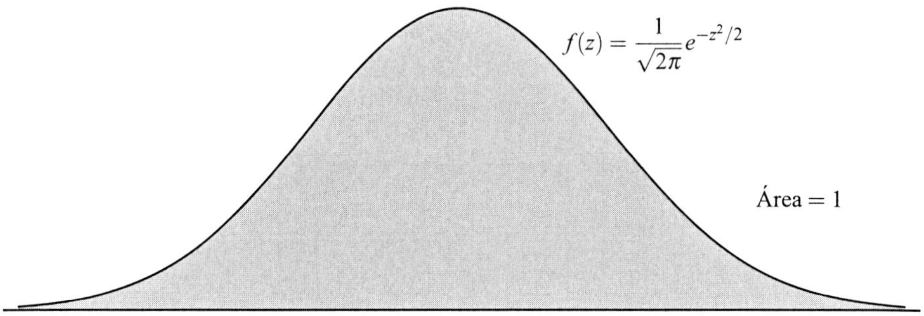

Figura 5.9. Área total bajo la curva normal

Si se quiere calcular el área encerrada por la curva y el eje horizontal hasta un valor z, tendremos una función que depende de este z, y que denotaremos por $A(z)$;dado que la expresión de la función f es incómoda de integrar, se calculan los valores de $A(z)$ mediante la tabla que aparece en la página 324.

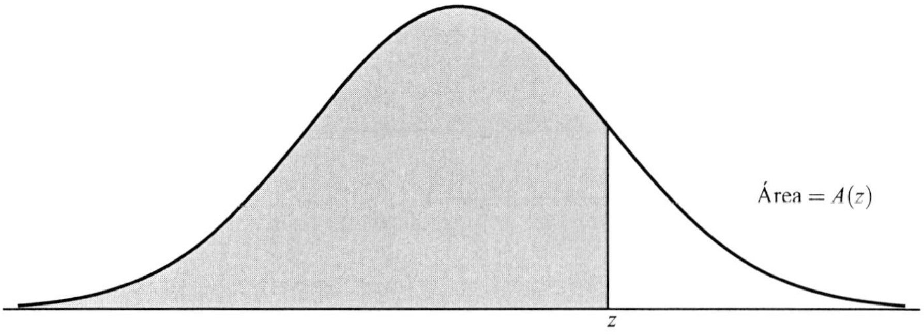

Figura 5.10. Área hasta el valor z

Si una variable estadística Z sigue la distribución $N(0;1)$, el área comprendida entre la gráfica de su función de densidad y el eje horizontal hasta un valor z_0, representa la *probabilidad* de que la variable Z tome un valor menor o igual que z_0, es decir,

$$P(Z \leq z_0) = A(z_0).$$

Si se trata de una variable X con distribución normal $N(\overline{X};S)$ es preciso cambiar a la variable Z tipificada y, en este caso, la probabilidad se determina teniendo en cuenta que

$$P(X \leq x_0) = P(Z \leq z_0) = A(z_0).$$

Ejemplos de manejo de la tabla

EJEMPLO 5.1. Para $z = 1{,}26$, $A(1{,}26)$ representa el área encerrada por la curva normal y el eje horizontal hasta 1,26, cuyo valor es $A(1{,}26) = 0{,}8962$, que se encuentra situado en la tabla como intersección de la fila encabezada por el valor 1,2 y la columna correspondiente al valor 0,06.

EJEMPLO 5.2. Para un valor negativo, como es $-2{,}13$, por la simetría de la curva, y dado que el área total encerrada es igual a la unidad, se tiene que

$$A(-2{,}13) = 1 - A(2{,}13) = 1 - 0{,}9834 = 0{,}0166.$$

EJEMPLO 5.3. Cuando se trate de calcular el área entre dos valores, por ejemplo $z_1 = 0{,}51$ y $z_2 = 1{,}73$, ésta viene dada por

$$A(z_2) - A(z_1) = A(1{,}73) - A(0{,}51) = 0{,}9582 - 0{,}6950 = 0{,}2632.$$

EJEMPLO 5.4. Si Z es una variable estadística con distribución $N(0;1)$, la probabilidad de que Z tome valores menores o iguales que 1,53 es

$$P(Z \leq 1{,}53) = A(1{,}53) = 0{,}9370.$$

EJEMPLO 5.5. Para una variable X que sigue la distribución $N(24;5)$, la probabilidad de que X sea menor o igual que el valor 36 es

$$P(X \leq 36) = P\left(\frac{X-24}{5} \leq \frac{36-24}{5}\right) = P(Z \leq 2{,}4) = A(2{,}4) = 0{,}9918.$$

EJEMPLO 5.6. Si X es una variable normal con media $\overline{X}$ y desviación típica S, en el intervalo $(\overline{X}-S;\overline{X}+S)$ se encuentran el 68,26% de los datos, ya que

$$\begin{aligned} P(\overline{X}-S < X \leq \overline{X}+S) &= P(-1 < Z \leq 1) = A(1) - A(-1) = \\ &= A(1) - [1 - A(1)] = 2A(1) - 1 = 2 \cdot 0{,}8413 - 1 = 0{,}6826. \end{aligned}$$

Razonando de forma análoga se comprueba que en el intervalo $(\overline{X}-2S;\overline{X}+2S)$ están el 95,44% de los datos y en el intervalo $(\overline{X}-3S;\overline{X}+3S)$ se encuentran el 99,72%.

EN DETALLE

5.1 Los alumnos matriculados en una universidad española durante el curso 2008-09 se distribuyen por edades de acuerdo con el siguiente cuadro:

Edad	*Alumnos*
18	999
19	1 412
20	1 309
21	1 073
22	875
23	552
24	499
25	386
Más de 25	325
	7 430

Decídase de qué tipo es la asimetría de esta distribución.

RESOLUCIÓN

Ya que se trata de una distribución ordinal con repetición, al construir el correspondiente diagrama de barras, véase la Figura 5.11, se observa que la distribución presenta asimetría positiva, lo cual es también deducible de la observación directa de la columna de frecuencias.

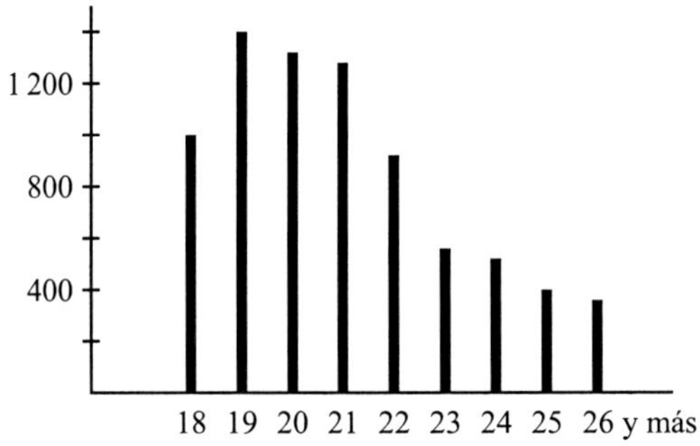

Figura 5.11. Representación gráfica del problema 5.1

5.2 ¿Cuál de las dos distribuciones que se dan a continuación es más simétrica?

Distribución A	
x_i	n_i
3	4
4	6
5	10
8	20
10	22
12	30
16	15
22	4

Distribución B	
x_i	n_i
41	3
43	17
47	25
53	20
59	14
61	6
67	4
71	3
73	1

RESOLUCIÓN

Como se trata de dos distribuciones en forma de campana con una sola moda, conviene utilizar el coeficiente de asimetría de Pearson.

Distribución A			
x_i	n_i	x_in_i	$x_i^2n_i$
3	4	12	36
4	6	24	96
5	10	50	250
8	20	160	1 280
10	22	220	2 200
12	30	360	4 320
16	15	240	3 840
22	4	88	1 936
	111	1 154	13 958

$$\begin{aligned} \overline{X} &= \tfrac{1154}{111} = 10{,}4 \\ Mo &= 12 \\ S^2 &= \tfrac{13958}{111} - \left(\tfrac{1154}{111}\right)^2 = 17{,}66 \\ S &= \sqrt{17{,}66} = 4{,}2 \\ As &= \tfrac{\overline{X}-Mo}{S} = \tfrac{-1{,}6}{4{,}2} = -0{,}38 \end{aligned}$$

Distribución A			
x_i	n_i	x_in_i	$x_i^2n_i$
41	3	123	5 043
43	17	731	31 433
47	25	1 175	55 225
53	20	1 060	56 180
59	14	826	48 734
61	6	366	22 326
67	4	268	17 956
71	3	213	15 123
73	1	73	5 329
	93	4 835	257 349

$$\begin{aligned} \overline{X} &= \tfrac{4835}{93} = 51{,}99 \\ Mo &= 47 \\ S^2 &= \tfrac{257349}{93} - \left(\tfrac{4835}{93}\right)^2 = 64{,}23 \\ S &= \sqrt{64{,}23} = 8{,}01 \\ As &= \tfrac{51{,}99-47}{8{,}01} = 0{,}62. \end{aligned}$$

Se tiene que la distribución A presenta asimetría negativa, mientras que es positiva la asimetría de la distribución B. Al ser el coeficiente de asimetría de la distribución A, en valor absoluto, menor que el de la B, la distribución A es más simétrica que la B.

5.3 De una distribución estadística se sabe que su representación es de tipo campanoide, y de ella se conocen

$$\overline{X} = 23{,}1, \qquad Me = 22{,}5 \qquad \text{y} \qquad S = 5{,}15.$$

¿Qué se puede decir de su asimetría?

RESOLUCIÓN

Utilizando la conocida relación empírica entre $\overline{X}$, Me y Mo, el coeficiente de asimetría de Pearson puede obtenerse de forma aproximada mediante la fórmula (5.3), con lo cual

$$As \simeq \frac{3(23{,}1-22{,}5)}{5{,}15} = 0{,}35$$

y, en consecuencia, la representación gráfica de la distribución será moderadamente sesgada hacia la derecha.

5.4 Estúdiese la asimetría de la distribución estadística siguiente:

L_{i-1}–L_i	n_i
200-250	21
250-300	12
300-350	7
350-400	3
400-450	5
450-500	8
500-550	14
550-600	17

RESOLUCIÓN

Como la distribución no tiene forma de campana, únicamente es aplicable el coeficiente de asimetría de Fisher, y para ello, tomando $O_x = 375$ y $a = 50$, construimos la siguiente tabla:

x_i	n_i	$\frac{x_i-O_x}{a}$	$\left(\frac{x_i-O_x}{a}\right)n_i$	$\left(\frac{x_i-O_x}{a}\right)^2 n_i$	$\left(\frac{x_i-O_x}{a}\right)^3 n_i$
225	21	-3	-63	189	-567
275	12	-2	-24	48	-96
325	7	-1	-7	7	-7
375	3	0	0	0	0
425	5	1	5	5	5
475	8	2	16	32	64
525	14	3	42	126	378
575	17	4	68	272	1 088
	87		37	679	865

de donde

$$S^2 = 50^2\left[\frac{679}{87} - \left(\frac{37}{87}\right)^2\right] = 2\,500 \cdot 7{,}6237 = 19\,059{,}25$$

y

$$S = \sqrt{19\,059{,}25} = 138{,}06.$$

Si se aplica ahora la fórmula (5.9), se tiene que

$$g_1 = \frac{50^3}{138{,}06^3}\left[\frac{865}{87} - 3\cdot\frac{37}{87}\cdot\frac{679}{87} + 2\left(\frac{37}{87}\right)^3\right] = 0{,}0066.$$

El resultado obtenido nos indica que la gráfica de la distribución es prácticamente simétrica.

5.5 Observadas las liquidaciones trimestrales por el impuesto del valor añadido (IVA) aportadas a una oficina de Hacienda por cien empresarios, se comprobó lo siguiente:

Dinero ingresado	*Nº de liquidaciones*
De 0 a 2 000	12
De 2 000 a 4 000	18
De 4 000 a 6 000	31
De 6 000 a 8 000	20
De 8 000 a 10 000	12
De 10 000 a 12 000	5
De 12 000 a 14 000	2

(a) Hállense la media aritmética y la desviación típica.

(b) Obténgase el coeficiente de variación.

(c) Determínense los coeficientes de asimetría.

RESOLUCIÓN

Tomando $O_x = 7000$ y $a = 2000$ y estableciendo la correspondiente tabla estadística se tiene:

x_i	n_i	$\frac{x_i-O_x}{a}$	$\left(\frac{x_i-O_x}{a}\right)n_i$	$\left(\frac{x_i-O_x}{a}\right)^2 n_i$	$\left(\frac{x_i-O_x}{a}\right)^3 n_i$
1 000	12	−3	−36	108	−324
3 000	18	−2	−36	72	−144
5 000	31	−1	−31	31	−31
7 000	20	0	0	0	0
9 000	12	1	12	12	12
11 000	5	2	10	20	40
13 000	2	3	6	18	54
	100		−75	261	−393

(a)

$$\overline{X} = 7000 + \frac{-75}{100} \cdot 2000 = 5\,500 \text{ euros}$$

y

$$S^2 = 2000^2 \cdot \left[\frac{261}{100} - \left(\frac{-75}{100}\right)^2\right] = 8{,}19 \cdot 10^6$$

de donde

$$S = \sqrt{8{,}19 \cdot 10^6} = 2{,}86 \cdot 10^3 = 2\,860 \text{ euros.}$$

(b) De

$$V = \frac{S}{\overline{X}} \cdot 100$$

resulta

$$V = \frac{2\,860}{5\,500} \cdot 100 = 52{,}03\,\%.$$

(c) Como

$$Mo = 4000 + \frac{20}{18+20} \cdot 2000 = 5\,052{,}63 \text{euros}$$

se tiene que

$$As = \frac{\overline{X} - Mo}{S} = \frac{447{,}37}{2\,860} = 0{,}156$$

y

$$g_1 = \frac{2\,000^3}{2\,860^3}\left[\frac{-393}{100} - 3 \cdot \frac{-75}{100} \cdot \frac{261}{100} + 2 \cdot \left(\frac{-75}{100}\right)^3\right] = 0{,}342 \cdot 1{,}099 = 0{,}376.$$

5.6 La clasificación de los libros de una biblioteca universitaria, atendiendo al número de páginas, ha originado la siguiente tabla:

Nº de páginas	*Nº de libros*
De 0 a 12	827
De 12 a 48	4 941
De 48 a 100	6 567
De 100 a 200	11 067
De 200 a 400	10 238
De 400 a 600	2 706
De 600 a 1 000	2 194

Calcúlese:

(a) El coeficiente de asimetría de Pearson.

(b) Los coeficientes de sesgo cuartílico y percentílico 10-90.

(c) Los coeficientes de apuntamiento.

RESOLUCIÓN

(a) A partir de la tabla

L_{i-1}–L_i	x_i	n_i	N_i	$x_i n_i$	h_i	$x_i - \overline{X}$	$(x_i-\overline{X})^2 n_i$
[0;12)	6	827	827	4 962	68,92	−214	37 873 292
[12;48)	30	4 941	5 768	148 230	137,25	−190	178 370 100
[48;100)	74	6 567	12 335	485 958	126,29	−146	139 982 172
[100;200)	150	11 067	23 402	1 660 050	110,67	−70	54 228 300
[200;400)	300	10 238	33 640	3 071 400	51,19	80	65 523 200
[400;600)	500	2 706	36 346	1 353 000	13,534	280	212 150 400
[600;1 000]	800	2 194	38 540	1 755 200	5,48	580	738 061 600
		38 540		8 478 800			1 426 189 064

se tiene que

$$\begin{aligned}
\overline{X} &= \frac{8\,478\,800}{38\,540} = 220 \\
Mo &= 12 + \frac{126{,}29}{68{,}92 + 126{,}29}\cdot 36 = 35{,}29 \\
S^2 &= \frac{\sum(x_i-\overline{X})^2 n_i}{N} = \frac{1\,426\,189\,064}{38\,540} = 37\,005{,}425 \\
S &= \sqrt{37\,005{,}425} = 192{,}37
\end{aligned}$$

y, por tanto,

$$As = \frac{220 - 35{,}29}{192{,}37} = 0{,}96.$$

(b) Calculando Q_1, Me, Q_3 P $_{10}$ y P_{90} se tiene:

$$\begin{aligned}
Q_1 &= 48+\frac{9\,635-5\,768}{6\,567}\cdot 52 = 78{,}62\\
Me &= 100+\frac{19\,270-12\,335}{11\,067}\cdot 100 = 162{,}66\\
Q_3 &= 200+\frac{28\,905-23\,402}{10\,238}\cdot 200 = 307{,}5\\
P_{10} &= 12+\frac{3\,854-827}{4\,941}\cdot 36 = 34{,}05\\
P_{90} &= 400+\frac{34\,686-33\,640}{2\,706}\cdot 200 = 477{,}31
\end{aligned}$$

y los coeficientes pedidos son

$$\begin{aligned}
SC &= \frac{(307{,}50-162{,}66)-(162{,}66-78{,}62)}{307{,}50-78{,}62} = 0{,}27\\
SP_{10-90} &= \frac{(477{,}31-162{,}66)-(162{,}66-34{,}05)}{477{,}31-34{,}05} = 0{,}42
\end{aligned}$$

(c) Considerando la tabla

$x_i-\overline{X}$	n_i	$(x_i-\overline{X})^4 n_i$
−214	827	$1\,734\,445\cdot 10^6$
−190	4 941	$6\,439\,161\cdot 10^6$
−146	6 567	$2\,983\,860\cdot 10^6$
−70	11 067	$265\,719\cdot 10^6$
80	10 238	$419\,348\cdot 10^6$
280	2 706	$16\,632\,591\cdot 10^6$
580	2 194	$248\,283\,922\cdot 10^6$
		$276\,759\,046\cdot 10^6$

resulta

$$Ap = \frac{1}{S^4}\cdot\frac{\sum(x_i-\overline{X})^4 n_i}{N} = 5{,}24$$

y, con los datos obtenidos en el apartado (b),

$$AP_{10-90} = \frac{Q_3-Q_1}{2(P_{90}-P_{10})} = 0{,}26.$$

La disparidad de estos coeficientes se debe al alejamiento existente entre la media y la moda.

5.7 Hállese el índice de concentración de la población española por provincias según los datos, referidos al año 2008 dados por la tabla siguiente y obténgase la correspondiente curva de Lorenz.

Nº de habitantes	*Nº de provincias*
De 50 000 a 200 000	8
De 200 000 a 400 000	10
De 400 000 a 500 000	4
De 500 000 a 700 000	11
De 700 000 a 1 000 000	6
De 1 000 000 a 2 000 000	10
De 2 000 000 a 6 000 000	3

RESOLUCIÓN

A partir de los datos se construye la tabla siguiente:

x_i	n_i	N_i	$x_i n_i$	$\sum x_i n_i$	p_i	q_i	$p_i - q_i$
125 000	8	8	1 000 000	1 000 000	15,38	2,35	13,03
300 000	10	18	3 000 000	4 000 000	34,61	8,99	25,62
450 000	4	22	1 800 000	5 800 000	42,31	13,03	29,28
600 000	11	33	6 600 000	12 400 000	63,46	27,87	35,59
850 000	6	39	5 100 000	17 500 000	75,00	39,33	35,67
1 500 000	10	49	15 000 000	32 500 000	94,23	73,03	21,20
4 000 000	3	52	12 000 000	44 500 000	-	-	-
	52		44 500 000		324,99		160,49

y, en virtud de la fórmula (5.17),

$$I_{co} = \frac{160{,}49}{324{,}99} = 0{,}49.$$

La curva de Lorenz viene dada por los puntos de coordenadas (p_i, q_i), teniendo por puntos extremos el (0,0) y el (100,100). En nuestro caso resulta ser

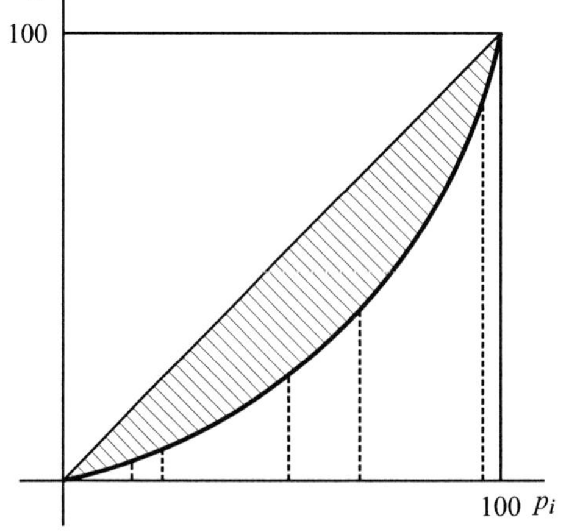

Figura 5.12. Curva de Lorenz del problema 5.7

5.8 La distribución de las acciones de una empresa entre sus propietarios está dada por la siguiente tabla:

Acciones	*Nº de propietarios*
De 0 a 4	2
De 4 a 10	5
De 10 a 16	8
De 16 a 20	15
De 20 a 24	30
De 24 a 32	16
De 32 a 36	7
De 36 a 42	6
De 42 a 60	1

(a) Estúdiense la simetría y el apuntamiento de esta distribución.

(b) Obténgase el índice de concentración y constrúyase la curva de Lorenz correspondiente.

RESOLUCIÓN

(a) Construimos la tabla

x_i	n_i	$x_i n_i$	$x_i^2 n_i$	h_i	$x_i - \overline{X}$	$(x_i - \overline{X})^4 n_i$
2	2	4	8	0,5	−20,7	367 207
7	5	35	245	0,83	−15,7	303 787
13	8	104	1 352	1,33	−9,7	70 823
18	15	270	4 860	3,75	−4,7	7 320
22	30	660	14 520	7,5	−0,7	7
28	16	448	12 544	2	5,3	12 625
34	7	238	8 092	1,75	11,3	114 133
39	6	234	9 126	1	16,3	423 547
51	1	51	2 601	0,06	28,3	641 425
	90	2 044	53 348			1 940 874

$$\overline{X} = \frac{2\,044}{90} = 22{,}7$$

de donde

$$\begin{aligned} Mo &= 20 + \frac{2}{2+3{,}75} \cdot 4 = 21{,}4 \\ S^2 &= \frac{53\,348}{90} - \left(\frac{2\,044}{90}\right)^2 = 592{,}75 - 515{,}79 = 76{,}96 \\ S &= \sqrt{76{,}96} = 8{,}77 \end{aligned}$$

y, como se trata de una distribución en forma de campana, con una sola moda, el coeficiente de asimetría es

$$As = \frac{22{,}7 - 21{,}4}{8{,}77} = 0{,}15$$

y el coeficiente de apuntamiento es

$$Ap = \frac{1}{S^4} \cdot \frac{\sum (x_i - \overline{X})^4 n_i}{N} = \frac{1}{8{,}77^4} \cdot \frac{1\,940\,874}{90} = 3{,}6.$$

Se trata de una distribución de tipo leptocúrtico.

(b) Para calcular el índice de concentración construimos la siguiente tabla:

x_i	n_i	N_i	$x_i n_i$	$\sum x_i n_i$	p_i	q_i	$p_i - q_i$
2	2	2	4	4	2,2	0,2	2,0
7	5	7	35	39	7,8	1,9	5,9
13	8	15	104	143	16,7	6,7	10,0
18	15	30	270	413	33,3	20,2	13,1
22	30	60	660	1 073	66,7	52,5	14,2
28	16	76	448	1 521	84,4	74,4	10,0
34	7	83	238	1 759	92,2	86,1	6,1
39	6	89	234	1 993	98,9	97,5	1,4
51	1	90	51	2 044	-	-	-
	90		2 044		402,2		62,7

obteniéndose entonces que

$$I_{co} = \frac{62{,}7}{402{,}2} = 0{,}16$$

lo cual indica que la concentración de acciones es muy débil.

La curva de Lorenz pedida es la siguiente:

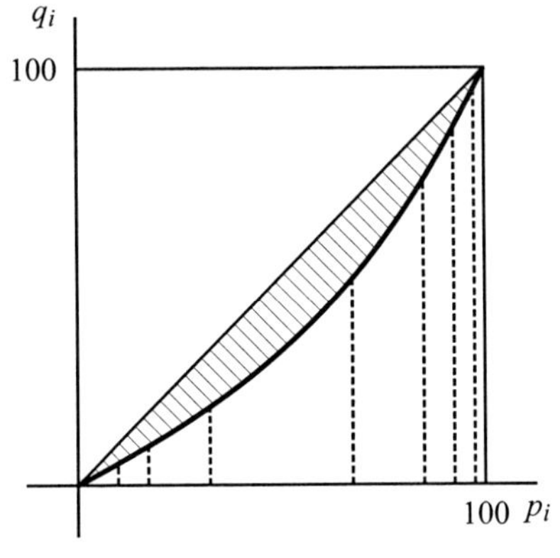

Figura 5.13. Curva de Lorenz del problema 5.8

5.9 Un estudio experimental ha confirmado que las horas semanales de estudio dedicadas por los 500 alumnos de primer curso de una Escuela de Ingeniería se distribuyen normalmente con media 25 y desviación típica 9. Determínese:

(a) ¿Qué porcentaje de alumnos dedica al estudio entre 18 y 32 horas semanales ?

(b) ¿Cuántos alumnos estudian semanalmente más de 35 horas?

RESOLUCIÓN

(a) Se trata de una distribución $N(25;9)$ y hemos de calcular $P(18 < X \leq 32)$, que representa la probabilidad de que un alumno dedique entre 18 y 32 horas semanales al estudio. Tipificando la variable X se tiene $Z = \frac{X-25}{9}$, de donde

$$\begin{aligned} P(18 < X \leq 32) &= P\left(\frac{18-25}{9} < Z \leq \frac{32-25}{9}\right) = P\left(\frac{-7}{9} < Z \leq \frac{7}{9}\right) = \\ &= P(-0{,}78 < Z \leq 0{,}78) = A(0{,}78) - A(-0{,}78) = \\ &= A(0{,}78) - [1 - A(0{,}78)] = 2A(0{,}78) - 1. \end{aligned}$$

Consultada la tabla de la distribución normal se lee $A(0{,}78) = 0{,}7823$, con lo que

$$P(18 < X \leq 32) = 2 \cdot 0{,}78 - 1 = 1{,}56 - 1 = 0{,}56$$

y, por lo tanto, el 56 % de los alumnos dedica un tiempo comprendido entre 18 y 32 horas semanales.

(b) Como

$$\begin{aligned} P(X > 35) &= 1 - P(X \leq 35) = 1 - P\left(Z \leq \frac{35-25}{9}\right) = \\ &= 1 - P\left(Z \leq \frac{10}{9}\right) = 1 - P(Z \leq 1{,}11) = 1 - 0{,}87 = 0{,}13 \end{aligned}$$

resulta que 13 % del total dedica al estudio más de 35 horas semanales.

De entre los 500 tendrán esta dedicación

$$500 \cdot 0{,}13 = 65 \text{ alumnos.}$$

.10 Los pesos de los alumnos de un centro educativo se distribuyen normalmente, con media 65 kg y desviación típica 3 kg. Calcúlese:

(a) La probabilidad de que el peso de un alumno esté comprendido entre 62 y 71 kg.

(b) La probabilidad de que uno de estos alumnos pese más de 80 kg.

RESOLUCIÓN

(a) Se tiene que

$$\begin{aligned} P(62 < X \leq 71) &= P\left(\frac{62-65}{3} < Z \leq \frac{71-65}{3}\right) = P(-1 < Z \leq 2) = \\ &= P(Z \leq 2) - P(Z \leq -1) - P(Z \leq 2) - P(Z > 1) = \\ &= P(Z \leq 2) - [1 - P(Z \leq 1)] = \\ &= P(Z \leq 2) + P(Z \leq 1) - 1 - 0{,}9772 + 0{,}8413 - 1 = 0{,}8185. \end{aligned}$$

(b) Como

$$P(X > 80) = P\left(Z > \frac{80-65}{3}\right) = P(Z > 5) = 1 - P(Z \leq 5)$$

y la tabla de distribución normal tipificada nos da las probabilidades hasta el valor $z = 3{,}69$, que corresponde a un peso de

$$\frac{x-65}{3} = 3{,}69 \qquad \Rightarrow \qquad x = 76{,}07$$

para estos valores es

$$P(X > 76{,}07) = P(Z > 3{,}69) = 1 - P(Z \leq 3{,}69) = 1 - 0{,}9999 = 0{,}0001,$$

de aquí se deduce que $P(X > 80) = 1 - P(Z \leq 5) < 0{,}0001$, es decir prácticamente nula.

5.11 Una máquina produce botellas cuyas capacidades están distribuidas según una distribución normal de media 1 litro y desviación típica 0,02 litros. El fabricante considera que una botella es defectuosa si su capacidad no está entre 0,98 y 1,02. ¿Qué probabilidad tiene un recipiente de ser considerado defectuoso?

RESOLUCIÓN

Como

$$\begin{aligned} P(0{,}98 < X \leq 1{,}02) &= P\left(\frac{0{,}98-1}{0{,}02} < Z \leq \frac{1{,}02-1}{0{,}02}\right) = \\ &= P(-1 < Z \leq 1) = P(Z \leq 1) - P(Z \leq -1) = P(Z \leq 1) - P(Z > 1) = \\ &= P(Z \leq 1) - [1 - P(Z \leq 1)] = 2 \cdot P(Z \leq 1) - 1 = \\ &= 2 \cdot 0{,}8413 - 1 = 0{,}6826, \end{aligned}$$

la probabilidad de ser correcto es 0,6826 y la de ser defectuoso será

$$P(\textit{defectuoso}) = 1 - P(\textit{correcto}) = 1 - 0{,}6826 = 0{,}3134.$$

5.12 Se ha comprobado que el retraso en las llegadas de los trenes a una estación sigue una distribución normal, de media $\overline{X}$ minutos, y que el 68,26 % de ellos llegan con un retraso comprendido entre los 2 y los 6 minutos. Se pide:

(a) ¿Cuál es la desviación típica?

(b) ¿Cuál es la probabilidad de que un tren llegue puntual o antes de la hora?

(c) ¿Cuál es la probabilidad de que un tren llegue con un retraso de más de 10 minutos?

RESOLUCIÓN

(a) En una distribución $N(\overline{X};S)$, el 68,26 % del total de la población se encuentra en el intervalo $[\overline{X}-S;\overline{X}+S]$. Aplicando esta propiedad al problema se tiene:

$$[\overline{X}-S;\overline{X}+S] = [2;6] \qquad \Rightarrow \qquad \left\{\begin{array}{l} \overline{X}-S=2 \\ \overline{X}+S=6 \end{array}\right. \qquad \Rightarrow \qquad \left\{\begin{array}{l} \overline{X}=4, \\ S=2, \end{array}\right.$$

en consecuencia la media es $\overline{X}=4$ y la desviación típica es $S=2$.

(b) Como

$$P(X \leq 0) = P\left(Z \leq \frac{0-4}{2}\right) = P(Z \leq -2) = 1 - P(Z \leq 2) = 1 - 0{,}9772 = 0{,}0228,$$

llegan puntuales o antes de la hora dos de cada cien aproximadamente.

(c) Un retraso de más de diez minutos tiene como probabilidad

$$P(X > 10) = P\left(Z > \frac{10-4}{2}\right) = P(Z > 3) = 1 - P(Z \leq 3) = 1 - 0{,}9986 = 0{,}0014,$$

es decir uno de cada mil.

5.13 El tiempo necesario para finalizar un examen sigue una distribución normal de media 70 minutos y desviación típica 12 minutos. Obténgase:

(a) El tiempo que debe durar el examen para que el 75 % de las personas lo terminen.

(b) El porcentaje de personas que lo terminarán antes de 80 minutos.

RESOLUCIÓN

(a) Siendo t la variable que describe los tiempos de finalización del examen, se trata de encontrar un valor t_0 tal que

$$P(t \leq t_0) = 0{,}75.$$

Tipificando se tiene

$$P\left(\frac{t-70}{12} \leq \frac{t_0-70}{12}\right) = 0{,}75, \qquad \text{o bien} \qquad P(z \leq z_0) = 0{,}75$$

donde la variable tipificada Z es $N(0,1)$.

En la tabla hacemos una lectura en sentido inverso, es decir, buscamos una aproximación por exceso al valor 0,75, un valor z_0 tal que $P(z \leq z_0) \geq 0{,}75$. Leyendo la tabla se tiene el valor 0,7518 que corresponde a $z_0 = 0{,}6$, con lo cual,

$$\frac{t_0-70}{12} = 0{,}6 \qquad \Rightarrow \qquad t_0 = 70 + 12 \cdot 0{,}6 = 77{,}2 \text{ minutos.}$$

(b) Se pide $P(t \leq 80)$. Tipificando la variable se tiene:

$$P(t \leq 80) = P\left(\frac{t-70}{12} \leq \frac{80-70}{12}\right) = P(z \leq 0{,}83) = 0{,}8$$

y, por lo tanto, el 80 % de las personas termina el examen en 80 minutos o menos.

5.14 Se considera una distribución normal de media 14 y varianza 9. ¿Qué distancia hay entre la media y el tercer cuartil?

RESOLUCIÓN

Sea m el valor de la variable tipificada correspondiente al tercer cuartil, es decir

$$P(Z > m) = 0{,}25 \qquad \Rightarrow \qquad P(Z \leq m) = 1 - 0{,}25 = 0{,}75.$$

En la tabla de la distribución normal tipificada tenemos:

$$P(Z \leq m) = 0{,}75 \qquad \Rightarrow \qquad m = 0{,}675.$$

Si Q_3 es el valor del tercer cuartil, entonces es $\frac{Q_3 - Q_1}{3} = m$, de donde

$$\frac{Q_3 - 14}{3} = 0{,}675 \qquad \Rightarrow \qquad Q_3 = 14 + 3 \cdot 0{,}675 = 16{,}025.$$

En consecuencia la distancia entre la media y el tercer cuartil será $16{,}025 - 14 = 2{,}025$.

PROPUESTOS

P 5.1 Medida la velocidad, en km/h, de 400 automóviles a su paso por el punto de control, se obtuvieron los siguientes datos:

Velocidad	*Nº de vehículos*
De 70 a 80	19
De 80 a 90	38
De 90 a 100	82
De 100 a 105	59
De 105 a 110	60
De 110 a 120	47
De 120 a 130	38
De 130 a 140	40
De 140 a 150	11
Más de 150	6

Represéntese la distribución y, a partir de esta representación, decídase el signo de la asimetría.

P 5.2 Con el fin de realizar un estudio sobre aprovechamiento de la energía solar, se han contabilizado las horas de sol registradas durante el mes de enero de 2009 en las estaciones de meteorología españolas:

Horas de sol	*Nº de estaciones*
De 50 a 70	2
De 70 a 90	6
De 90 a 110	12
De 110 a 130	12
De 130 a 150	16
De 150 a 170	18
De 170 a 190	10
De 190 a 210	2
De 210 a 230	2
De 230 a 250	2

Hállense la media de horas de sol habidas en dicho mes, la desviación típica y el coeficiente de asimetría de Pearson.

P 5.3 De una distribución estadística se conocen los promedios media aritmética, mediana y moda, cuyos valores son 112,45, 111,7 y 109,9, respectivamente. ¿Qué puede afirmarse de su asimetría?

5.4 La deuda que tenía una empresa constructora con entidades bancarias en febrero de 2009, en miles de euros, se distribuye por plazos de vencimiento, en meses, de la siguiente forma:

Vencimientos	*Cantidades*
De 0 a 12	484
De 12 a 24	3 606
De 24 a 36	2 208
De 36 a 48	2 326
De 48 a 60	2 327
De 60 a 120	12 934

Obténgase el plazo medio de vencimiento, la desviación típica y el coeficiente de asimetría conveniente.

5.5 Estúdiese la asimetría de las distribuciones siguientes:

Distribución A	
x_i	n_i
3	8
4	9
5	14
6	9
7	7
8	4
9	2
10	1

Distribución B	
x_i	n_i
10	2 100
11	1 800
12	1 600
13	1 100
14	800
15	1 500
16	2 600

5.6 Encuestados 1 000 alumnos de una Facultad Universitaria acerca del número de libros que poseen para su consulta personal, se obtuvieron los siguientes resultados:

Nº de libros	*Nº de alumnos*
Menos de 50	12
De 50 a 100	250
De 100 a 200	427
De 200 a 300	264
De 300 a 500	40
Más de 500	7

Determínense:

(a) Los coeficientes de sesgo cuartílico y percentílico 10-90.

(b) El coeficiente de apuntamiento percentílico.

5.7 Dos pueblos de la comarca zamorana de la Tierra del Pan tienen la superficie dedicada al cultivo de trigo distribuida entre sus vecinos de acuerdo con las tablas que se indican a continuación:

Pueblo A	
Hectáreas	*Nº de vecinos*
De 0 a 2	5
De 2 a 4	10
De 4 a 6	12
De 6 a 8	31
De 8 a 12	33
De 12 a 16	18
De 16 a 22	9
De 22 a 28	7

Pueblo B	
Hectáreas	*Nº de vecinos*
De 0 a 4	3
De 4 a 6	10
De 6 a 8	14
De 8 a 10	20
De 10 a 12	19
De 12 a 16	13
De 16 a 20	7
De 20 a 24	2

Compárense los índices de concentración de la propiedad de la tierra en que se cultiva el trigo en estos dos pueblos.

P 5.8 Los préstamos, en miles de euros, concedidos por una entidad de crédito durante 2008 se distribuyen, por provincias, como se indica en la tabla adjunta:

Préstamos	*Nº de provincias*
0-500	42
500-600	2
600-700	3
796	1
1 018	1
1 502	1
4 712	1
5 630	1

Calcúlese el índice de concentración para esta distribución.

P 5.9 Las estaturas de los 3 000 individuos de una población se distribuyen normalmente con media 173 cm y desviación típica 8 cm. ¿Cuántos tendrán una estatura entre 165 y 181 cm? ¿Qué altura debe considerarse para que no sea superada por el 90 % de los ciudadanos?

P 5.10 En una ciudad se estima que la temperatura máxima en el mes de abril sigue una distribución normal, con media 22° y desviación típica 5°. Calcúlese el número de días del mes en los que se espera alcanzar máximas entre 20° y 26°.

P 5.11 Una quesería fabrica piezas con un peso que se ajusta a una distribución normal de media 500 g y desviación típica 22 g. ¿Cuál es la probabilidad de obtener un queso cuyo peso oscile entre 450 g y la media?

P 5.12 Los datos de una distribución estadística siguen una ley normal de media 25 y desviación típica 3. Calcúlese, explicando el método utilizado, el porcentaje de datos que superan el valor 30, y justifíquese que ese porcentaje es idéntico al porcentaje de datos inferiores a 20.

P 5.13 La cantidad de reactivo contenido en cada dosis de una vacuna se distribuye según un modelo normal de probabilidad con una media de 60 unidades. Se ha comprobado que la vacuna inmuniza si la dosis administrada contiene una cantidad de reactivo comprendida entre 55 y 65 unidades. Sabiendo que el 3 % de las dosis contienen una cantidad de reactivo superior a 65 unidades. Se pide:

1. Aproximadamente, ¿cuánto vale la desviación típica?

2. ¿Qué probabilidad hay de que un individuo, al que se le administra una dosis elegida al azar, no se inmunize? Justificar la respuesta.

5.14 Cierta variable estadística sigue una distribución normal de media 4 y varianza 16. ¿Qué distancia separa a los cuartiles primero y tercero?

Capítulo 6

Distribuciones bidimensionales

6.1. Distribuciones bidimensionales

En los capítulos anteriores se ha tratado sobre el análisis de un solo aspecto cuantitativo de una distribución estadística; es por ello por lo que a estas distribuciones se las llamaba *distribuciones de una variable* o *unidimensionales*. Ocurre, sin embargo, que en muchos procesos de la vida ordinaria se hace necesario estudiar simultáneamente varios caracteres e, incluso, analizar su interdependencia en una misma población o colectivo.

Según se analicen dos, tres,..., n caracteres simultáneamente, las distribuciones se denominan *bidimensionales, tridimensionales,..., n-dimensionales*. Por la finalidad con que se ha diseñado esta obra, nos limitaremos al estudio de las *distribuciones bidimensionales*, también llamadas estadísticas de dos variables, ya que éstas son las que se usan más a menudo.

En general, estas variables bidimensionales se representan por X e Y, y también pueden ser de varios tipos, como ocurría con las distribuciones de una variable, pudiendo ser, o no, ambas variables del mismo tipo.

X	Y
x_1	y_1
x_1	y_2
x_2	y_1
x_2	y_2
$\vdots$	$\vdots$
x_i	y_j
$\vdots$	$\vdots$
x_N	y_N

Una distribución bidimensional es del tipo ordinal simple cuando cada par de la forma (x_i,y_i) aparece, como máximo, una sola vez. La forma más frecuente de presentar una distribución de este tipo es mediante una tabla con dos columnas, de la forma representada unas líneas más arriba, donde el par (x_i,y_j) es distinto del (x_j,y_i) para $i \neq j$.

La distribución es del tipo ordinal con repetición cuando algún par (x_i,y_j) se presenta más de una vez. Estas distribuciones suelen presentarse mediante una tabla de tres columnas, apareciendo en las dos primeras los valores de las variables, y en la tercera, la frecuencia del par correspondiente, es decir, en la forma

X	Y	n_{ij}
x_1	y_1	n_{11}
x_1	y_2	n_{12}
$\vdots$	$\vdots$	$\vdots$
x_i	y_j	n_{ij}
$\vdots$	$\vdots$	$\vdots$
x_h	y_k	n_{hk}

donde el valor n_{ij} de la frecuencia correspondiente al par (x_i,y_j) se llama *frecuencia conjunta*.

Esta forma de presentar las distribuciones ordinales con repetición es, en ocasiones, incómoda, y es preferible hacerlo mediante una *tabla de doble entrada*, con disposición rectangular, en la forma

$Y \setminus X$	x_1	x_2	x_3	$\cdots$	x_i	$\cdots$	x_h
y_1	n_{11}	n_{21}	n_{31}	$\cdots$	n_{i1}	$\cdots$	n_{h1}
y_2	n_{12}	n_{22}	n_{32}	$\cdots$	n_{i2}	$\cdots$	n_{h2}
$\vdots$	$\vdots$	$\vdots$	$\vdots$	$\ddots$	$\vdots$	$\ddots$	$\vdots$
y_j	n_{1j}	n_{2j}	n_{3j}	$\cdots$	n_{ij}	$\cdots$	n_{hj}
$\vdots$	$\vdots$	$\vdots$	$\vdots$	$\ddots$	$\vdots$	$\ddots$	$\vdots$
y_k	n_{1k}	n_{2k}	n_{3k}	$\cdots$	n_{ik}	$\cdots$	n_{hk}

Cuando los valores de cada variable aparecen agrupados en intervalos de clase, se dice que la distribución es de datos agrupados, pudiendo presentarse, incluso, una variable como distribución unidimensional del tipo ordinal con repetición y la otra con datos agrupados. En todo caso, siempre son reducibles a una del tipo ordinal con repetición mediante la utilización de las marcas de clase.

Representaciones gráficas

La forma más usual de representar gráficamente las distribuciones bidimensionales es el *diagrama de dispersión* o *nube de puntos*, que se obtiene al considerar dos ejes coordenados, situando en el eje horizontal los valores de la variable X y en el vertical los de la variable Y; en las proximidades del par (x_i, y_j) se colocan tantos puntos como indica su frecuencia conjunta n_{ij} (véase la Figura 6.1).

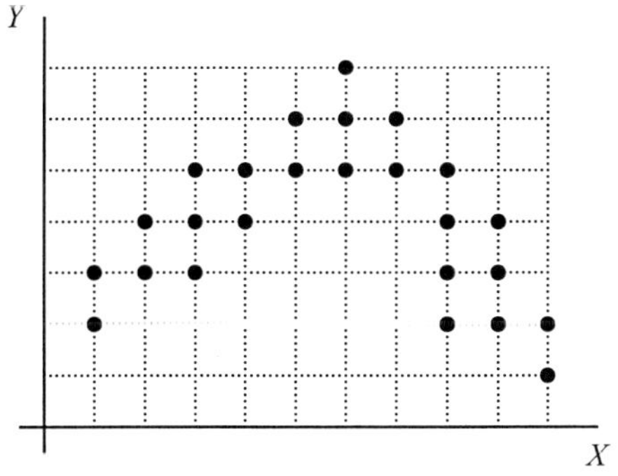

Figura 6.1. Nube de puntos

Las distribuciones bidimensionales admiten también una representación espacial, considerando un plano determinado por las variables X e Y. Sobre cada par (x_i, y_j) se considera una barra perpendicular al plano, de longitud igual a la frecuencia conjunta n_{ij}, si se trata de una distribución del tipo ordinal con repetición; si esta distribución es de datos agrupados, se construye un prisma recto cuya base está dada por los intervalos de clase correspondientes y cuya altura ha de ser tal que su volumen coincida con la frecuencia conjunta (véase la Figura 6.2).

6.2. Distribuciones marginales

Dada una distribución estadística bidimensional de variables X e Y, para cada valor fijo x_p de la variable X se consideran las frecuencias correspondientes a este valor x_p fijado, para los dife-

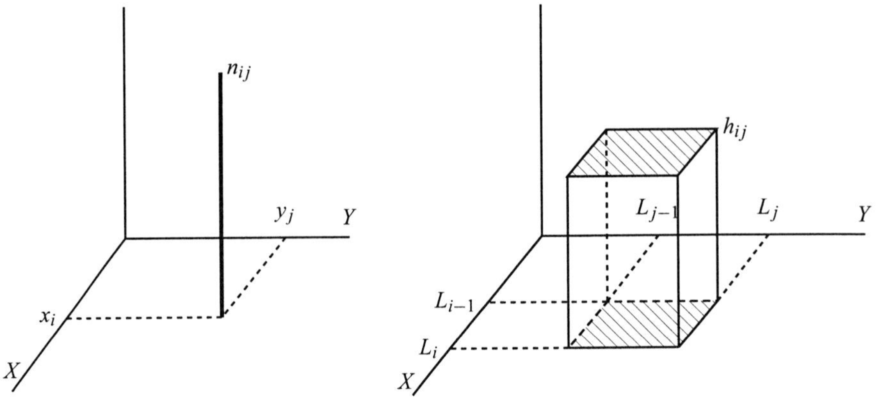

Figura 6.2. Representación de variables bidimensionales

rentes valores de la variable Y, es decir $n_{p1}, n_{p2}, \ldots, n_{pk}$, cuya suma $\sum_{j=1}^{k} n_{pj}$ se llama *frecuencia marginal* correspondiente al valor x_p, y representa el número de veces que aparece el valor x_p independientemente del valor que tome la variable Y.

Análogamente, fijado un valor x_q de la variable Y, la suma $\sum_{i=1}^{h} n_{iq}$ obtenida para los diferentes valores de la variable X se llama frecuencia marginal correspondiente al valor y_q.

De este modo, se pueden considerar dos distribuciones estadísticas unidimensionales, llamadas *distribuciones marginales*, asociadas a la distribución bidimensional dada, definidas en la forma siguiente:

Distribución marginal de X	
x_i	$\sum_{j=1}^{k} n_{ij}$
x_1	$\sum n_{1j}$
x_2	$\sum n_{2j}$
$\vdots$	$\vdots$
x_p	$\sum n_{pj}$
$\vdots$	$\vdots$
x_h	$\sum n_{hj}$

Distribución marginal de Y	
y_i	$\sum_{i=1}^{h} n_{ij}$
y_1	$\sum n_{i1}$
y_2	$\sum n_{i2}$
$\vdots$	$\vdots$
y_q	$\sum n_{iq}$
$\vdots$	$\vdots$
y_k	$\sum n_{ik}$

La forma usual de obtener las distribuciones marginales es a partir de la tabla de doble entrada, a la que se añaden una fila y una columna de totales, del modo siguiente:

$Y \setminus X$	x_1	x_2	$\cdots$	x_p	$\cdots$	x_h	$\sum_{i=1}^{h} n_{ij}$
y_1	n_{11}	n_{21}	$\cdots$	n_{p1}	$\cdots$	n_{h1}	$\sum n_{i1}$
y_2	n_{12}	n_{22}	$\cdots$	n_{p2}	$\cdots$	n_{h2}	$\sum n_{i2}$
$\vdots$	$\vdots$	$\vdots$	$\ddots$	$\vdots$	$\ddots$	$\vdots$	$\vdots$
y_q	n_{1q}	n_{2q}	$\cdots$	n_{pq}	$\cdots$	n_{hq}	$\sum n_{iq}$
$\vdots$	$\vdots$	$\vdots$	$\ddots$	$\vdots$	$\ddots$	$\vdots$	$\vdots$
y_k	n_{1k}	n_{2k}	$\cdots$	n_{pk}	$\cdots$	n_{hk}	$\sum n_{ik}$
$\sum_{j=1}^{k} n_{ij}$	$\sum n_{1j}$	$\sum n_{2j}$	$\cdots$	$\sum n_{pj}$	$\cdots$	$\sum n_{hj}$	N

en donde se observa que las filas primera y última nos proporcionan la distribución marginal de la variable X, y las columnas primera y última, la distribución marginal de Y.

Para estas distribuciones marginales pueden obtenerse los distintos estadísticos propios de las variables unidimensionales, siendo particularmente útiles en desarrollos posteriores las medias, las varianzas y las desviaciones típicas, es decir, $\overline{X}$, $\overline{Y}$, S_X^2, S_Y^2, S_X y S_Y.

EJEMPLO 6.1. A partir de la tabla de doble entrada

$Y \backslash X$	2	4	6	
1	15	12	10	37
3	14	36	18	68
5	30	42	24	96
7	22	28	16	66
	81	118	68	267

se obtienen las distribuciones marginales siguientes:

Marginal de X

x_i	n_i
2	81
4	118
6	68
	267

Marginal de Y

y_j	n_j
1	37
3	68
5	96
7	66
	267

6.3. Covarianza

Para una distribución estadística bidimensional (X,Y), se llama **covarianza** a la media aritmética de los productos de las desviaciones de cada variable respecto a su media aritmética; se indicará por S_{XY}, y está dada por la fórmula

$$S_{XY} = \frac{\sum_{i=1}^{h} \sum_{j=1}^{k} (x_i - \overline{X})(y_j - \overline{Y}) n_{ij}}{N} \tag{6.1}$$

El valor de la covarianza puede obtenerse también sin necesidad de calcular previamente los valores de $\overline{X}$ e $\overline{Y}$, haciéndolo directamente a partir de los datos iniciales, con lo que, en muchos casos, se evita el manejo de números decimales.

En efecto, desarrollando los productos que aparecen en la fórmula (6.1), se obtiene

$$\begin{aligned} S_{XY} &= \frac{\sum_{i=1}^{h} \sum_{j=1}^{k} (x_i y_j n_{ij} - \overline{X} y_j n_{ij} - \overline{Y} x_i n_{ij} + \overline{X}\,\overline{Y} n_{ij})}{N} = \\ &= \frac{\sum_i \sum_j x_i y_j n_{ij}}{N} - \frac{\overline{X} \sum_i \sum_j y_j n_{ij}}{N} - \frac{\overline{Y} \sum_i \sum_j x_i n_{ij}}{N} + \frac{\overline{X}\,\overline{Y} \sum_i \sum_j n_{ij}}{N} = \\ &= \frac{\sum_i \sum_j x_i y_j n_{ij}}{N} - \overline{X} \left(\frac{\sum_i \sum_j y_j n_{ij}}{N} \right) - \overline{Y} \left(\frac{\sum_i \sum_j x_i n_{ij}}{N} \right) + \overline{X}\,\overline{Y} \left(\frac{\sum_i \sum_j n_{ij}}{N} \right) = \\ &= \frac{\sum_i \sum_j x_i y_j n_{ij}}{N} - \overline{X}\,\overline{Y} - \overline{Y}\,\overline{X} + \overline{X}\,\overline{Y} = \frac{\sum_i \sum_j x_i y_j n_{ij}}{N} - \overline{X}\,\overline{Y} \end{aligned}$$

y en virtud de las definiciones de $\overline{X}$ e $\overline{Y}$, resulta:

$$S_{XY} = \frac{\sum_i \sum_j x_i y_j n_{ij}}{N} - \left(\frac{\sum_i \sum_j x_i n_{ij}}{N}\right)\left(\frac{\sum_i \sum_j y_j n_{ij}}{N}\right) \tag{6.2}$$

fórmula que expresa que la covarianza es igual a *la media de los productos menos el producto de las medias*.

6.4. Momentos bidimensionales

Los momentos de las distribuciones de dos variables se pueden definir por analogía con las distribuciones de una variable. Los de mayor interés son los descritos a continuación.

Momentos respecto al origen

Llamaremos momento de orden pq de una distribución bidimensional (X,Y), y lo representaremos por α_{pq}, a la media aritmética de los productos de las potencias de orden p de la variable X y de los de orden q de la variable Y, es decir,

$$\alpha_{pq} = \frac{\sum_i \sum_j x_i^p y_j^q n_{ij}}{N} \tag{6.3}$$

Para los valores iniciales de p y q se tiene:

$$\begin{aligned}
\alpha_{00} &= \frac{\sum_i \sum_j x_i^0 y_j^0 n_{ij}}{N} = \frac{\sum_i \sum_j n_{ij}}{N} = \frac{N}{N} = 1 \\
\alpha_{10} &= \frac{\sum_i \sum_j x_i^1 y_j^0 n_{ij}}{N} = \frac{\sum_i \sum_j x_i n_{ij}}{N} = \overline{X} \\
\alpha_{01} &= \frac{\sum_i \sum_j x_i^0 y_j^1 n_{ij}}{N} = \frac{\sum_i \sum_j y_j n_{ij}}{N} = \overline{Y} \\
\alpha_{11} &= \frac{\sum_i \sum_j x_i^1 y_j^1 n_{ij}}{N} = \frac{\sum_i \sum_j x_i y_j n_{ij}}{N} \\
\alpha_{20} &= \frac{\sum_i \sum_j x_i^2 y_j^0 n_{ij}}{N} = \frac{\sum_i \sum_j x_i^2 n_{ij}}{N} \\
\alpha_{02} &= \frac{\sum_i \sum_j x_i^0 y_j^2 n_{ij}}{N} = \frac{\sum_i \sum_j y_j^2 n_{ij}}{N}
\end{aligned}$$

Momento respecto a las medias

El momento de orden pq respecto a las medias, o momento central, en una distribución estadística bidimensional se define por

$$\mu_{pq} = \frac{\sum_i \sum_j (x_i - \overline{X})^p (y_j - \overline{Y})^q n_{ij}}{N} \tag{6.4}$$

De esta fórmula, y para los primeros números naturales, se obtienen:

$$\begin{aligned}
\mu_{00} &= \frac{\sum_i \sum_j (x_i - \overline{X})^0 (y_j - \overline{Y})^0 n_{ij}}{N} = \frac{\sum_i \sum_j n_{ij}}{N} = 1 \\
\mu_{10} &= \frac{\sum_i \sum_j (x_i - \overline{X})^1 (y_j - \overline{Y})^0 n_{ij}}{N} = \frac{\sum_i \sum_j (x_i - \overline{X}) n_{ij}}{N} = 0 \\
\mu_{01} &= \frac{\sum_i \sum_j (x_i - \overline{X})^0 (y_j - \overline{Y})^1 n_{ij}}{N} = \frac{\sum_i \sum_j (y_j - \overline{Y}) n_{ij}}{N} = 0 \\
\mu_{11} &= \frac{\sum_i \sum_j (x_i - \overline{X})^1 (y_j - \overline{Y})^1 n_{ij}}{N} = \frac{\sum_i \sum_j (x_i - \overline{X})(y_j - \overline{Y}) n_{ij}}{N} = S_{XY} \\
\mu_{20} &= \frac{\sum_i \sum_j (x_i - \overline{X})^2 (y_j - \overline{Y})^0 n_{ij}}{N} = \frac{\sum_i \sum_j (x_i - \overline{X})^2 n_{ij}}{N} = S_X^2 \\
\mu_{02} &= \frac{\sum_i \sum_j (x_i - \overline{X})^0 (y_j - \overline{Y})^2 n_{ij}}{N} = \frac{\sum_i \sum_j (y_j - \overline{Y})^2 n_{ij}}{N} = S_Y^2
\end{aligned}$$

Los momentos asociados a las distribuciones bidimensionales verifican ciertas relaciones, de las cuales resaltaremos como más importantes las siguientes:

$$S_{XY} = \mu_{11} = \alpha_{11} - \alpha_{10}\alpha_{01} \tag{6.5}$$

$$S_X^2 = \mu_{20} = \alpha_{20} - \alpha_{10}^2 \tag{6.6}$$

$$S_Y^2 = \mu_{02} = \alpha_{02} - \alpha_{01}^2 \tag{6.7}$$

EJEMPLO 6.2. Si nos proponemos expresar el momento μ_{22} en función de los momentos respecto del origen, se tiene que

$$\begin{aligned}
\mu_{22} &= \frac{\sum_i \sum_j (x_i - \overline{X})^2 (y_j - \overline{Y})^2 n_{ij}}{N} = \frac{1}{N} \sum_i \sum_j (x_i - \alpha_{10})^2 (y_j - \alpha_{01})^2 n_{ij} = \\
&= \frac{1}{N} \sum_i \sum_j (x_i^2 - 2\alpha_{10} x_i + \alpha_{10}^2)(y_j^2 - 2\alpha_{01} y_j + \alpha_{01}^2) n_{ij} = \\
&= \frac{1}{N} \sum_i \sum_j (x_i^2 y_j^2 - 2\alpha_{01} x_i^2 y_j + \alpha_{01}^2 x_i^2 - 2\alpha_{10} x_i y_j^2 + \\
&\qquad + 4\alpha_{10}\alpha_{01} x_i y_j - 2\alpha_{10}\alpha_{01}^2 x_i + \alpha_{10}^2 y_j^2 - 2\alpha_{10}^2 \alpha_{01} y_j + \alpha_{10}^2 \alpha_{01}^2) n_{ij} = \\
&= \frac{\sum_i \sum_j x_i^2 y_j^2 n_{ij}}{N} - 2\alpha_{01} \frac{\sum_i \sum_j x_i^2 y_j n_{ij}}{N} + \alpha_{01}^2 \frac{\sum_i \sum_j x_i^2 n_{ij}}{N} - 2\alpha_{10} \frac{\sum_i \sum_j x_i y_j^2 n_{ij}}{N} + \\
&\quad + 4\alpha_{10}\alpha_{01} \frac{\sum_i \sum_j x_i y_j n_{ij}}{N} - 2\alpha_{10}\alpha_{01}^2 \frac{\sum_i \sum_j x_i n_{ij}}{N} + \\
&\quad + \alpha_{10}^2 \frac{\sum_i \sum_j y_j^2 n_{ij}}{N} - 2\alpha_{10}^2 \alpha_{01} \frac{\sum_i \sum_j y_j n_{ij}}{N} + \alpha_{10}^2 \alpha_{01}^2 \frac{\sum_i \sum_j n_{ij}}{N} = \\
&= \alpha_{22} - 2\alpha_{01}\alpha_{21} + \alpha_{01}^2 \alpha_{20} - 2\alpha_{10}\alpha_{12} + 4\alpha_{10}\alpha_{01}\alpha_{11} - 2\alpha_{10}^2 \alpha_{01}^2 + \\
&\quad + \alpha_{10}^2 \alpha_{01}^2 - 2\alpha_{10}^2 \alpha_{01}^2 + \alpha_{10}^2 \alpha_{01}^2 = \\
&= \alpha_{22} - 2\alpha_{01}\alpha_{21} + \alpha_{01}^2 \alpha_{20} - 2\alpha_{10}\alpha_{12} + 4\alpha_{10}\alpha_{01}\alpha_{11} - 2\alpha_{10}^2 \alpha_{01}^2.
\end{aligned}$$

EN DETALLE

6.1 Las estaturas y pesos de los 50 niños nacidos en una maternidad durante una semana fueron los siguientes:

Estatura	*Peso*	*Estatura*	*Peso*	*Estatura*	*Peso*	*Estatura*	*Peso*
50	3,2	51	3,5	54	4,6	48	2,7
51	4,1	52	4,0	50	3,5	50	3,4
53	4,5	49	3,1	51	3,6	52	3,6
50	3,0	51	4,3	51	3,1	53	4,4
51	3,6	50	3,3	51	4,0	52	4,3
48	2,9	51	3,9	52	3,8	50	3,3
50	3,8	52	3,7	52	4,0	52	4,2
49	3,8	53	4,1	51	4,4	51	4,2
52	3,6	52	4,2	50	3,9	51	3,3
52	3,9	52	3,5	51	3,7	51	3,7
49	3,0	51	3,8	49	3,4	50	3,1
50	3,8	50	3,6	51	3,3	51	4,2
52	4,1	51	3,4				

Constrúyase una tabla de doble entrada, agrupando los pesos en intervalos de 0,5 kilogramos, y establézcase la distribución bidimensional con sus frecuencias conjuntas.

RESOLUCIÓN

Efectuando un recuento de datos se tiene:

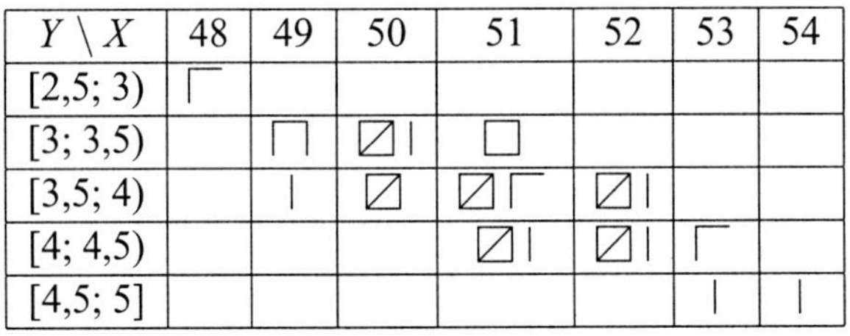

de donde se obtiene la siguiente tabla de doble entrada:

$Y \setminus X$	48	49	50	51	52	53	54
[2,5; 3)	2						
[3; 3,5)		3	6	4			
[3,5; 4)		1	5	7	6		
[4; 4,5)				6	6	2	
[4,5; 5]						1	1

La distribución bidimensional (X,Y) con las frecuencias conjuntas resulta de la tabla de doble entrada, sustituyendo para la variable Y los intervalos por sus marcas de clase, con lo que se obtiene:

x_i	y_j	n_{ij}
48	2,75	2
49	3,25	3
49	3,75	1
50	3,25	6
50	3,75	5
51	3,25	4
51	3,75	7
51	4,25	6
52	3,75	6
52	4,25	6
53	4,25	2
53	4,75	1
54	4,72	1
		50

6.2 Se ha realizado una encuesta a 80 hombres casados en la que se les ha preguntado por el número de hermanos (X) y el número de hijos (Y) que han tenido. Los resultados son los que aparecen a continuación:

X	Y	n_{ij}
0	1	4
1	1	3
1	3	4
2	0	2
2	2	9
2	3	3
3	1	6
3	2	12
3	3	5
3	4	2
4	0	2
4	1	7
4	2	15
4	4	1
5	2	5

Constrúyase una tabla de doble entrada y represéntese la distribución mediante un diagrama de dispersión.

RESOLUCIÓN

La tabla de entrada pedida es la siguiente:

$Y\backslash X$	0	1	2	3	4	5
0			2		2	
1	4	3		6	7	
2			9	12	15	5
3		4	3	5		
4				2	1	

y la nube de puntos correspondiente es

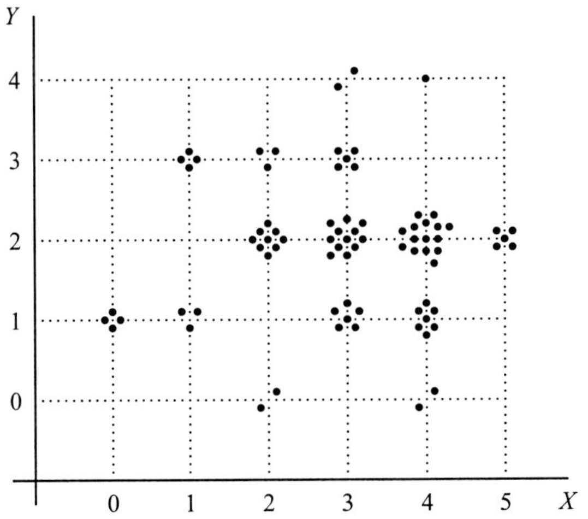

Figura 6.3. Diagrama de dispersión de la distribución

6.3 Para realizar un estudio sobre la utilización del autobús en una determinada línea urbana, se midieron en una misma parada los intervalos de tiempo, en minutos, transcurridos entre las sucesivas llegadas (X) y el número de viajeros que lo tomaban (Y), obteniéndose los siguientes resultados:

$Y \backslash X$	4	6	7	8	9	10	12	15
0-6	1			1	1		2	
6-10		2	1	2	4	3	2	1
10-14				1	3	1		
14-26					2	3	1	

Escríbase la distribución de frecuencias conjuntas y constrúyanse el diagrama de dispersión.

Resolución

De la tabla de doble entrada, y considerando las marcas de clase correspondientes a los intervalos de la variable Y, se obtiene la distribución

x_i	y_j	n_{ij}
4	3	1
6	8	2
7	8	1
8	3	1
8	8	2
8	12	1
9	3	1
9	8	4
9	12	3

x_i	y_j	n_{ij}
9	20	2
10	8	3
10	12	1
10	20	3
12	3	2
12	8	2
12	20	1
15	8	1

y la siguiente nube de puntos

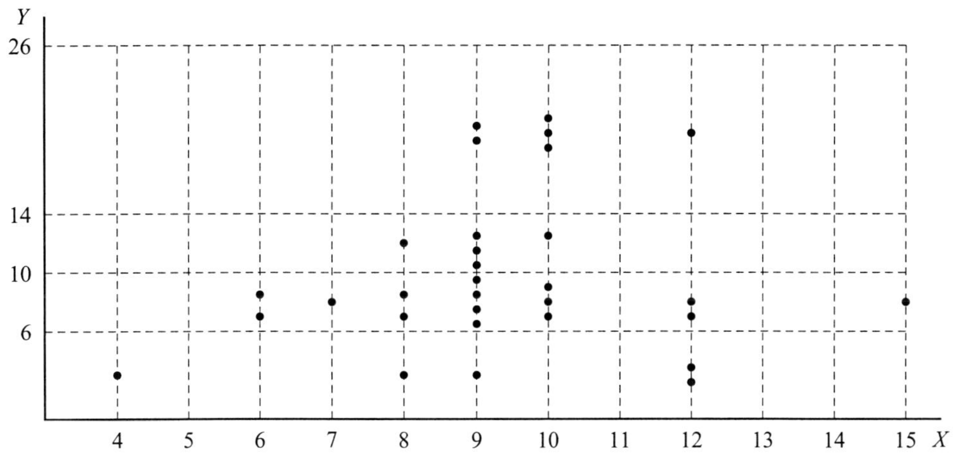

Figura 6.4. Diagrama de dispersión

6.4 Dada la distribución de datos

x_i	y_j	n_{ij}
2	2	1
3	3	4
5	5	6
7	7	3
8	8	2

Calcúlese la covarianza de la distribución bidimensional y la varianza de la variable X.

RESOLUCIÓN

A partir de la tabla

x_i	y_j	n_{ij}	$x_i y_j n_{ij}$	$x_i n_{ij}$	$y_j n_{ij}$	$x_i^2 n_{ij}$
2	2	1	4	2	2	4
3	3	4	36	12	12	36
5	5	6	150	30	30	150
7	7	3	147	21	21	147
8	8	2	128	16	16	128
		16	465	81	81	465

y, utilizando la fórmula (6.2),

$$S_{XY} = \frac{465}{16} - \frac{81}{16} \cdot \frac{81}{16} = 3{,}43$$

y con la fórmula (4.5) se obtiene:

$$S_X^2 = \frac{465}{16} - \left(\frac{81}{16}\right)^2 = 3{,}43$$

con lo que ha resultado ser $S_{XY} = S_X^2$, como era de esperar, dado que las variables X e Y son coincidentes.

6.5 Con el fin de hacer un estudio de aceptación sobre dos modelos de automóviles de reciente fabricación, se han considerado las ventas efectuadas por un concesionario durante los días no festivos del mes de septiembre último, que han sido las siguientes:

Ventas mod. A	*Ventas mod. B*	*Nº de días*
0	2	1
1	3	1
2	1	3
2	2	5
3	1	8
3	2	4
4	0	1
4	1	2

Obténganse las distribuciones marginales correspondientes, dando sus medias y varianzas respectivas. Hállese la covarianza de la distribución bidimensional dada.

RESOLUCIÓN

Representando por X e Y las ventas respectivas de los modelos A y B, se construye la siguiente tabla de doble entrada, con frecuencias totales:

$Y \backslash X$	0	1	2	3	4	
0					1	1
1			3	8	2	13
2	1		5	4		10
3		1				1
	1	1	8	12	3	25

de donde resulta

Distribución marginal de X	
x_i	n_i
0	1
1	1
2	8
3	12
4	3

Distribución marginal de Y	
y_j	n_j
0	1
1	13
2	10
3	1

Para la variable X se tiene:

x_i	n_i	$x_i n_i$	$x_i^2 n_i$
0	1	0	0
1	1	1	1
2	8	16	32
3	12	36	108
4	3	12	48
	25	65	289

$$\overline{X} = \frac{65}{25} = 2{,}6$$

$$S_X^2 = \frac{289}{25} - \left(\frac{65}{25}\right)^2 = 4{,}8$$

y para la variable Y se tiene:

y_j	n_j	$y_j n_j$	$y_j^2 n_j$
0	1	0	0
1	13	13	13
2	10	20	40
3	1	3	9
	25	36	62

$$\overline{Y} = \frac{36}{25} = 1{,}44$$

$$S_Y^2 = \frac{62}{25} - \left(\frac{36}{25}\right)^2 = 0{,}41$$

Para obtener la covarianza se construye la tabla

x_i	y_j	n_{ij}	$x_i y_j n_{ij}$	$x_i n_i$	$y_j n_j$
0	2	1	0	0	2
1	3	1	3	1	3
2	1	3	6	6	3
2	2	5	20	10	10
3	1	8	24	24	8
3	2	4	24	12	8
4	0	1	0	4	0
4	1	2	8	8	2
		25	85	65	36

obteniéndose

$$S_{XY} = \frac{85}{25} - \frac{65}{25} \cdot \frac{36}{25} = -0 - 34.$$

6.6 Comparadas las edades de cien madres con la de su primer hijo, se obtuvo la siguiente distribución bidimensional:

	Edad de la madre				
Edad del hijo	20-30	30-40	40-50	50-60	60-70
0-10	11	3			
10-15		18	1		
15-20		15	6		
20-25			12		
25-30			10	6	
30-40				9	3
40-50					6

Hállense la covarianza de la distribución y las varianzas correspondientes.

Resolución

Considerando la distribución de frecuencias conjuntas, podemos establecer la siguiente tabla, donde la variable X representa la edad de la madre e Y la de su primer hijo:

x_i	y_j	n_{ij}	$x_i n_{ij}$	$y_j n_{ij}$	$x_i^2 n_{ij}$	$y_j^2 n_{ij}$	$x_i y_j n_{ij}$
25	5	11	275	55	6 875	275	1 375
35	5	3	105	15	3 675	75	525
35	12,5	18	630	225	22 050	281,25	7 875
35	17,5	15	525	262,5	18 375	4 593,75	9 187,5
45	12,5	1	45	12,5	2 025	156,25	562,5
45	17,5	6	270	105	12 150	1 837,5	4 725
45	22,5	12	540	270	24 300	6 075	12 150
45	27,5	10	450	275	20 250	7 562,5	12 375
55	27,5	6	330	165	18 150	4 537,5	9 075
55	35	9	495	315	27 225	11 025	17 325
65	35	3	195	105	12 675	3 675	6 825
65	45	6	390	270	25 350	12 150	17 550
		100	4 250	2 075	193 100	52 243,75	99 550

de donde

$$\begin{aligned} S_{XY} &= \frac{99\,550}{100} - \frac{4\,250}{100} \cdot \frac{2\,075}{100} = 113{,}625 \\ S_X^2 &= \frac{193\,100}{100} - \left(\frac{4\,250}{100}\right)^2 = 124{,}75 \\ S_Y^2 &= \frac{52\,243{,}75}{100} - \left(\frac{2\,075}{100}\right)^2 = 91{,}875 \end{aligned}$$

6.7 Compruébese la relación entre momentos

$$\mu_{11} = \alpha_{11} - \alpha_{10}\alpha_{01}$$

con los datos de la distribución

x_i	y_j	n_{ij}
1	12	1
3	10	5
4	10	17
4	12	5
6	15	4

RESOLUCIÓN

Construimos la tabla

x_i	y_j	n_{ij}	$x_i n_{ij}$	$y_j n_{ij}$	$x_i y_j n_{ij}$	$x_i - \overline{X}$	$y_j - \overline{Y}$	$(x_i - \overline{X})(y_j - \overline{Y})n_{ij}$
1	12	1	1	12	12	−3	1	−3
3	10	5	15	50	150	−1	−1	5
4	10	17	68	170	680	0	−1	0
4	12	5	20	60	240	0	1	0
6	15	4	24	60	360	2	4	32
		32	128	352	1 442			34

de donde

$$\overline{X} = \frac{128}{32} = 4, \qquad \overline{Y} = \frac{352}{32} = 11,$$

y, como

$$\begin{aligned}
\mu_{11} &= S_{XY} = \frac{\sum(x_i - \overline{X})(y_j - \overline{Y})n_{ij}}{N} = \frac{34}{32} = 1{,}0625 \\
\alpha_{11} &= \frac{\sum x_i y_j n_{ij}}{N} = \frac{1\,442}{32} = 45{,}0625 \\
\alpha_{10} &= \overline{X} = 4 \\
\alpha_{01} &= \overline{Y} = 11
\end{aligned}$$

se comprueba que

$$\mu_{11} = 1{,}0625 = \alpha_{11} - \alpha_{10}\alpha_{01}.$$

PROPUESTOS

6.1 La tabla que se da a continuación describe las calificaciones obtenidas en la prueba teórica (X) y en las prácticas de laboratorio (Y) por los alumnos de la asignatura de Química de una escuela de ingenieros.

x_i	y_j	x_i	y_j	x_i	y_j	x_i	y_j	x_i	y_j
3	4	5	6	6	7	7	7	9	8
4	4	5	6	6	7	7	8	9	8
4	4	5	6	7	6	7	8	9	8
4	4	5	7	7	7	8	7	9	9
4	5	6	6	7	7	8	7	9	9
4	5	6	6	7	7	8	7	10	9
5	5	6	7	7	7	8	8		
5	5	6	7	7	7	9	7		

Obténganse la correspondiente tabla de doble entrada y la distribución de frecuencias conjuntas.

6.2 Realizados dos tests, uno de valoración de la destreza operativa y otro de la intuición espacial, a 100 estudiantes de arquitectura, se obtuvieron los siguientes resultados:

Destreza	*Intuición*	*Estudiantes*
0-20	0-15	16
0-20	15-30	5
20-40	0-15	3
20-40	15-30	23
20-40	30-45	15
40-60	15-30	18
60-80	15-30	20

Se pide construir la tabla de doble entrada correspondiente a esta distribución.

P 6.3 Se ha calculado la estatura media de cincuenta matrimonios y la de sus hijos, obteniéndose los resultados que aparecen en la siguiente tabla:

	150-160	160-165	165-170	170-175	175-180	180-190
150-160	1					
160-165	2	2				
165-170	3	4	5	2		
170-175		3	6	2		
175-180		1	5	4	3	
180-190			4	1	1	1

Obténgase la distribución de frecuencias conjuntas y represéntese gráficamente la distribución mediante un diagrama.

P 6.4 Dada la distribución estadística bidimensional, de variables X e Y, definida mediante la tabla siguiente:

x_i	y_j	n_{ij}
101	80	5
103	80	7
103	85	11
107	87	9
110	90	4

se considera, a partir de ella, otra (X', Y') obtenida restando 100 a cada valor x_i y sumando 20 a cada valor y_j, conservándose las frecuencias conjuntas. Calcúlese la covarianza de cada una de las distribuciones.

P 6.5 Hecho un análisis comparativo sobre el promedio de horas diarias dedicadas al estudio por ochenta alumnos universitarios y el número de suspensos obtenidos a fin de curso, se obtuvieron los siguientes datos:

Horas de estudio	*Número de suspensos*	*Número de estudiantes*
1	4	6
2	2	2
2	3	6
3	2	16
3	3	7
4	1	13
4	2	3
5	0	8
5	1	7
6	0	12

Establézcanse las distribuciones marginales, calculando sus medias aritméticas y desviaciones típicas. Hállese la covarianza de la distribución.

6.6 Una empresa de bienes de equipo tiene a sus operarios distribuidos, por edad y antigüedad en el puesto de trabajo, de la siguiente forma:

	Edad			
Antigüedad	18-30	30-40	40-50	50-64
1	2			
2	3			
5		1		
6	8	5		
7		16	6	
8	3		13	
10		2		
12			5	
14			4	6
15				8
18				2

Encuéntrense la varianza de cada una de las distribuciones marginales y la covarianza de la distribución bidimensional dada.

6.7 Para la distribución bidimensional que se da a continuación, calcúlense μ_{21} y μ_{12}.

x_i	y_j	n_{ij}
9	3	11
9	5	3
10	5	8
14	8	8
15	8	14

Capítulo 7

Regresión lineal y parabólica

7.1. Dependencia funcional y dependencia estadística

La forma más frecuente de representar una distribución estadística bidimensional consiste en construir su diagrama de dispersión, o nube de puntos.

Existen distribuciones estadísticas para las que la nube de puntos se dispone de tal forma que existe una función matemática cuyos puntos son una parte de su representación gráfica. Otras distribuciones, sin coincidir exactamente sus puntos con los de una gráfica funcional, se aproximan a ella con mayor o menor intensidad. Por último, son muchas las distribuciones estadísticas bidimensionales cuya nube de puntos presenta un aspecto tal que no existe concentración de puntos hacia ninguna gráfica matemática, distribuyéndose de un modo aproximadamente uniforme por una región determinada del plano.

En el primer caso se dice que existe una *dependencia funcional* o*exacta* entre las variables, es decir, existe una función matemática $Y = f(X)$ tal que, si (x_i, y_i) es un punto de la nube, se tiene que $f(x_i) = y_i$.

En el último de los casos, ni existe una fórmula matemática que describa la situación, ni la nube de puntos sugiere siquiera alguna función que lo haga; se dice, en este caso, que las variables X e Y son *independientes* o que están *incorreladas*.

Aparte de las dos situaciones anteriores, existen muchas otras para las que es posible encontrar una función matemática de forma que la nube de puntos sea próxima, en mayor o menor grado, a la gráfica de esta función. En estos casos se dice que estamos ante un problema de *dependencia estadística* o *aproximada*, ya que para cada valor de la variable X pueden existir en la nube varios, uno o ningún valor de la variable Y.

Las tres situaciones descritas se ponen de manifiesto de una manera intuitiva con la Figura 7.1

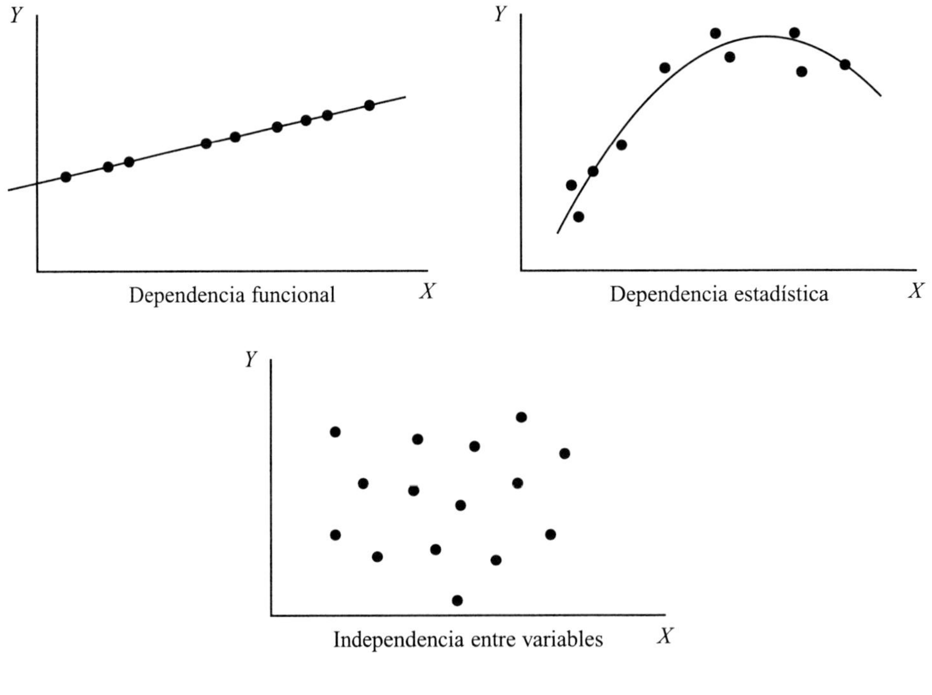

Figura 7.1. Tipos de relación entre variables

7.2. Análisis de la regresión o ajuste

La Estadística descriptiva como ciencia empírica estudia situaciones reales. Ante estos fenómenos, el hombre siempre ha tratado de describir las leyes subyacentes a cada situación, que explican dicho fenómeno, siendo a su vez utilizadas para predecir otras situaciones. Los modelos matemáticos describen muchas de las situaciones reales haciéndolo de una forma universal, permitiendo visualizar aspectos no presentes.

Cuando se tiene la nube de puntos de una distribución, estamos ante un modelo empírico y tratamos de encontrar una función matemática que lo describa y lo explique de la forma más adecuada a nuestro fin. Por otra parte, las funciones presentan una operatividad cómoda.

Ajustar una línea a una nube de puntos consiste en encontrar una función cuya gráfica se adapte de forma adecuada a la nube. Esta forma adecuada dependerá de la distribución de que se trate y del grado de aproximación que se desee conseguir.

Existen distintos tipos de ajuste: el llamado *ajuste lineal*, que emplea una recta, y es el de utilización más frecuente por su comodidad; el *ajuste parabólico*, cuya línea es una parábola, que, si es de segundo grado, se llama *ajuste cuadrático*. Otros tipos de ajuste, de empleo más infrecuente y utilización específica, son el exponencial, el logarítmico y el hiperbólico.

Observada la nube y elegido el tipo de línea a ajustar (recta, parábola, etc.), hemos de encontrar la línea concreta, la cual debe promediar, para cada abscisa, las ordenadas correspondientes de los puntos de la nube.

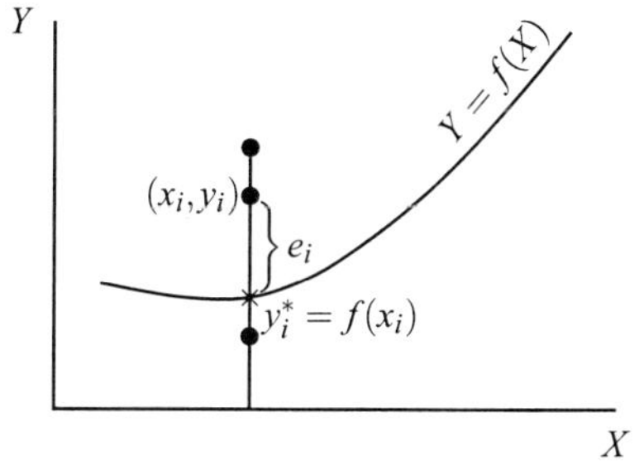

Figura 7.2. El problema del ajuste

Si la función que define la línea de ajuste es $Y = f(X)$, para cada valor x_i tendremos $y_i^* = f(x_i)$, y cada punto de la nube (x_i, y_i) definirá un error $y_i - y_i^* = e_i$. Estos errores o residuos serán positivos o negativos según que el punto correspondiente esté por encima o por debajo de la línea de ajuste; con el fin de que los signos no influyan en la suma de todos los errores, la línea se busca con la condición de que sea mínima la suma de los cuadrados de los errores, es decir,

$$\sum (y_i - y_i^*)^2 = \text{mínima.}$$

Éste es el criterio más utilizado y recibe el nombre de *método de los mínimos cuadrados*.

7.3. Regresión lineal

Recta de regresión de Y sobre X

Si, dada una distribución estadística bidimensional, se quiere ajustar una recta de la forma

$$y = a + bx$$

a la nube de puntos por el método de los mínimos cuadrados, hemos de elegir los parámetros a y b de modo que sea mínima la suma siguiente:

$$\sum(y_i - y_i^*)^2$$

extendida a todos los puntos de la distribución.

Los valores a y b buscados son los que resultan de resolver el sistema llamado *sistema de ecuaciones normales*,

$$\left\{\begin{array}{rcl} \sum_{i=1}^{N} y_i & = & aN + b\sum_{i=1}^{N} x_i \\ \sum_{i=1}^{N} x_i y_i & = & a\sum_{i=1}^{N} x_i + b\sum_{i=1}^{N} x_i^2 \end{array}\right. \tag{7.1}$$

obteniéndose

$$b = \frac{\frac{\sum x_i y_i}{N} - \frac{\sum x_i}{N} \cdot \frac{\sum y_i}{N}}{\frac{\sum x_i^2}{N} - \left(\frac{\sum x_i}{N}\right)^2} = \frac{S_{XY}}{S_X^2} \tag{7.2}$$

y

$$a = \frac{\sum y_i}{N} - b\frac{\sum x_i}{N} = \overline{Y} - b\overline{X} \tag{7.3}$$

Si los valores hallados de a y b se sustituyen en la ecuación $y = a + bx$, resulta que

$$y = \overline{Y} - b\overline{X} + bx,$$

de donde

$$y - \overline{Y} = b(x - \overline{X}), \tag{7.4}$$

es decir,

$$y - \overline{Y} = \frac{S_{XY}}{S_X^2}(x - \overline{X}). \tag{7.5}$$

La ecuación anterior nos indica que la recta hallada pasa por el punto $(\overline{X}, \overline{Y})$, llamado *centro de gravedad de la distribución bidimensional*, y tiene por pendiente $\frac{S_{XY}}{S_X^2}$. Esta recta se llama *recta de regresión de Y sobre X*, y su pendiente, b, se denomina *coeficiente de regresión*.

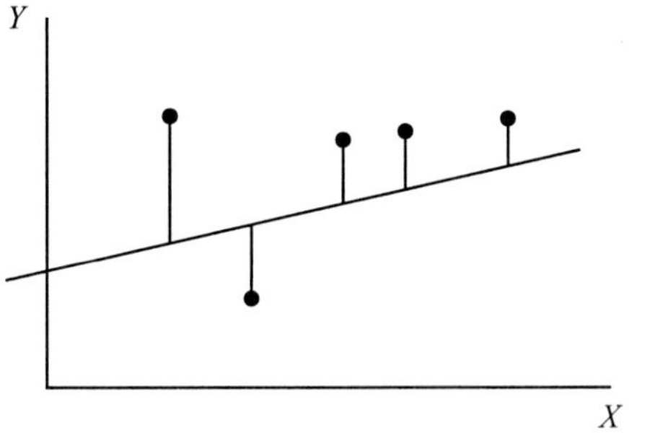

Figura 7.3. Significado de la recta de regresión de Y sobre X

La forma de llegar a las ecuaciones normales es la que se expone a continuación.

Siendo $y = a + bx$ la recta de regresión, la condición de que sea mínima la suma $\sum(y_i - y_i^*)^2$ equivale a que lo sea la expresión

$$\sum(y_i - a - bx_i)^2$$

en la que a y b son las indeterminadas.

De las condiciones de extremo relativo para funciones de dos variables se tiene:

$$\begin{cases} \dfrac{\partial}{\partial a}\left(\sum_{i=1}^{N}(y_i-a-bx_i)^2\right) &= -2\sum_{i=1}^{N}(y_i-a-bx_i)=0 \\ \dfrac{\partial}{\partial b}\left(\sum_{i=1}^{N}(y_i-a-bx_i)^2\right) &= -2\sum_{i=1}^{N}(y_i-a-bx_i)x_i=0 \end{cases}$$

de donde se sigue que

$$\begin{cases} \sum_{i=1}^{N} y_i - \sum_{i=1}^{N} a - b\sum_{i=1}^{N} x_i &= 0 \\ \sum_{i=1}^{N} x_iy_i - a\sum_{i=1}^{N} x_i - b\sum_{i=1}^{N} x_i^2 &= 0 \end{cases}$$

y, por tanto, se tiene:

$$\begin{cases} \sum_{i=1}^{N} y_i &= aN + b\sum_{i=1}^{N} x_i \\ \sum_{i=1}^{N} x_iy_i &= a\sum_{i=1}^{N} x_i + b\sum_{i=1}^{N} x_i^2 \end{cases}$$

que son las ecuaciones (7.1).

Recta de regresión de X sobre Y

Cuando se tiene una distribución estadística bidimensional y se trata de ajustar una recta de ecuación

$$x = a' + b'y$$

a la nube de puntos, de modo que para todos los puntos de la distribución sea mínima la suma $\sum(x_i - x_i^*)^2$, los valores de a' y b' que determinan la recta buscada resultan del sistema de ecuaciones normales.

$$\begin{cases} \sum_{i=1}^{N} x_i &= a'N + b'\sum_{i=1}^{N} y_i \\ \sum_{i=1}^{N} x_iy_i &= a'\sum_{i=1}^{N} y_i + b'\sum_{i=1}^{N} y_i^2 \end{cases} \tag{7.6}$$

cuyas soluciones son

$$b' = \frac{S_{XY}}{S_Y^2} \tag{7.7}$$

y

$$a' = \overline{X} - b'\overline{Y}. \tag{7.8}$$

Por sustitución de a y b en la ecuación inicial resulta

$$x - \overline{X} = \frac{S_{XY}}{S_Y^2}(y - \overline{Y}) \tag{7.9}$$

llamada recta de regresión de X sobre Y, cuya pendiente, b', se llama *coeficiente de regresión* de X sobre Y.

Las ecuaciones normales en este caso se deducen de forma análoga a las ecuaciones normales de la recta de regresión de Y sobre X, cambiando los papeles de X e Y.

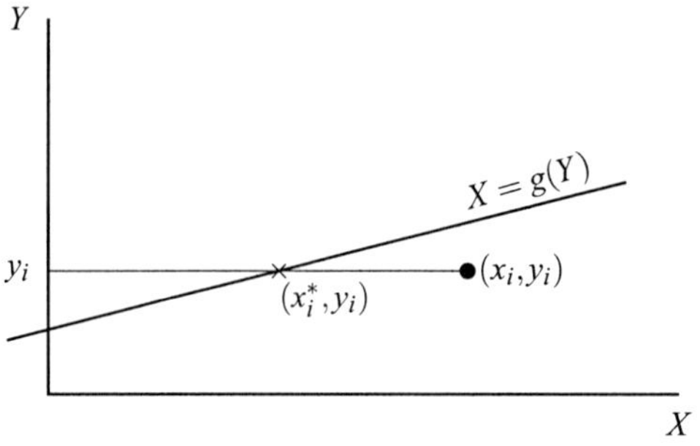

Figura 7.4. Significado de la recta de regresión de X sobre Y

7.4. Regresión cuadrática

Para ajustar una parábola de la forma

$$y = a + bx + cx^2$$

a la nube de puntos de una distribución bidimensional por el método de los mínimos cuadrados es preciso determinar los parámetros a, b y c que hagan mínima la suma

$$\sum (y_i - y_i^*)^2.$$

Los valores de los parámetros a, b y c son la solución del sistema

$$\left\{ \begin{array}{rcl} \sum_{i=1}^{N} y_i & = & aN + b\sum_{i=1}^{N} x_i + c\sum_{i=1}^{N} x_i^2 \\ \sum_{i=1}^{N} x_i y_i & = & a\sum_{i=1}^{N} x_i + b\sum_{i=1}^{N} x_i^2 + c\sum_{i=1}^{N} x_i^3 \\ \sum_{i=1}^{N} x_i^2 y_i & = & a\sum_{i=1}^{N} x_i^2 + b\sum_{i=1}^{N} x_i^3 + c\sum_{i=1}^{N} x_i^4 \end{array} \right. \quad (7.10)$$

llamado sistema de *ecuaciones normales*.

Estas ecuaciones se deducen como se indica a continuación.

Si la ecuación de la parábola de regresión es $y = a + bx + cx^2$, la condición de que la suma

$$\sum (y_i - y_i^*)^2$$

sea mínima significa que lo es la expresión

$$\sum (y_i - a - bx_i - cx_i^2)^2$$

donde a, b y c son los parámetros a determinar.

Imponiendo las condiciones necesarias de extremo relativo para funciones de tres variables se tiene:

$$\left\{ \begin{array}{rcl} \frac{\partial}{\partial a}\left[\sum_{i=1}^{N} (y_i - a - bx_i - cx_i^2)^2\right] & = & -2\sum_{i=1}^{N} (y_i - a - bx_i - cx_i^2) = 0 \\ \frac{\partial}{\partial b}\left[\sum_{i=1}^{N} (y_i - a - bx_i - cx_i^2)^2\right] & = & -2\sum_{i=1}^{N} (y_i - a - bx_i - cx_i^2)x_i = 0 \\ \frac{\partial}{\partial c}\left[\sum_{i=1}^{N} (y_i - a - bx_i - cx_i^2)^2\right] & = & -2\sum_{i=1}^{N} (y_i - a - bx_i - cx_i^2)x_i^2 = 0 \end{array} \right.$$

de donde

$$\left\{\begin{array}{rcl} \sum\limits_{i=1}^{N} y_i - \sum\limits_{i=1}^{N} a - b\sum\limits_{i=1}^{N} x_i - c\sum\limits_{i=1}^{N} x_i^2 & = & 0 \\ \sum\limits_{i=1}^{N} x_i y_i - a\sum\limits_{i=1}^{N} x_i - b\sum\limits_{i=1}^{N} x_i^2 - c\sum\limits_{i=1}^{N} x_i^3 & = & 0 \\ \sum\limits_{i=1}^{N} x_i^2 y_i - a\sum\limits_{i=1}^{N} x_i^2 - b\sum\limits_{i=1}^{N} x_i^3 - c\sum\limits_{i=1}^{N} x_i^4 & = & 0 \end{array}\right.$$

y, por tanto, resulta

$$\left\{\begin{array}{rcl} \sum\limits_{i=1}^{N} y_i & = & aN + b\sum\limits_{i=1}^{N} x_i + c\sum\limits_{i=1}^{N} x_i^2 \\ \sum\limits_{i=1}^{N} x_i y_i & = & a\sum\limits_{i=1}^{N} x_i + b\sum\limits_{i=1}^{N} x_i^2 + c\sum\limits_{i=1}^{N} x_i^3 \\ \sum\limits_{i=1}^{N} x_i^2 y_i & = & a\sum\limits_{i=1}^{N} x_i^2 + b\sum\limits_{i=1}^{N} x_i^3 + c\sum\limits_{i=1}^{N} x_i^4 \end{array}\right.$$

que son las ecuaciones (7.10).

EN DETALLE

7.1 Represéntese gráficamente la siguiente distribución y decídase el tipo de ajuste más conveniente:

X	Y
1	0,2
2	0,6
2,5	1
3,5	2,5
4	5

RESOLUCIÓN

Una vez realizado el diagrama de dispersión, o nube de puntos, siguiente:

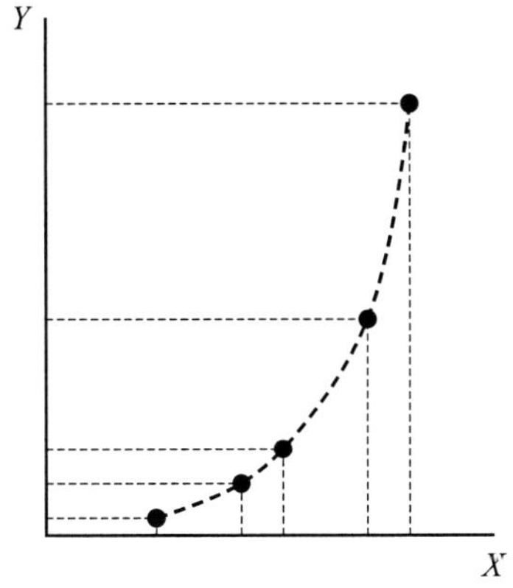

Figura 7.5. Nube de puntos del problema 7.1

se observa que la línea que mejor promedia la distribución es una parábola.

7.2 Dada la distribución estadística

X	Y
3	8
3	9
4	10
4	11
5	11

obténgase la recta de regresión de Y sobre X.

RESOLUCIÓN

Establecemos la tabla siguiente:

x_i	y_i	x_i^2	$x_i y_i$
3	8	9	24
3	9	9	27
4	10	16	40
4	11	16	44
5	11	25	55
19	49	75	190

de donde resultan las ecuaciones normales

$$\begin{cases} 49 = 5a + 19b \\ 1906 = 19a + 75b \end{cases}$$

y resolviendo el sistema se obtiene:

$$a = 4{,}64 \qquad b = 1{,}36$$

con lo cual la recta de regresión de Y sobre X tiene por ecuación

$$y = 4{,}64 + 1{,}36x$$

7.3 Consultado el fichero de un departamento de pediatría, se obtuvieron los siguientes datos respecto a los pesos y edades de los niños atendidos:

Peso	*Edad (en años)*				
(en kg)	0	1	2	3	4
0-5	2				
5-10	4	2			
10-15		8	9	7	
15-20		1	2	8	14
20-25					1

Obténgase la recta de regresión de Y (pesos) sobre X (edades). Con la recta obtenida, decídase cuál es el peso que debe esperarse para un niño de 5 años.

RESOLUCIÓN

Se construye la tabla correspondiente considerando las marcas de clase de la variable peso y las frecuencias conjuntas:

x_i	y_j	n_{ij}	$x_i n_{ij}$	$x_i y_j n_{ij}$	$x_i^2 n_{ij}$	$y_j n_{ij}$
0	2,5	2	0	0	0	5
0	7,5	4	0	0	0	30
1	7,5	2	2	15	2	15
1	12,5	8	8	100	8	100
1	17,5	1	1	17,5	1	17,5
2	12,5	9	18	225	36	112,5
2	17,5	2	4	70	8	35
3	12,5	7	21	262,5	63	87,5
3	17,5	8	24	420	72	140
4	17,5	14	56	980	224	245
4	22,5	1	4	90	16	22,5
		58	138	2 180	430	810

de donde resultan las ecuaciones normales

$$\begin{cases} 810 = 58a + 138b \\ 2\,180 = 138a + 430b \end{cases}$$

y resolviendo el sistema resultan $a = 8{,}05$ y $b = 2{,}49$.

Por tanto, la recta de regresión pedida es

$$y = 8{,}05 + 2{,}49x$$

Calculando y para el valor $x = 5$ años, se obtiene:

$$y^*(5) = 20{,}5 \text{ kg.}$$

7.4 Para la distribución estadística bidimensional

x_i	y_i	n_{ij}
1	2	3
2	2	4
3	4	5
4	4	6
5	6	5

determínense la covarianza y la recta de regresión de Y sobre X.

RESOLUCIÓN

De la tabla

x_i	y_j	n_{ij}	$x_i n_{ij}$	$y_j n_{ij}$	$x_i^2 n_{ij}$	$x_i y_j n_{ij}$
1	2	3	3	6	3	6
2	2	4	8	8	16	16
3	4	5	15	20	45	60
4	4	6	24	24	96	96
5	6	5	25	30	125	150
		23	75	88	285	328

se obtiene

$$S_{XY} = \frac{328}{23} - \frac{75}{23} \cdot \frac{88}{23} = 1{,}78$$
$$S_X^2 = \frac{285}{23} - \left(\frac{75}{23}\right)^2 = 1{,}76$$

de donde

$$b = \frac{S_{XY}}{S_{XY}^2} = \frac{1{,}78}{1{,}76} = 1{,}01$$

y al ser

$$\overline{X} = \frac{75}{23} = 3{,}26 \qquad \text{e} \qquad \overline{Y} = \frac{88}{23} = 3{,}83$$

se tiene:

$$y - 3{,}83 = 1{,}01(x - 3{,}26),$$

de donde

$$y = 0{,}54 + 1{,}01x$$

7.5 La tabla que se da a continuación representa los ingresos totales y los gastos fijos por mes, en miles de euros, de un grupo de 40 empresas:

$Y \backslash X$	50-100	100-140	140-180	180-220	220-270
6-12	2				
12-18	1	3	5		
18-24			8	10	
24-30				6	2
30-50					3

Calcúlese la recta de regresión de los gastos fijos (Y) sobre los ingresos (X) y estímense, con la recta hallada, los gastos fijos de una empresa cuyos ingresos son de 171 000 euros mensuales.

Resolución

Considerando las marcas de clase de los intervalos correspondientes a cada variable, y tomando como valores centrales $O_x = 160$ y $O_y = 21$, se construye la tabla

x_i	y_j	n_{ij}	$x_i - O_x$	$y_j - O_y$	$(x_i - O_x)n_{ij}$	$(y_j - O_y)n_{ij}$	$(x_i - O_x)(y_j - O_y)n_{ij}$	$(x_i - O_x)^2 n_{ij}$
75	9	2	−85	−12	−170	−24	2 040	14 450
75	15	1	−85	−6	−85	−6	510	7 225
120	15	3	−40	−6	−120	−18	720	4 800
160	15	5	0	−6	0	−30	0	0
160	21	8	0	0	0	0	0	0
200	21	10	40	0	400	0	0	16 000
200	27	6	40	6	240	36	1 440	9 600
245	27	2	85	6	170	12	1 020	14 450
245	40	3	85	19	255	57	4 845	21 675
		40			690	27	10 575	88 200

y como

$$S_{XY} = \frac{\sum(x_i - O_x)(y_j - O_y)n_{ij}}{N} - \frac{\sum(x_i - O_x)n_{ij}}{N} \cdot \frac{\sum(y_j - O_y)n_{ij}}{N}$$
$$S_X^2 = \frac{\sum(x_i - O_x)^2 n_{ij}}{N} - \left(\frac{\sum(x_i - O_x)n_{ij}}{N}\right)^2$$

se tiene:

$$S_{XY} = \frac{10\,575}{40} - \frac{690}{40} \cdot \frac{27}{40} = 252{,}73$$

$$S_X^2 = \frac{88\,200}{40} - \left(\frac{690}{40}\right)^2 = 1\,907{,}44$$

de donde resulta

$$b = \frac{252{,}73}{1\,907{,}44} = 0{,}13.$$

Los valores de $\overline{X}$ e $\overline{Y}$ se obtienen mediante la fórmula (3.7), siendo

$$\overline{X} = 160 + \frac{690}{40} = 177{,}25$$

$$\overline{Y} = 21 + \frac{27}{40} = 21{,}68.$$

La recta de regresión pedida es

$$y - 21{,}68 = 0{,}13(x - 177{,}25)$$

cuya forma explícita es

$$y = -1{,}36 + 0{,}13x$$

Para efectuar la estimación pedida, haciendo $x = 171$ (en miles) se obtiene:

$$y^* = -1{,}36 + 0{,}13 \cdot 171 = 20{,}87$$

es decir, unos gastos fijos estimados de 20 870 euros.

7.6 Hállense y represéntense las rectas de regresión mínimo-cuadrática correspondientes a la distribución estadística

x_i	y_j	n_{ij}
1	5	2
2	6	6
3	6	7
3	7	6
4	7	7
4	8	4
5	8	5
6	9	3

RESOLUCIÓN

A partir de la tabla

x_i	y_j	n_{ij}	x_in_{ij}	y_jn_{ij}	$x_iy_jn_{ij}$	$x_i^2n_{ij}$	$y_j^2n_{ij}$
1	5	2	2	10	10	2	50
2	6	6	12	36	72	24	216
3	6	7	21	42	126	63	252
3	7	6	18	42	126	54	294
4	7	7	28	49	196	112	343
4	8	4	16	32	128	64	256
5	8	5	25	40	200	125	320
6	9	3	18	27	162	108	243
		40	140	278	1 020	552	1 974

se obtiene:

$$\begin{array}{rclrcl} \overline{X} & = & 3{,}5 & \overline{Y} & = & 6{,}95 \\ S_X^2 & = & 1{,}55 & S_Y^2 & = & 1{,}05 \\ S_{XY} & = & 1{,}18 & & & \end{array}$$

y, por tanto,

$$b = \frac{1{,}18}{1{,}55} = 0{,}76$$

y

$$b' = \frac{1{,}18}{1{,}05} = 1{,}12$$

De este modo la recta de regresión de Y sobre X es

$$y - 6{,}95 = 0{,}76(x - 3{,}5)$$

y la de X sobre Y es

$$x - 3{,}5 = 1{,}12(y - 6{,}95).$$

En la forma explícita resultan ser

$$y = 4{,}29 + 0{,}76x$$

y

$$\left\{ \begin{array}{rcl} x & = & -4{,}28 + 1{,}12y \\ & & \text{ó} \\ y & = & 3{,}82 + 0{,}89x \end{array} \right.$$

cuya representación gráfica es

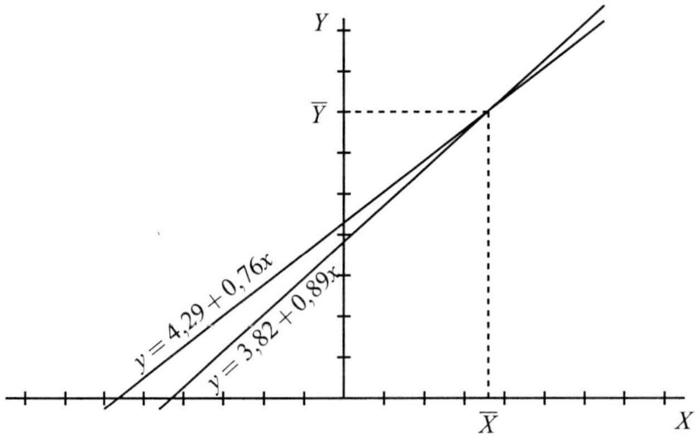

Figura 7.6. Rectas de regresión del problema 7.6

La proximidad de ambas rectas indica que el modelo lineal describe de una manera muy aceptable el fenómeno expresado por datos.

7.7 Para la distribución bidimensional definida por

x_i	y_j
1	13
1	15
2	18
3	19
4	21
5	16
5	20
6	14

hállese la parábola de regresión de su nube de puntos.

RESOLUCIÓN

A partir de la tabla

x_i	y_j	$x_i y_j$	$x_i^2 y_i$	x_i^2	x_i^3	x_i^4
1	13	13	13	1	1	1
1	15	15	15	1	1	1
2	18	36	72	4	8	16
3	19	57	171	9	27	81
4	21	84	336	16	64	256
5	16	80	400	25	125	625
5	20	100	500	25	125	625
6	14	84	504	36	216	1 296
27	136	469	2 011	117	567	2 901

se obtiene el correspondiente sistema de ecuaciones normales

$$\left\{ \begin{array}{rcl} 136 & = & 8a + 27b + 117c \\ 469 & = & 27a + 117b + 567c \\ 2011 & = & 117a + 567b + 2901c \end{array} \right.$$

cuya solución es

$$\begin{array}{rcl} a & = & 7{,}930 \\ b & = & 6{,}987 \\ c & = & -0{,}992 \end{array}$$

y, por tanto, la parábola de regresión pedida es

$$y = 7{,}930 + 6{,}987x - 0{,}992x^2.$$

7.8 Con el fin de realizar un estudio sobre los gastos que tienen las familias de una ciudad en relación con el número de hijos, se eligió una muestra de noventa matrimonios, obteniéndose los siguientes resultados:

Gastos mensuales (en miles de euros) (x_i)	*Número de hijos* (y_j)	n_{ij}
De 0 a 6	3	13
De 0 a 6	4	7
De 0 a 6	5	8
De 6 a 10	1	7
De 6 a 10	2	16
De 6 a 10	3	9
De 10 a 14	1	6
De 14 a 20	2	11
De 14 a 20	3	5
De 20 a 50	4	5
De 20 a 50	5	3

Hállese la parábola de regresión del tipo $y = a + bx + cx^2$ que ajuste la distribución. ¿Cuál es el número de hijos que debe esperarse, de acuerdo con el modelo ajustado, en una familia que gasta 29 500 euros anuales?

Resolución

Comenzaremos estableciendo la tabla con los datos necesarios:

x_i	y_j	n_{ij}	$x_i n_{ij}$	$y_j n_{ij}$	$x_i y_j n_{ij}$	$x_i^2 y_j n_{ij}$	$x_i^2 n_{ij}$	$x_i^3 n_{ij}$	$x_i^4 n_{ij}$
3	3	13	39	39	117	351	117	351	1 053
3	4	7	21	28	84	252	63	189	567
3	5	8	24	40	120	360	72	216	648
8	1	7	56	7	56	448	448	3 584	28 672
8	2	16	128	32	256	2 048	1 024	8 192	65 536
8	3	9	72	27	216	1 728	576	4 608	36 864
12	1	6	72	6	72	864	864	10 368	124 416
17	2	11	187	22	374	6 358	3 179	54 043	918 713
17	3	5	85	15	225	4 335	1 445	24 565	417 605
35	4	5	175	20	700	24 500	6 125	214 375	7 503 125
35	5	3	105	15	525	18 375	3 675	128 625	4 501 875
		90	964	251	2 775	59 619	17 588	449 116	13 599 092

de la cual, de acuerdo con las fórmulas (7.10), resulta el sistema de ecuaciones normales

$$\left\{\begin{array}{rcl} 251 & = & 90a + 964b + 17588c \\ 2775 & = & 964a + 17588b + 449116c \\ 59619 & = & 17588a + 449116b + 13599092c \end{array}\right.$$

que, resuelto, nos proporciona los parámetros

$$\begin{array}{rcl} a & = & 4{,}4217 \\ b & = & -0{,}3223 \\ c & = & 0{,}0093 \end{array}$$

con lo que la parábola pedida es

$$y = 4{,}4217 - 0{,}3223x + 0{,}0093x^2.$$

Para la estimación pedida, haciendo $x = 29{,}5$ en la ecuación de la parábola se obtiene:

$$y^*(29{,}5) = 4{,}4217 - 0{,}3223 \cdot 29{,}5 + 0{,}0093 \cdot 29{,}5^2 = 3{,}007 \simeq 3 \text{ hijos.}$$

7.9 Ajústense una recta y una parábola de regresión a la distribución bidimensional siguiente:

x_i	y_j	n_{ij}
2	2	4
4	2	6
6	3	8
8	3	6
10	5	8

RESOLUCIÓN

Mediante la tabla

x_i	y_j	n_{ij}	$x_i n_{ij}$	$y_j n_{ij}$	$x_i y_j n_{ij}$	$x_i^2 y_j n_{ij}$	$x_i^2 n_{ij}$	$x_i^3 n_{ij}$	$x_i^4 n_{ij}$
2	2	4	8	8	16	32	16	32	64
4	2	6	24	12	48	192	96	384	1 536
6	3	8	48	24	144	864	288	1 728	10 368
8	3	6	48	18	144	1 152	384	3 072	24 576
10	5	8	80	40	400	4 000	800	8 000	80 000
		32	208	102	752	6 240	1 584	13 216	116 544

se obtiene:

$$\overline{X} = 6{,}5, \qquad \overline{Y} = 3{,}1875, \qquad S_{XY} = 2{,}78125, \qquad S_X^2 - 7{,}25$$

y

$$b = \frac{S_{XY}}{S_X^2} = 0{,}3836$$

de donde la recta de regresión de Y sobre X es

$$y = 0{,}6940 \mid 0{,}3836x$$

Para tener la parábola de regresión se escribe el sistema de ecuaciones normales

$$\begin{cases} 102 = 32a + 208b + 1584c \\ 752 = 208a + 1584b + 13216c \\ 6240 = 1584a + 13216b + 116544c \end{cases}$$

que, resuelto, proporciona los valores de a, b y c, siendo

$$a = 2{,}355, \qquad b = -0{,}26, \qquad c = 0{,}051$$

y, en consecuencia, la parábola pedida es

$$y = 2{,}355 - 0{,}26x + 0{,}051x^2.$$

10 Una distribución estadística de variables X e Y es tal que $\overline{X} = 3{,}5$, $\overline{Y} = 4\overline{X}$ y $S_X^2 = 3S_{XY}$. Sabiendo que una de las observaciones es $x_i = 5$, ¿qué valor debe esperarse para y_i en el supuesto de una dependencia lineal entre las variables?

Resolución

Con los datos del enunciado, tenemos

$$\overline{Y} = 4\overline{X} = 4 \cdot 3{,}5 = 14$$

y

$$b = \frac{S_{XY}}{S_X^2} = \frac{S_{XY}}{3S_{XY}} = \frac{1}{3}$$

de donde la recta de regresión de Y sobre X, según la fórmula (7.4), es

$$y - 14 = \frac{1}{3}(x - 3{,}5).$$

Operando se obtiene:

$$y = \frac{77}{6} + \frac{1}{3}x$$

La recta obtenida nos proporciona como valor de y_i estimado

$$y_i^* = \frac{77}{6} + \frac{1}{3} \cdot 5 = \frac{87}{6} = \frac{29}{2} = 14{,}5.$$

7.11 Hállense los datos que faltan en la distribución bidimensional dada por la tabla

x_i	y_j	n_{ij}
8	-	2
12	2	4
-	-	-
14	1	4
		16

de la cual se conocen las medias $\overline{X} = 9$, $\overline{Y} = 3$ y el coeficiente b de la recta de regresión de Y sobre X, que es

$$b = -\frac{7}{18}$$

Resolución

Como $N = 16$, la frecuencia que falta es 6. Al ser $\overline{X} = 9$, se tiene:

$$9 = \frac{8 \cdot 2 + 12 \cdot 4 + x_3 \cdot 6 + 14 \cdot 4}{16}$$

de donde

$$144 = 120 + 6x_3$$

y entonces

$$x_3 = 4.$$

Para calcular los valores que faltan, y_1 e y_3, construimos la siguiente tabla:

x_i	y_j	n_{ij}	$x_i n_{ij}$	$y_j n_{ij}$	$x_i^2 n_{ij}$	$x_i y_j n_{ij}$
8	y_1	2	16	$2y_1$	128	$16y_1$
12	2	4	48	8	576	96
4	y_3	6	24	$6y_3$	96	$24y_3$
14	1	4	56	4	784	56
		16	144		1 588	

de donde

$$S_X^2 = \frac{1\,584}{16} - \left(\frac{144}{16}\right)^2 = 18$$

y, como

$$b = \frac{S_{XY}}{S_X^2}$$

se tiene:

$$-\frac{7}{18} = \frac{S_{XY}}{18}$$

y resulta

$$S_{XY} = -7.$$

De los valores conocidos de $\overline{Y}$ y S_{XY} podemos obtener las igualdades

$$\begin{aligned} \frac{2y_1 + 8 + 6y_3 + 4}{16} &= 3 \\ \frac{16y_1 + 96 + 24y_3 + 56}{16} - 3 \cdot 9 &= -7 \end{aligned}$$

que nos dan el sistema

$$\begin{cases} 2y_1 + 6y_3 = 36 \\ 16y_1 + 24y_3 = 168 \end{cases}$$

que, simplificado, es

$$\begin{cases} y_1 + 3y_3 = 18 \\ 2y_1 + 3y_3 = 21 \end{cases}$$

y tiene por soluciones

$$y_1 = 3, \qquad y_3 = 5.$$

.12 Ajústese, por el método de los mínimos cuadrados, una función del tipo $y = ae^{bx}$ a la siguiente distribución bidimensional:

x_i	y_j
1	2,2
1,5	6
2	16
2,5	44,5
3	121
4	895

RESOLUCIÓN

Para ajustar una curva del tipo $y = ae^{bx}$, con el fin de linealizar el modelo, tomamos logaritmos neperianos:

$$\ln y = \ln a + bx$$

y, llamando $Y' = \ln y$ y $A = \ln a$, queda

$$Y' = A + bx,$$

que es la ecuación de una recta de regresión de ecuaciones normales

$$\left\{ \begin{array}{rcl} \sum y_i' & = & AN + b\sum x_i \\ \sum x_i y_i' & = & A\sum x_i + b\sum x_i^2 \end{array} \right.$$

y, sustituyendo y_i' y A por sus valores, queda

$$\left\{ \begin{array}{rcl} \sum \ln y_i & = & (\ln a)N + b\sum x_i \\ \sum x_i \ln y_i & = & (\ln a)\sum x_i + b\sum x_i^2 \end{array} \right.$$

que son las ecuaciones normales asociadas a la curva pedida.

Para calcular los parámetros a y b se considera la siguiente tabla:

x_i	y_j	$\ln y_i$	$x_i \ln y_i$	x_i^2
1	2,2	0,7885	0,7885	1
1,5	6	1,7918	2,6877	2,25
2	16	2,7726	5,5452	4
2,5	44,5	3,7955	9,4888	6,25
3	121	4,7958	14,3874	9
4	895	6,7968	27,1872	16
14		20,7410	60,0848	38,5

de la que se obtiene el sistema

$$\left\{ \begin{array}{rcl} 20{,}7410 & = & 6\ln a + 14b \\ 60{,}0848 & = & 14\ln a + 38{,}5b \end{array} \right.$$

que, resuelto, da

$$b = 2{,}004, \qquad \ln a = -1{,}2192$$

de donde

$$a = e^{-1{,}2192} = 0{,}295$$

con lo que la curva pedida es

$$y = 0{,}295 \cdot e^{2{,}004x}.$$

PROPUESTOS

P 7.1 Contabilizados los goles marcados en ocho partidos de fútbol y observada la temperatura media en los estadios a lo largo de los encuentros, se obtuvo la siguiente tabla:

Temperatura	*Nº de goles*
18	0
18	1
21	1
16	2
21	3
23	3
21	4
16	5

Utilizando la representación gráfica, decídase si existe algún tipo de dependencia entre las variables.

7.2 Obténgase la recta de regresión de Y sobre X correspondiente a la siguiente distribución:

X	Y
44	98
46	80
48	84
50	69
52	58
54	53

7.3 Obténgase la recta de regresión mínimo-cuadrática de Y sobre X para la distribución

$Y\backslash X$	0-4	4-6	6-8	8-12	12-18
3			1	4	5
7		5	6	3	
10	2	2			

7.4 Hállense las medias de las distribuciones unidimensionales asociadas a la distribución

x_i	y_j	n_{ij}
12	75	2
12	60	3
15	60	3
18	60	4
18	50	5
20	45	5

y obténgase la recta de regresión de Y sobre X.

7.5 La producción destinada al mercado español (X) y a la exportación (Y) de una empresa, durante los últimos años, valoradas en euros, ha sido:

Año	X	Y
2004	1 819 851	454 814
2005	2 300 996	676 904
2006	1 914 494	518 058
2007	1 855 170	443 668
2008	347 806	1 019 976

Hállense las producciones medias, la covarianza y la recta de regresión de Y sobre X.

7.6 La tabla que se da a continuación muestra las calificaciones obtenidas por los 25 alumnos de un grupo de Segundo de Bachillerato en las asignaturas de Matemáticas (X) y Física (Y).

$Y\backslash X$	4	5	6	7	8	9	10
3	1						
5		2					
6		1					
7			2	4	2		
8				3	4	3	
10						2	1

Determínense las rectas de regresión mínimo-cuadrática asociadas a la distribución dada. A partir de las rectas halladas, ¿qué nota debería corresponder en Física a un alumno que hubiera obtenido en Matemáticas una calificación de 7? ¿Y en Matemáticas a un alumno que hubiese obtenido un 9 en Física?

P 7.7 Obténgase la parábola de regresión que ajusta la nube de puntos de la siguiente distribución:

x_i	y_j
3	7
4	16
5	27
6	40
8	72

P 7.8 Se ha consultado a 50 automovilistas sobre sus ingresos totales anuales y, comprobando el precio de su coche, resultó la siguiente distribución:

Precio (en miles de euros)	*Ingresos (en miles de euros)*						
	5-10	10-15	15-20	20-25	25-30	30-50	50-100
De 6 a 10	4	3					
De 10 a 16		6	9				
De 16 a 20			12	5			
De 20 a 24				2			
De 24 a 30					6		
De 30 a 50						2	
De 50 a 100							1

Hállese la parábola de regresión ajustada a la nube de puntos correspondiente.

P 7.9 Desde su fundación, una determinada empresa ha facturado productos por los importes que se dan a continuación:

Año	*Facturación (en millones)*
1	11,9
2	14,5
3	18,4
4	23,4
5	28,0
6	32,8

Obténganse una recta y una parábola de regresión que describan la evolución económica de esta empresa y estímese, con ambos modelos, la facturación esperada para el séptimo año.

P 7.10 Una distribución estadística de variables X e Y tiene $\overline{X} = 4{,}1$, $\overline{Y} = 2{,}3$, y se sabe que la recta de regresión de Y sobre X pasa por el punto $(5{,}9,\ 3{,}5)$. Hállese dicha recta.

P 7.11 Conocidas la media aritmética y la varianza de cada una de las variables asociadas a una distribución bidimensional,

$$\overline{X} = 3, \qquad \overline{Y} = 2, \qquad S_X^2 = 6, \qquad S_Y^2 = 8,$$

de la que se conoce, además, la recta de regresión de Y sobre X

$$2x + 3y - 12 = 0$$

obténgase la recta de regresión de X sobre Y.

7.12 Dada la distribución estadística

x_i	y_j	n_{ij}
0,8	5,6	4
1,3	5,3	3
1,5	5,0	4
1,9	4,3	7
2,6	2,2	5
2,9	0,8	2

ajústese a la nube de puntos asociada a la distribución una curva del tipo

$$y = a + bx^3$$

Capítulo 8

Teoría de la correlación

8.1. Regresión y correlación

Dada una distribución estadística bidimensional, la línea ajustada a la nube de puntos trata de promediar o representar matemáticamente los valores observados empíricamente. Como quiera que la finalidad de la línea de regresión consiste en promediar los datos de la distribución, y todo promedio se debe acompañar de un parámetro que mida su grado de representatividad, es necesario que todo ajuste se acompañe de un coeficiente que valore la bondad del mismo.

El problema de la *regresión* se concreta en ajustar una línea, recta o curva, a una nube de puntos, mientras que el objeto de la *correlación* es determinar hasta qué punto es bueno dicho ajuste.

El grado de bondad del ajuste se deducirá de la observación de las diferencias o *residuos* entre los valores observados (y_i) y los valores estimados mediante la línea de regresión (y_i^*). Si cada una de estas diferencias es nula, la línea pasa por todos los puntos de la nube, y, en este caso, se dice que entre las variables existe una dependencia funcional o de tipo matemático, y el ajuste es perfecto. Cuando estas diferencias son pequeñas, el ajuste es bueno y la línea tiene una gran representatividad; en cambio, si estas diferencias son grandes, el ajuste no es fino y la línea ajustada explica el fenómeno observado con dificultad.

8.2. Varianza residual

Como ya se ha indicado, a todo ajuste se le debe asociar una medida de dispersión que indique su representatividad. La más adecuada de estas medidas es la varianza de las desviaciones o residuos,

$$y_i - y_i^* = e_i$$

llamada *varianza residual*, cuya expresión es

$$S_e^2 = \frac{\sum\limits_{i=1}^{N} (y_i - y_i^*)^2}{N} = \frac{\sum\limits_{i=1}^{N} e_i^2}{N} \tag{8.1}$$

De la expresión $y_i - y_i^* = e_i$ se tiene:

$$y_i = y_i^* + e_i \tag{8.2}$$

y se verifica la siguiente relación entre varianzas:

$$S_Y^2 = S_{Y*}^2 + S_e^2 \tag{8.3}$$

En efecto, de la igualdad

$$y_i - \overline{Y} = (y_i - y_i^*) + (y_i^* - \overline{Y}),$$

elevando al cuadrado, sumando y dividiendo entre N se tiene:

$$\frac{\sum(y_i - \overline{Y})^2}{N} = \frac{\sum(y_i - y_i^*)^2}{N} + \frac{\sum(y_i^* - \overline{Y})^2}{N} + \frac{2\sum(y_i - y_i^*)(y_i^* - \overline{Y})}{N}$$

es decir,

$$S_Y^2 = S_{Y*}^2 + S_e^2 + \frac{2\sum(y_i - y_i^*)(y_i^* - \overline{Y})}{N}$$

Si probamos que la suma $\sum(y_i - y_i^*)(y_i^* - \overline{Y})$ es nula, tendremos demostrada la fórmula (8.3). Si el ajuste es de tipo lineal y la recta de regresión es $y = a + bx$, se tiene que

$$\begin{aligned}\sum(y_i - y_i^*)(y_i^* - \overline{Y}) &= \sum(y_i - a - bx_i)(a + bx_i - \overline{Y}) = \\ &= a\sum(y_i - a - bx_i) + b\sum x_i(y_i - a - bx_i) - \overline{Y}\sum(y_i - a - bx_i) = 0,\end{aligned}$$

ya que

$$\begin{aligned}\sum(y_i - a - bx_i) &= 0 \\ \sum x_i(y_i - a - bx_i) &= 0\end{aligned}$$

al ser ésta la pareja de ecuaciones normales.

Si el ajuste fuese de cualquier otro tipo, se llegaría al mismo resultado.

Coeficiente de determinación

La varianza residual mide la dispersión en términos absolutos, y por ello es necesario definir una medida relativa de la dispersión.

La fórmula

$$S_Y^2 = S_{Y^*}^2 + S_e^2$$

nos indica que la variación total de la variable Y es suma de las variaciones debidas a la variable Y^*, que explica el fenómeno, y de las variaciones de los residuos.

Dividiendo $S_{Y^*}^2$ entre la variación total, S_Y^2, tendremos una medida relativa de la parte de variación que explica el fenómeno; dividiendo S_e^2 entre S_Y^2 tendremos una medida relativa de la parte de variación que no es debida a la línea de ajuste. El primero de estos cocientes se denomina *coeficiente de determinación* se designa por R^2 y viene dado por la ecuación

$$R^2 = \frac{S_{Y^*}^2}{S_Y^2} \tag{8.4}$$

que, en virtud de la relación (8.3), dividiendo ambos miembros entre S_Y^2, permite escribir

$$R^2 = \frac{S_{Y^*}^2}{S_Y^2} = 1 - \frac{S_e^2}{S_Y^2} \tag{8.5}$$

El coeficiente R^2 varía entre 0 y 1. Vale 1 en el caso extremo de que todos los errores o residuos sean nulos, siendo entonces el ajuste perfecto. Vale 0 cuando $S_e^2 = S_Y^2$, y en este caso las variaciones de Y no son debidas a la variable X, sino que todas son debidas a los errores, y el ajuste es inadecuado o, quizá, las variables X e Y son independientes. Valores del coeficiente de determinación próximos a 0,9 son indicativos de ajustes muy aceptables, mientras que valores del mismo inferiores a 0,6 tienen escasa fiabilidad y sugieren la búsqueda de otra línea de ajuste más adecuada.

8.3. Correlación lineal

Signo de la dependencia lineal

Sea una distribución estadística bidimensional cuya nube de puntos ha sido ajustada mediante una recta de regresión de la forma $y = a + bx$. Si el coeficiente de regresión, b, es positivo, la nube de puntos tiene una disposición tal que aumentan los valores de Y al aumentar los de X, y en este caso se dice que estamos ante una dependencia lineal entre las variables X e Y de tipo directo. Si, por el contrario, el coeficiente de regresión, b, es negativo, la nube de puntos está configurada de modo que disminuyen los valores de Y al aumentar los de X, y diremos que se trata de una dependencia lineal inversa.

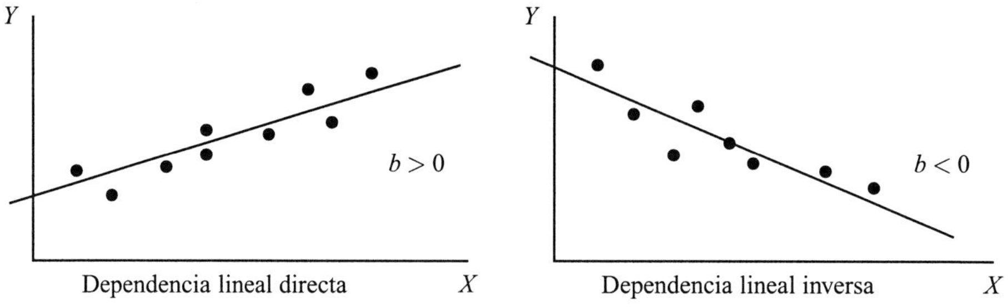

Figura 8.1. Tipos de dependencia lineal

Sabemos, por la fórmula (7.2), que el coeficiente de regresión, b, es

$$b = \frac{S_{XY}}{S_X^2}$$

y, dado que S_X^2 es una varianza y, como tal, es positiva, resulta que el carácter de la dependencia, dado por el signo de b, coincide con el signo de la covarianza S_{XY}. Así, si $S_{XY} > 0$, existe dependencia lineal directa, y ésta es inversa cuando $S_{XY} < 0$.

De forma análoga, al considerar la recta de regresión de X sobre Y, $x = a' + b'y$, como

$$b' = \frac{S_{XY}}{S_Y^2}$$

el signo de b' coincide con el de S_{XY} y, por tanto, con el signo de b. En consecuencia, el carácter de la dependencia directa o inversa entre las variables X e Y está dado indistintamente por el signo de b o el de b'.

Medida de la dependencia lineal

Una medida de la dependencia entre variables bidimensionales la proporciona el *coeficiente de determinación*, ya definido por

$$R^2 = \frac{S_{Y^*}^2}{S_Y^2}$$

En el caso del ajuste mediante una recta de regresión del tipo $y = a + bx$, dado que

$$S_{Y^*}^2 = S_{(a+bX)}^2 = b^2 S_X^2$$

se tiene que

$$R^2 = b^2 \cdot \frac{S_X^2}{S_Y^2} \tag{8.6}$$

y, teniendo en cuenta que el coeficiente de regresión es

$$b = \frac{S_{XY}}{S_X^2}$$

resulta

$$R^2 = b^2 \cdot \frac{S_X^2}{S_Y^2} = b \cdot b \cdot \frac{S_X^2}{S_Y^2} = b \cdot \frac{S_{XY} \cdot S_X^2}{S_X^2 \cdot S_Y^2} = b \cdot \frac{S_{XY}}{S_Y^2} = b \cdot b'$$

En definitiva,

$$R^2 = b \cdot b' \qquad (8.7)$$

Si en esta última fórmula sustituimos los coeficientes de regresión por sus expresiones en función de la covarianza y la varianza, queda

$$R^2 = \frac{S_{XY}}{S_X^2} \cdot \frac{S_{XY}}{S_Y^2} = \frac{S_{XY}^2}{S_X^2 \cdot S_Y^2} \qquad (8.8)$$

es decir, el coeficiente de determinación es también *el cociente entre el cuadrado de la covarianza y el producto de varianzas.*

Otra medida de la dependencia lineal es el llamado *coeficiente de correlación lineal* designado por r, y que está definido por

$$r = \frac{S_{XY}}{S_X S_Y} \qquad (8.9)$$

es decir, es *el cociente entre la covarianza y el producto de desviaciones típicas.*

De la comparación de las fórmulas (8.8) y (8.9) se deduce que

$$r = \pm\sqrt{R^2} \qquad (8.10)$$

en donde el signo $+$ o $-$ corresponde, respectivamente, a una dependencia lineal directa o inversa. En el caso de la fórmula (8.9), el signo de r está dado por la covarianza.

Puesto que R^2 es un número que, según hemos visto, está comprendido entre 0 y 1, el coeficiente de correlación lineal, r, toma valores entre -1 y 1.

Si $r = \pm 1$, la correlación lineal es perfecta, directa o inversa, es decir, la nube de puntos está situada, toda ella, sobre la recta de regresión, con pendiente positiva para $r = 1$ y negativa para $r = -1$.

Si $r = 0$, no existe dependencia lineal entre las variables, pudiendo darse una dependencia no lineal, o bien puede ocurrir que las variables sean independientes.

Valores de r próximos a 1 o a -1 indican una fuerte dependencia lineal entre las variables, y ocurre lo contrario para valores de r próximos a 0.

Predicción

Dada una distribución estadística bidimensional de variables X e Y, cuando se quieren estimar mediante un ajuste lineal valores de la variable Y, comprendidos o no entre los observados, se debe utilizar la recta de regresión de Y sobre X, y para cada valor dado a x_i se obtiene el correspondiente valor estimado, y_i^*.

Cuando se quieren estimar valores de la variable X, se considera la recta de regresión de X sobre Y, y, en este caso, a cada valor arbitrario de la variable Y le corresponderá, a través de la función que define la recta, el valor estimado x_i^*.

8.4. Correlación parabólica

Si se tiene una distribución bidimensional y se ha efectuado un ajuste con una parábola de la forma $y = a + bx + cx^2$, la medida de la dependencia entre las variables viene dada también por el coeficiente de determinación,

$$R^2 = \frac{S^2_{Y^*}}{S^2_Y} = 1 - \frac{S^2_e}{S^2_Y}$$

donde es preciso calcular la varianza residual, S^2_e. En el caso de la correlación parabólica esta varianza está dada por

$$S^2_e = \frac{\sum_{i=1}^{N} y_i^2 - a \sum_{i=1}^{N} y_i - b \sum_{i=1}^{N} x_i y_i - c \sum_{i=1}^{N} x_i^2 y_i}{N} \qquad (8.11)$$

En efecto, al ser los errores $e_i = y_i - y_i^*$ y la parábola de ajuste $y = a + bx + cx^2$, se tiene que

$$\begin{aligned} \sum e_i^2 &= \sum e_i(y_i - a - bx_i - cx_i^2) = \\ &= \sum e_i y_i - a\sum e_i - b\sum e_i x_i - c\sum e_i x_i^2 = \sum e_i y_i \end{aligned}$$

puesto que, en virtud de las ecuaciones normales que definen el ajuste, resulta

$$\begin{aligned} \sum e_i &= \sum (y_i - a - bx_i - cx_i^2) = \\ &= \sum y_i - aN - b\sum x_i - c\sum x_i^2 = 0 \\ \sum e_i x_i &= \sum (y_i - a - bx_i - cx_i^2)x_i = \\ &= \sum x_i y_i - a\sum x_i - b\sum x_i^2 - c\sum x_i^3 = 0 \\ \sum e_i x_i^2 &= \sum (y_i - a - bx_i - cx_i^2)x_i^2 = \\ &= \sum x_i^2 y_i - a\sum x_i^2 - b\sum x_i^3 - c\sum x_i^4 = 0. \end{aligned}$$

De la igualdad hallada,

$$\sum_{i=1}^{N} e_i^2 = \sum_{i=1}^{N} e_i y_i$$

resulta

$$\begin{aligned} S^2_e &= \frac{\sum_{i=1}^N e_i^2}{N} = \frac{\sum_{i=1}^N e_i y_i}{N} = \frac{\sum_{i=1}^N (y_i - a - bx_i - cx_i^2) y_i}{N} = \\ &= \frac{\sum_{i=1}^N y_i^2 - a\sum_{i=1}^N y_i - b\sum_{i=1}^N x_i y_i - c\sum_{i=1}^N x_i^2 y_i}{N} \end{aligned}$$

con lo que queda probada la fórmula (8.11).

EN DETALLE

8.1 Hállese la recta de regresión de Y sobre X para la distribución bidimensional

X	Y
2	1
6	2
10	4
15	6

y obténgase la varianza residual.

RESOLUCIÓN

De la tabla siguiente:

x_i	y_i	$x_i y_i$	x_i^2
2	1	2	4
6	2	12	36
10	4	40	100
15	6	90	225
33	13	144	365

se obtienen

$$\begin{aligned} \overline{X} &= 8{,}25 \qquad \overline{Y} = 3{,}25 \\ S_X^2 &= \frac{365}{4} - 8{,}25^2 = 23{,}19 \qquad \text{y} \\ S_{XY} &= \frac{144}{4} - 8{,}25 \cdot 3{,}25 = 9{,}19 \end{aligned}$$

y, por aplicación de la fórmula (7.5), se obtiene la recta de regresión de Y sobre X:

$$y - 3{,}25 = \frac{9{,}19}{23{,}19}(x - 8{,}25)$$

que en forma explícita es

$$y = -0{,}019 + 0{,}396x$$

Para obtener la varianza residual consideramos los valores y_i^*, calculados con la recta hallada, resultando:

x_i	y_i	y_i^*	$e_i = y_i - y_i^*$	e_i^2
2	1	0,773	0,227	0,0515
6	2	2,357	−0,357	0,1274
10	4	3,941	0,059	0,0035
15	6	5,921	0,079	0,0062
				0,1886

con lo que la varianza residual, de acuerdo con la fórmula (8.1), es

$$S_e^2 = \frac{0{,}1886}{4} = 0{,}047.$$

8.2 Analizados los datos correspondientes a setenta padres de familia en relación con sus retribuciones mensuales y su número de hijos, se elaboró la siguiente tabla:

		Retribución (en miles)					
	$Y \setminus X$	0,6 a 1	1 a 1,6	1,6 a 2	2 a 3	3 a 6	6 a 12
Número de hijos	0						1
	1					3	
	2	5	8	17	8		
	3	6	18				
	4	4					

Suponiendo una dependencia de tipo lineal, determínese su signo. Hállese la recta de regresión de Y sobre X y calcúlese el coeficiente de determinación.

RESOLUCIÓN

De la observación de la tabla se tiene que, al aumentar las retribuciones (X), disminuye el número de hijos (Y), con la dependencia lineal es de signo negativo o de tipo inverso.

Para tener la recta de regresión de Y sobre X se establece la tabla siguiente:

x_i	y_j	n_{ij}	$x_i n_{ij}$	$y_j n_{ij}$	$x_i y_j n_{ij}$	$x_i^2 n_{ij}$	$y_j^2 n_{ij}$
0,8	2	5	4	10	8	3,2	20
0,8	3	6	4,8	18	14,4	3,84	54
0,8	4	4	3,2	16	12,8	2,564	64
1,3	2	8	10,4	16	20,8	13,52	32
1,3	3	18	23,4	54	70,2	30,42	162
1,8	2	17	30,6	34	61,2	55,08	68
2,5	2	8	20	16	40	50	32
4,5	1	3	13,5	3	13,5	60,75	3
9	0	1	9	0	0	81	0
		70	118,9	167	240,9	300,37	435

de la que se obtienen

$$\overline{X} = 1{,}70, \quad \overline{Y} = 2{,}39,$$
$$S_{XY} = -0{,}62, \quad S_X^2 = 1{,}40 \quad \text{y} \quad S_Y^2 = 0{,}50,$$

y la recta de regresión de Y sobre X está dada por:

$$y - 2{,}39 = \frac{-0{,}62}{1{,}40}(x - 1{,}70)$$

Operando, queda

$$y = 3{,}14 - 0{,}44x$$

Para calcular el coeficiente de determinación, dado que conocemos el coeficiente de regresión, b, utilizamos la fórmula (8.6), resultando

$$R^2 = (-0{,}44)^2 \cdot \frac{1{,}40}{0{,}50} = 0{,}54.$$

8.3 Las calificaciones de Lengua Española e Idioma Moderno obtenidas por los alumnos de un curso de bachillerato han sido las siguientes:

Lengua (X)	*Idioma (Y)*	n_{ij}
3	3	2
3	5	4
5	5	8
6	6	9
7	6	7
7	7	5
9	8	3
9	10	2

Hállense las rectas de regresión mínimo-cuadrática y el coeficiente de determinación.

RESOLUCIÓN

Para llegar a las rectas de regresión pedidas, se construye la siguiente tabla:

x_i	y_j	n_{ij}	$x_i n_{ij}$	$y_j n_{ij}$	$x_i y_j n_{ij}$	$x_i^2 n_{ij}$	$y_j^2 n_{ij}$
3	3	2	6	6	18	18	18
3	5	4	12	20	60	36	100
5	5	8	40	40	200	200	200
6	6	9	54	54	324	324	324
7	6	7	49	42	294	343	252
7	7	5	35	35	245	245	245
9	8	3	27	27	216	243	192
9	10	2	18	18	180	162	200
		40	241	241	1 537	1 571	1 531

de la que resultan

$$\overline{X} = 6{,}025, \qquad \overline{Y} = 6{,}025,$$
$$S_{XY} = 2{,}124, \qquad S_X^2 = 2{,}974 \qquad \text{y} \qquad S_Y^2 = 1{,}974.$$

Los coeficientes de regresión son

$$b = \frac{S_{XY}}{S_X^2} = 0{,}74 \qquad \text{y} \qquad b' = \frac{S_{XY}}{S_Y^2} = 1{,}076,$$

y las rectas de regresión,

$$\textit{De Y sobre X} \; : \; y - 6{,}025 = 0{,}714(x - 6{,}025)$$
$$\textit{De X sobre Y} \; : \; x - 6{,}025 = 1{,}076(y - 6{,}025)$$

es decir,

$$0{,}714x - y + 1{,}723 = 0$$
$$x - 1{,}076y + 0{,}458 = 0$$

respectivamente.

El coeficiente de determinación, que valora numéricamente la bondad del ajuste, viene dado por

$$R^2 = b \cdot b' = 0{,}714 \cdot 1{,}076 = 0{,}77.$$

8.4 Obténgase el coeficiente de determinación de la distribución estadística siguiente:

x_i	y_i
5 355	207
5 395	209
5 457	214
5 600	223
5 990	236
5 999	239
6 382	241
6 591	253

RESOLUCIÓN

Vamos a obtener el coeficiente de determinación aplicando la fórmula (8.8), y, por la forma de los datos, tomamos como valores centrales $O_x = 5\,600$ y $0_y = 236$, estableciendo la disposición siguiente:

$x_i - O_x$	$y_i - O_y$	$(x_i - O_x)(y_i - O_y)$	$(x_i - O_x)^2$	$(y_i - O_y)^2$
−245	−29	7 105	60 025	841
−205	−27	5 535	42 025	729
−143	−22	3 146	20 449	484
0	−13	0	0	169
390	0	0	152 100	0
399	3	1 197	159 201	9
782	5	3 910	611 524	25
991	17	16 847	982 081	289
1 969	−66	37 740	2 027 405	2 546

Obtenemos que

$$S_{XY} = \frac{37\,740}{8} - \left(\frac{1\,969}{8}\right)\left(\frac{-66}{8}\right) = 6\,748{,}0$$

$$S_X^2 = \frac{2\,027\,405}{8} - \left(\frac{1\,969}{8}\right)^2 = 192\,848{,}1$$

$$S_Y^2 = \frac{2\,546}{8} - \left(\frac{-66}{8}\right)^2 = 250{,}2$$

de donde resulta

$$R^2 = \frac{S_{XY}^2}{S_X^2 \cdot S_Y^2} = 0{,}94.$$

8.5 Las ecuaciones

$$\begin{aligned} 2x + y + 1 &= 0 \\ 5x + 3y + 4 &= 0 \end{aligned}$$

representan las rectas de regresión lineal de una distribución estadística bidimensional. Hállense los coeficientes de determinación y de correlación entre las correspondientes variables unidimensionales.

RESOLUCIÓN

Las rectas dadas no tienen ningún distintivo que permita asegurar cuál es la de regresión de Y sobre X y cuál la de X sobre Y.

Si suponemos que la primera de ellas es la de regresión de Y sobre X, se tiene:

$$y = -1 - 2x$$

con lo que su coeficiente de regresión es $b = -2$, y, supuesto que la segunda es la de X sobre Y debe ser

$$x = \frac{-4}{5} - \frac{3y}{5}$$

y el coeficiente de regresión de X sobre Y será $b' = \frac{-3}{5}$. De todo ello se tendría como coeficiente de determinación

$$R^2 = b \cdot b' = \frac{6}{5} > 1$$

lo cual es absurdo.

En consecuencia, es necesario elegir las rectas de la otra forma posible:

$$5x + 3y + 4 = 0$$

es la recta de regresión de Y sobre X, que, escrita en la forma

$$y = \frac{-4}{5} - \frac{5x}{3}$$

nos informa de que $b = \frac{-5}{3}$, y

$$2x + y + 1 = 0$$

es la recta de regresión de X sobre Y, que, escrita en la forma

$$x = \frac{-1}{2} - \frac{y}{2}$$

nos proporciona el valor $b' = \frac{-1}{2}$.

El signo negativo de b y b' indica que la dependencia lineal existente entre las variables es de tipo inverso, y el coeficiente de determinación es

$$R^2 = \left(\frac{-5}{3}\right)\left(\frac{-1}{2}\right) = \frac{5}{6} = 0{,}83.$$

Como el coeficiente de correlación es $r = \pm\sqrt{R^2}$ y estamos ante una dependencia de tipo inverso, este coeficiente tiene por valor

$$r = -\sqrt{0,83} = -0{,}91.$$

8.6 Dos distribuciones estadísticas tienen como rectas de regresión de Y sobre X, respectivamente,

$$y = \frac{5}{3} + \frac{1}{4}x$$
$$y = 2 + \frac{3}{5}x$$

¿Puede asegurarse que la segunda distribución tiene un coeficiente de determinación mayor que la primera?

RESOLUCIÓN

No. El hecho de ser el coeficiente de regresión, o pendiente de la segunda recta, $b = \frac{3}{5}$, mayor que el de la primera, no nos permite asegurar nada sobre el valor del coeficiente de determinación, ya que éste depende del grado de acercamiento de la recta de regresión a la nube de puntos que representa la distribución.

8.7 Hállense las rectas de regresión mínimo-cuadrática de una distribución estadística bidimensional de la que se conocen los siguientes datos:

$$\overline{X} = 13, \quad \overline{Y} = 22, \quad S_X^2 = 4, \quad S_Y^2 = 56 \quad \text{y} \quad R^2 = 0{,}875.$$

RESOLUCIÓN

De acuerdo con los datos, las rectas pedidas se pueden escribir en la forma

$$\begin{aligned} y-22 &= b(x-13) \\ x-13 &= b'(y-22) \end{aligned}$$

b y b' resultan de considerar que

$$R^2 = 0{,}875 = b \cdot b' = \frac{S_{XY}}{S_X^2} \cdot \frac{S_{XY}}{S_Y^2} = \frac{S_{XY}^2}{4 \cdot 56}$$

de donde

$$S_{XY}^2 = 4 \cdot 56 \cdot 0{,}875 = 196,$$

y entonces

$$S_{XY} = 14$$

con lo cual

$$b = \frac{14}{4} = \frac{7}{2} \qquad \text{y} \qquad b' = \frac{14}{56} = \frac{1}{4}$$

y, por tanto, las rectas son

$$y - 22 = \frac{7}{2}(x-13) \qquad \text{y} \qquad x - 13 = \frac{1}{4}(y-22).$$

Escribiéndolas en su forma más general se tiene:

$$\begin{aligned} 7x-2y-47 &= 0 \\ 4x-y-30 &= 0 \end{aligned}$$

8.8 Se ha estudiado la correlación lineal existente entre una variable X, que representa los gastos mensuales en publicidad para la promoción de un determinado artículo, y la variable Y, que mide las ventas del mismo en el mes siguiente, y se ha obtenido como coeficiente $r = +0{,}80$. Interprétese el efecto de la publicidad en la venta del artículo.

RESOLUCIÓN

El signo positivo de r nos indica que entre las variables X e Y existe dependencia lineal de tipo directo, es decir, cuanto más se invierta en publicidad, mayores serán las ventas.

El coeficiente de determinación es

$$R^2 = (0{,}80)^2 = 0{,}64$$

que en términos de porcentaje es $R^2 = 64\,\%$, lo que nos indica que el $64\,\%$ de los clientes que han comprado el artículo lo han hecho debido a la publicidad, mientras que el $36\,\%$ restante lo han hecho por otras causas.

8.9 Analizadas conjuntamente las variables X, que representa los alumnos matriculados en la Universidad de Salamanca, e Y, número de visitantes del Museo del Prado, de Madrid, durante cinco años consecutivos se obtuvo como coeficiente de determinación $R^2 = 0{,}87$. ¿Puede asegurarse que el número de visitantes del Museo del Prado depende del número de universitarios de Salamanca?

RESOLUCIÓN

El hecho de que el coeficiente de determinación sea del 87 %, que es relativamente elevado, no nos permite asegurar de ningún modo una relación causa efecto entre las variables estudiadas, debido a la naturaleza de las mismas. El valor del coeficiente se debe únicamente a los datos manejados, siendo el resultado puramente casual.

Sólo cuando se sabe que existe una dependencia lógica entre las variables estudiadas es cuando tiene sentido y es eficaz la utilización del coeficiente de determinación. Para variables como las dadas, no tiene ningún sentido su estudio conjunto.

10 De una distribución estadística bidimensional se conocen $\overline{X}=5$ e $\overline{Y}=8$, y sus coeficientes de variación verifican la relación $V_Y=3V_X$. ¿Qué valor debe esperarse para la variable Y, mediante la recta de regresión de Y sobre X, para el valor $x_i=6$, en el caso de ser

(a) $R^2=0$.

(b) $R^2=1$?

RESOLUCIÓN

(a) En este caso es

$$R^2=\frac{S_{XY}^2}{S_X^2\cdot S_Y^2}=0,$$

de donde $S_{XY}=0$, y de la expresión de la recta de regresión de Y sobre X, dada en (7.5), se tiene:

$$y-\overline{Y}=0,$$

con lo que

$$y^*=\overline{Y}=8,$$

que no depende del valor $x_i=6$.

Al ser $R^2=0$, no existe dependencia lineal entre las variables, pudiendo existir otro tipo de dependencia.

(b) Como $V_Y=3V_X$, se tiene que

$$\frac{S_Y}{\overline{Y}}=3\frac{S_X}{\overline{X}}$$

y

$$S_Y=3\frac{\overline{Y}}{\overline{X}}S_X=3\frac{8}{5}S_X=\frac{24}{5}S_X$$

Por otra parte, de

$$R^2=1=\frac{S_{XY}^2}{S_X^2\cdot S_Y^2}$$

resulta

$$\frac{S_{XY}^2}{\left(\frac{24}{5}\right)^2S_X^4}=1$$

de donde

$$\left(\frac{S_{XY}}{S_X^2}\right)^2=\left(\frac{24}{5}\right)^2$$

y, por tanto,

$$b = \frac{S_{XY}}{S_X^2} = \pm\frac{24}{5}$$

La recta de regresión de Y sobre X es

$$y - 8 = \pm\frac{24}{5}(x-5)$$

El signo debe elegirse según la dependencia sea directa o inversa. Cuando la dependencia sea directa, para $x_i = 6$, el valor esperado será $y^* = \frac{64}{5}$, mientras que, si la dependencia es inversa, el valor es $y^* = \frac{16}{5}$.

8.11 Una distribución bidimensional está dada por la siguiente tabla:

$Y\backslash X$	1	2	3	4	5
1	2	6	3		
4				8	
6					4

Hállense, por el método de los mínimos cuadrados, la parábola de regresión que ajuste esta distribución y el coeficiente de determinación.

RESOLUCIÓN

Para obtener las ecuaciones normales, ordenamos los datos necesarios de la forma siguiente:

x_i	y_j	n_{ij}	$x_i n_{ij}$	$y_j n_{ij}$	$x_i y_j n_{ij}$	$x_i^2 y_j n_{ij}$	$x_i^2 n_{ij}$	$x_i^3 n_{ij}$	$x_i^4 n_{ij}$	$y_j^2 n_{ij}$
1	1	2	2	2	2	2	2	2	2	2
2	1	6	12	6	12	24	24	48	96	6
3	1	3	9	3	9	27	27	81	243	3
4	4	8	32	32	128	512	128	512	2 048	128
5	6	4	20	24	120	600	100	500	2 500	144
		23	75	67	271	1 165	281	1 143	4 889	283

resultando el sistema

$$\begin{cases} 67 &= 23a + 75b + 281c \\ 217 &= 75a + 281b + 1\,143c \\ 1\,165 &= 281a + 1143b + 4\,889c \end{cases}$$

que tiene por solución

$$a = 1{,}709, \qquad b = -1{,}253, \qquad c = 0{,}433$$

y la parábola buscada es

$$y = 1{,}709 - 1{,}253x + 0{,}433x^2$$

Mediante la fórmula (8.11), y con los valores hallados de a, b y c, se obtiene como varianza residual

$$S_e^2 = \frac{3{,}615}{23} = 0{,}157$$

y, como varianza de la variable Y,

$$S_Y^2 = \frac{283}{23} - \left(\frac{67}{23}\right)^2 = 3{,}819.$$

Se tiene como coeficiente de determinación, según la fórmula (8.5),

$$R^2 = 1 - \frac{0{,}157}{3{,}819} = 0{,}96,$$

lo que indica que este modelo parabólico explica la dependencia entre las variables en un 96 %.

8.12 Una explotación agrícola ha tenido, en los siete últimos años, unos gastos de producción (X) y unos ingresos totales (Y) que son, en millones de euros, los indicados en la tabla adjunta:

X	Y
1,9	5,5
2,2	7,4
2,9	9,8
3,6	11,6
3,8	11,6
4,6	12,2
5,5	11,2

Ajústese esta distribución mediante una recta y una parábola de regresión y hállense los coeficientes de determinación respectivos.

RESOLUCIÓN

Los datos necesarios se disponen en la tabla:

x_i	y_i	x_iy_i	x_i^2	y_i^2	$x_i^2y_i$	x_i^3	x_i^4
1,9	5,5	10,45	3,61	30,25	19,855	6,859	13,0321
2,2	7,4	16,28	4,84	54,76	35,816	10,648	23,4256
2,9	9,8	28,42	8,41	96,04	82,418	24,389	70,7281
3,6	11,6	41,76	12,96	134,56	150,336	46,656	167,9616
3,8	11,6	44,08	14,44	134,56	167,504	54,872	208,5136
4,6	12,2	56,12	21,16	148,84	258,152	97,336	447,7456
5,5	11,2	61,60	30,25	125,44	338,800	166,375	915,0625
24,5	69,3	258,71	95,67	724,45	1 052,881	407,135	1 846,4691

de donde

$$\begin{aligned}
\overline{X} &= \frac{24{,}5}{7} = 3{,}5 \\
\overline{Y} &= \frac{69{,}3}{7} = 9{,}9 \\
S_{XY} &= \frac{258{,}71}{7} - 3{,}5 \cdot 9{,}9 = 2{,}309 \\
S_X^2 &= \frac{95{,}67}{7} - 3{,}5^2 = 1{,}417 \\
S_Y^2 &= \frac{724{,}45}{7} - 9{,}9^2 = 5{,}483.
\end{aligned}$$

La recta de regresión de Y sobre X viene dada por

$$y - 9{,}9 = \frac{2{,}309}{1{,}417}(x - 3{,}5)$$

que, escrita en forma explícita, es

$$y = 4{,}197 + 1{,}629x$$

El coeficiente de determinación correspondiente al modelo lineal ajustado es

$$R^2 = \frac{S_{XY}^2}{S_X^2 S_Y^2} = \frac{2{,}309^2}{1{,}417 \cdot 5{,}483} = 0{,}69.$$

Para el ajuste parabólico, a partir de la tabla de datos, se obtiene el sistema de ecuaciones normales

$$\left\{ \begin{array}{rcl} 69{,}3 & = & 7a + 24{,}5b + 95{,}67c \\ 258{,}71 & = & 24{,}5a + 95{,}67b + 407{,}135c \\ 1\,052{,}88 & = & 95{,}67a + 407{,}135b + 1\,846{,}4691c \end{array} \right.$$

que tiene por solución

$$a = -7{,}5239, \qquad b = 8{,}8449, \qquad c = -0{,}9902,$$

siendo la parábola de ajuste

$$y = -7{,}5239 + 8{,}8449x - 0{,}9902x^2.$$

Como la varianza residual para el ajuste parabólico, de acuerdo con la fórmula (8.11), es

$$S_e^2 = \frac{0{,}1550}{7} = 0{,}022$$

su coeficiente de determinación es

$$R^2 = 1 - \frac{0{,}022}{5{,}483} = 0{,}996.$$

El ajuste mediante una parábola del tipo $y = a + bx + cx^2$ es mejor que el ajuste lineal, ya que posee un término más, y, en consecuencia, el coeficiente de determinación siempre es mayor en el modelo parabólico.

8.13 La tabla que se da a continuación describe ciertas magnitudes relativas a una determinada comunidad autónoma, con referencia a los últimos años:

Año	*Renta* (*en millones de euros*)	*Habitantes* (*en millones*)	*Consumo* (*en euros*)
2002	11 400	4,0	2 500
2003	13 600	4,1	2 900
2004	18 000	4,2	4 100
2005	21 000	4,4	4 750
2006	24 000	4,6	5 100
2007	27 300	4,8	5 620
2008	33 200	5,0	6 750

(a) Designando por Y el consumo y por X la renta *per capita*, obténgase la función «consumo-renta *per capita*» de la forma

$$Y = a + bX.$$

(b) Estímese el consumo para el año 2009 en el supuesto de que la renta sea de 40 080 000 000 euros y los habitantes sean 5 200 000.

(c) Calcúlese el grado de fiabilidad de la estimación.

Resolución

(a) La renta *per capita* es el cociente entre la renta y el número de habitantes.

Efectuando estos cocientes podemos construir la siguiente tabla:

X	Y	XY	X^2	Y^2
2 850,0	2 500	7 125 000	8 122 500	6 250 000
3 317,1	2 900	9 619 590	11 003 152	8 410 000
4 285,7	4 100	17 571 370	18 367 224	16 810 000
4 772,7	4 750	22 670 325	22 778 665	22 562 500
5 217,4	5 100	26 608 740	27 221 263	26 010 000
5 687,5	5 620	31 963 750	32 347 656	31 584 400
6 664,0	6 750	44 820 000	44 089 600	45 562 500
32 770,4	31 720	160 378 775	163 930 060	157 189 400

de donde

$$\begin{aligned} \overline{X} &= 4\,681{,}15 \\ \overline{Y} &= 4\,531{,}4 \\ S_X^2 &= 1\,502\,138 \\ S_Y^2 &= 1\,922\,043 \\ S_{XY} &= 1\,697\,504 \end{aligned}$$

y la recta pedida es

$$y - 4\,531{,}4 = \frac{1\,697\,504}{1\,502\,138}(x - 4\,681{,}5)$$

es decir,

$$y = -758{,}7 + 1{,}13x$$

(b) Con los datos dados, la renta *per capita* para el año 2009 será

$$x_{2009} = \frac{4\,008\,000\,000}{5\,200\,000} = 7\,707{,}7 \text{ euros}$$

y el consumo previsible,

$$y^*_{2009} = -758{,}7 + 1{,}13 \cdot 7\,707{,}7 = 7951 \text{ euros.}$$

(c) Calculando el coeficiente de determinación,

$$R^2 = \frac{S^2_{XY}}{S^2_X S^2_Y}$$

se tiene $R^2 = 0{,}9980$, lo que indica que la dependencia entre el consumo y la renta es prácticamente exacta, por lo que puede afirmarse que la estimación prevista es muy fiable.

PROPUESTOS

P 8.1 Las reservas y la deuda exterior de un país no comunitario en miles de millones de dólares, durante los últimos años han sido las siguientes:

Año	*Deuda (X)*	*Reservas (Y)*
2003	30,1	30,2
2004	32,7	39,9
2005	34,8	44,4
2006	45,0	53,1
2007	58,0	66,3
2008	79,8	50,5

Hállese la recta de regresión de las reservas sobre la deuda exterior.

P 8.2 A fin de comprobar la validez de la ley de Hooke, se realizaron veinticinco pruebas de alargamiento de un resorte para determinar la fuerza recuperadora, obteniéndose los siguientes resultados:

Alargamiento (X)	*Fuerza* (Y)	*Frecuencia* (n_{ij})
1	0,4	4
2	0,9	3
2	1,1	2
3	2,7	2
4	4,7	3
4	4,9	2
5	7,5	4
7	15,2	5

Hállese la recta de regresión de Y sobre X y su coeficiente de determinación. ¿Es adecuado el modelo lineal para explicar la ley de Hooke?

8.3 Para encontrar una relación entre la calidad del vino y la lluvia registrada en determinadas zonas de producción españolas, se realizó un estudio con 50 muestras diferentes de la misma cosecha, obteniéndose los siguientes resultados:

Lluvia anual (en milímetros)	*Calificación del vino (en grados)*	*Número de muestras*
De 0 a 400	14°	6
De 0 a 400	12°	8
De 400 a 800	12°	11
De 400 a 800	10°	10
De 400 a 800	8°	8
De 800 a 1 200	8°	7

Hállense las rectas de regresión mínimo-cuadrática y el coeficiente de determinación lineal.

8.4 Se han considerado las puntuaciones obtenidas por un grupo de estudiantes en un test de destreza operativa, realizado a principios de curso, y las calificaciones finales en la asignatura de Matemáticas, que son las dadas en la siguiente tabla:

Calificación final	*Puntuaciones del test*					
	40-60	60-80	80-100	100-120	120-140	140-160
3	2	3				
5	2	5				
7			4	6	3	
8			3		1	
9						3

De acuerdo con los datos anteriores, obténgase una valoración de la influencia que existe entre la destreza operativa y la calificación final de este grupo de alumnos.

8.5 Decídase razonadamente si las ecuaciones

$$\begin{aligned} 5x+3y+8 &= 0 \\ x-2y-17 &= 0 \end{aligned}$$

pueden corresponder a las rectas de regresión de una distribución estadística bidimensional.

8.6 En una distribución estadística, la recta de regresión de Y sobre X es $2x-3y+6=0$. Sabiendo que $\overline{X}=4$ y $b'=4/3$, hállense la recta de regresión de X sobre Y y el coeficiente de determinación.

8.7 Calcúlese el coeficiente de regresión de Y sobre X e indíquese el signo de la dependencia lineal en una distribución de la que se conocen el coeficiente de correlación, $r=-0{,}85$, y las varianzas $S_X^2=6{,}4$ y $S_Y^2=12{,}2$.

8.8 Se sabe que las varianzas de una distribución son $S_X^2=3{,}75$ y $S_Y^2=7{,}40$. ¿Puede aceptarse como coeficiente de regresión de Y sobre X el valor $b=1{,}44$?

8.9 Para la distribución que sigue, hállese el coeficiente de determinación e interprétese el resultado.

X	Y
2	1
3	3
4	5
5	7
6	9

P 8.10 Sabiendo que se verifica la relación $5S_Y = 4S_X$ en una distribución bidimensional de medias aritméticas $\overline{X} = 16$, $\overline{Y} = 12$, y que la medida de la dependencia lineal entre las variables es

$$R^2 = \frac{9}{16}$$

hállese la recta de regresión X sobre Y y, a partir de ella, decídase el valor que debe esperarse para la variable X en el caso de ser $y_i = 4$.

P 8.11 Ajústese una parábola de regresión a la distribución siguiente:

x_i	y_j	n_{ij}
De 0 a 6	103	6
De 6 a 10	107	9
De 10 a 14	110	7
De 14 a 20	118	10

¿Qué valor debe esperarse para la variable Y en una observación en que $x_i = 7{,}6$?

P 8.12 Para estudiar la dependencia entre el período de un péndulo, o tiempo empleado en una oscilación completa, y la longitud del mismo, se obtuvieron los siguientes resultados, después de cinco observaciones:

Período (en segundos)	*Longitud (en centímetros)*
1	25
1,4	50
2	100
2,5	150
3	225

Hállense una recta y una parábola de regresión que expliquen la dependencia de la longitud del péndulo respecto a su período. Compárense sus coeficientes de determinación.

P 8.13 En la tabla adjunta figuran algunas magnitudes económicas relativas a un determinado colectivo, medidas en miles de unidades monetarias.

Año	*Renta (Re)*	*Impuestos directos (I)*	*Consumo (C)*
2003	427	67	275
2004	503	88	330
2005	572	92	440
2006	641	106	495
2007	718	123	550
2008	801	141	550

Sabiendo que la renta disponible (*Rd*) es

$$Rd = Re - I,$$

(a) Hállese la función «consumo-renta disponible» de la forma

$$C = a + bRd$$

(b) Estímese el consumo para el año 2009, en la hipótesis de que la renta sea 860 y los impuestos directos 180.

(c) Hállese el coeficiente de determinación y exprésese su significado.

Capítulo 9

Regresión múltiple

9.1. Regresión múltiple

Cuando una variable estadística Z debe ser explicada por la acción simultánea de dos o más variables, origina un problema de *regresión múltiple*. Estudiaremos sólo el caso lineal, ya que los casos no lineales exigen procesos de cálculo más complejos y también analizaremos sucintamente la *correlación conjunta* mediante fórmulas vistas en el Capítulo 8.

Cuando se observan tres aspectos cuantitativos de un colectivo de N elementos debemos considerar tres variables X, Y, y Z, disponiendo de N valores para cada una de ellas.

El análisis individual de estas variables permite obtener la media y la varianza, así como las covarianzas cuando se toman dos de ellas. Varianzas y covarianzas pueden disponerse en una configuración plana:

$$S_{XYZ} = \begin{pmatrix} S_X^2 & S_{XY} & S_{XZ} \\ S_{YX} & S_Y^2 & S_{YZ} \\ S_{ZX} & S_{ZY} & S_Z^2 \end{pmatrix}$$

llamada *matriz de covarianzas* de las variables X, Y, Z, que es simétrica en virtud de la definición de covarianza. Esta matriz puede generalizarse a más de tres variables.

El problema de la regresión en el caso de una variable tridimensional consiste en encontrar una función $z = f(x,y)$ cuya gráfica sea una buena aproximación a la nube de puntos representativa del fenómeno observado. Para cada punto de la nube (x_i, y_i, z_i) la función de ajuste nos proporcionará un valor $z_i^* = f(x_i, y_i)$, llamado valor estimado, que define un error $e_i = z_i - z_i^*$.

La función de ajuste puede determinarse siguiendo el método de los *mínimos cuadrados*, es decir, haciendo que se cumpla:

$$\sum (z_i - z_i^*)^2 = \text{mínima.}$$

En el caso general de $k+1$ variables, el problema de la regresión tiene también por objetivo determinar una función $z = f(x_1, x_2, \dots, x_k)$ cuyo grafo tenga la mayor aproximación a la nube de puntos.

9.2. Regresión lineal múltiple para 3 variables

Plano de regresión de Z sobre X e Y

Dada una distribución estadística de variables X, Y, Z, si se quiere ajustar un plano de la forma

$$z = a + bx + cy$$

a la nube de puntos por mínimos cuadrados, hemos de determinar los parámetros a, b, y c de modo que sea mínima la suma:

$$\sum (z_i - z_i^*)^2$$

extendida a todos los puntos de la distribución.

Estos valores a, b y c se obtienen resolviendo el siguiente sistema de ecuaciones normales:

$$\left\{ \begin{array}{rcl} \sum z_i & = & aN + b\sum x_i + c\sum y_i \\ \sum x_i z_i & = & a\sum x_i + b\sum x_i^2 + c\sum x_i y_i \\ \sum y_i z_i & = & a\sum y_i + b\sum x_i y_i + c\sum y_i^2 \end{array} \right. \qquad (9.1)$$

El sistema anterior se puede escribir con notación matricial en forma:

$$\begin{pmatrix} \sum z_i \\ \sum x_i z_i \\ \sum y_i z_i \end{pmatrix} = \begin{pmatrix} N & \sum x_i & \sum y_i \\ \sum x_i & \sum x_i^2 & \sum x_i y_i \\ \sum y_i & \sum x_i y_i & \sum y_i^2 \end{pmatrix} \begin{pmatrix} a \\ b \\ c \end{pmatrix}$$

y cuando la matriz del sistema tiene inversa, la solución se escribe de forma directa como:

$$\begin{pmatrix} a \\ b \\ c \end{pmatrix} = \begin{pmatrix} N & \sum x_i & \sum y_i \\ \sum x_i & \sum x_i^2 & \sum x_i y_i \\ \sum y_i & \sum x_i y_i & \sum y_i^2 \end{pmatrix}^{-1} \begin{pmatrix} \sum z_i \\ \sum x_i z_i \\ \sum y_i z_i \end{pmatrix} \tag{9.2}$$

Realizando las operaciones convenientes se obtienen:

$$b = \frac{S_Y^2 S_{XZ} - S_{XY} S_{YZ}}{S_X^2 S_Y^2 - S_{XY}^2} \tag{9.3}$$

$$c = \frac{S_X^2 S_{YZ} - S_{XY} S_{XZ}}{S_X^2 S_Y^2 - S_{XY}^2} \tag{9.4}$$

$$a = \overline{Z} - b\overline{X} - c\overline{Y} \tag{9.5}$$

en donde calcularemos a después de tener b y c.

Sustituyendo el valor de a en la ecuación $z = a + bx + cy$, se tiene que

$$z = \overline{Z} - b\overline{X} - c\overline{Y} + bx + cy$$

de donde

$$z - \overline{Z} = b(x - \overline{X}) + c(y - \overline{Y}) \tag{9.6}$$

es decir,

$$z - \overline{Z} = \frac{S_Y^2 S_{XZ} - S_{XY} S_{YZ}}{S_X^2 S_Y^2 - S_{XY}^2}(x - \overline{X}) + \frac{S_X^2 S_{YZ} - S_{XY} S_{XZ}}{S_X^2 S_Y^2 - S_{XY}^2}(y - \overline{Y}) \tag{9.7}$$

Esta ecuación nos indica que el plano hallado pasa el punto $(\overline{X}, \overline{Y}, \overline{Z})$ que es el centro de gravedad de la nube de puntos.

El plano obtenido se llama *plano de regresión* de Z sobre X e Y. El plano de regresión de Y sobre X y Z, de la forma $y = a' + b'x + c'z$, y el plano de regresión de X sobre Y y Z, de ecuación $x = a'' + b''y + c''z$, pueden deducirse de forma análoga o bien obtenerse de forma directa permutando variables en la fórmula (9.7).

Si no existe la matriz inversa que aparece en la fórmula (9.2) significa que el sistema carece de solución. En este caso se demuestra que las variables X e Y son linealmente dependientes; este hecho se expresa técnicamente diciendo que se trata de un problema de *multicolinealidad* o de imposibilidad de hallar los parámetros del modelo, con los datos de que se dispone, ya que existe proporcionalidad entre x_i e y_i.

9.3. Regresión lineal múltiple para $k+1$ variables

Si se dispone de N observaciones conjuntas de la variable $(k+1)$-dimensional $(Z, X_1, X_2, \ldots, X_k)$ podemos ajustar la correspondiente nube de puntos mediante una función $z = f(x_1, x_2, \ldots, x_k)$.

El caso más sencillo es aquél en que la función f es de primer grado en cada una de las variables, y el problema del ajuste mínimo-cuadrático se traduce en encontrar un *hiperplano de regresión* de ecuación

$$z = a + b_1x_1 + b_2x_2 + \cdots + b_kx_k$$

Siguiendo un proceso análogo al descrito para tres variables, los coeficientes a, b_1, b_2,..., b_k, que definen el hiperplano buscado, resultan como solución del sistema

$$\begin{pmatrix} a \\ b_1 \\ b_2 \\ \vdots \\ b_k \end{pmatrix} = \begin{pmatrix} N & \sum x_{1i} & \sum x_{2i} & \cdots & \sum x_{ki} \\ \sum x_{1i} & \sum x_{1i}^2 & \sum x_{1i}x_{2i} & \cdots & \sum x_{1i}x_{ki} \\ \sum x_{2i} & \sum x_{2i}x_{1i} & \sum x_{2i}^2 & \cdots & \sum x_{2i}x_{ki} \\ \vdots & \vdots & \vdots & \ddots & \vdots \\ \sum x_{ki} & \sum x_{ki}x_{1i} & \sum x_{ki}x_{2i} & \cdots & \sum x_{ki}^2 \end{pmatrix}^{-1} \begin{pmatrix} \sum z_i \\ \sum x_{1i}z_i \\ \sum x_{2i}z_i \\ \vdots \\ \sum x_{ki}z_i \end{pmatrix} \quad (9.8)$$

9.4. Correlación lineal múltiple

Para una distribución estadística de variables Z, X_1, X_2,..., X_k, el análisis de la correlación múltiple entre las variables es análogo al caso bidimensional.

La varianza residual de Z, como en la fórmula (8.1), es

$$S_e^2 = \frac{\sum_{i=1}^{N} e_i^2}{N}$$

siendo $e_i = z_i - z_i^*$, o bien, $z_i = z_i^* + e_i$, de donde se deduce que

$$S_Z^2 = S_{Z^*}^2 + S_e^2.$$

La expresión

$$R^2 = \frac{S_{Z^*}^2}{S_Z^2} = 1 - \frac{S_e^2}{S_Z^2} \quad (9.9)$$

se llama *coeficiente de determinación múltiple*. Este coeficiente varía entre 0 y 1 y valora la medida en que Z depende de las variables $X_1, X_2,..., X_k$ de forma conjunta, expresándose habitualmente en porcentajes.

Al valor $r = +\sqrt{R^2}$ se le llama *coeficiente de correlación lineal conjunta* de la variable Z respecto de las variables X_1, X_2,..., X_k. Tengamos en cuenta que si se considera la variable Z con cada una de las restantes variables, e incluso dos de éstas, se tendrán los *coeficientes de correlación parcial*, de forma análoga a la descrita en la fórmula (8.9).

EN DETALLE

9.1 Sean las variables X,Y, Z, de las que se dispone de los datos siguientes:

x_i	y_i	z_i
4	2	1
5	3	2
7	4	3
8	7	5
10	8	6

(a) Hállese la matriz de covarianzas.

(b) Determínese el plano de regresión mínimo-cuadrática de Z sobre X e Y.

(c) Calcúlese el coeficiente de determinación.

RESOLUCIÓN

(a) Disponemos los cálculos en la siguiente tabla:

x_i	y_i	z_i	x_i^2	y_i^2	z_i^2	x_iy_i	x_iz_i	y_iz_i
4	2	1	16	4	1	8	4	2
5	3	2	25	9	4	15	10	6
7	4	3	49	16	9	28	21	12
8	7	5	64	49	25	56	40	35
10	8	6	100	64	36	80	60	48
34	24	17	254	142	75	187	135	103

y obtenemos

$$\begin{aligned} \overline{X} &= 6{,}8, & \overline{Y} &= 4{,}8, & \overline{Z} &= 3{,}4, \\ S_X^2 &= 4{,}56, & S_Y^2 &= 5{,}36, & S_Z^2 &= 3{,}44, \\ S_{XY} &= 4{,}76, & S_{XZ} &= 3{,}88, & S_{YZ} &= 4{,}28, \end{aligned}$$

por lo que la matriz de covarianza es

$$S_{XYZ} = \begin{pmatrix} 4{,}56 & 4{,}76 & 3{,}88 \\ 4{,}76 & 5{,}36 & 4{,}28 \\ 3{,}88 & 4{,}28 & 3{,}44 \end{pmatrix}$$

(b) Para hallar el plano de regresión $z = a + bx + cy$ calculamos los coeficientes mediante las fórmulas (9.3), (9.4) y (9.5),

$$\begin{aligned} b &= \frac{5{,}36 \cdot 3{,}88 - 4{,}76 \cdot 4{,}28}{4{,}56 \cdot 5{,}36 - 4{,}76^2} = 0{,}238 \\ c &= \frac{4{,}56 \cdot 4{,}28 - 4{,}76 \cdot 3{,}88}{4{,}56 \cdot 5{,}36 - 4{,}76^2} = 0{,}587 \\ a &= 3{,}4 - 0{,}238 \cdot 6{,}8 - 0{,}587 \cdot 4{,}8 = -1{,}036 \end{aligned}$$

y el plano pedido es

$$z = -1{,}036 + 0{,}238x + 0{,}587y$$

(c) Para hallar el coeficiente de determinación calculamos los valores de z_i^* mediante la ecuación del plano, obteniéndose

x_i	y_i	z_i	z_i^*	e_i	e_i^2
4	2	1	1,090	−0,090	0,0081
5	3	2	1,915	0,085	0,0072
7	4	3	2,978	0,022	0,0005
8	7	5	4,977	0,023	0,0005
10	8	6	6,040	−0,040	0,0016
				0,000	0,0179

y entonces

$$S_e^2 = \frac{\sum e_i^2}{N} - \left(\frac{\sum e_i}{N}\right)^2 = \frac{0{,}0179}{5} - 0 = 0{,}0036$$

de donde,

$$R^2 = 1 - \frac{S_e^2}{S_Z^2} = 1 - \frac{0{,}036}{3{,}44} = 0{,}989 = 98{,}9\,\%.$$

9.2 La siguiente tabla muestra la estatura en centímetros, el peso en kilogramos y la edad en años de los diez componentes de un equipo de natación:

Estatura	144	132	160	147	146	148	136	152	140	141
Peso	38	32	46	39	38	46	28	45	36	32
Edad	9	6	12	10	9	10	6	11	8	7

(a) Hállese la ecuación del plano de regresión de mínimos cuadrados de la estatura sobre el peso y la edad.

(b) Estímese la estatura de un nadador de 10 años y 48 kg.

RESOLUCIÓN

(a) Sean X la variable peso, Y la edad y Z la estatura, tenemos que

x_i	y_i	z_i	x_i^2	y_i^2	z_i^2	x_iy_i	x_iz_i	y_iz_i
38	9	144	1 444	81	20 736	342	5 472	1 296
32	6	132	1 024	36	17 424	192	4 224	792
46	12	160	2 116	144	25 600	552	7 360	1 920
39	10	147	1 521	100	21 609	390	5 733	1 470
38	9	146	1 444	81	21 316	342	5 548	1 314
46	10	148	2 116	100	21 904	460	6 808	1 480
28	6	136	784	36	18 496	168	3 808	816
45	11	152	2 025	121	23 104	495	6 840	1 672
36	8	140	1 296	64	19 600	288	5 040	1 120
32	7	141	1 024	49	19 881	224	4 512	987
380	88	1 446	14 794	812	209 670	3 453	55 345	12 867

de donde

$$\begin{array}{rclrclrcl}
\overline{X} &=& 38, & \overline{Y} &=& 8{,}8, & \overline{Z} &=& 144{,}6,\\
S_X^2 &=& 35{,}4, & S_Y^2 &=& 3{,}76, & S_Z^2 &=& 57{,}84,\\
S_{XY} &=& 10{,}9, & S_{XZ} &=& 39{,}7, & S_{YX} &=& 14{,}22,\\
b &=& -0{,}4006, & c &=& 4{,}9432, & a &=& 116{,}3226,
\end{array}$$

luego el plano de regresión pedido es

$$z = 116{,}32 - 0{,}40x + 4{,}94y$$

(b) La estimación de la estatura del nadador que se pide se obtiene sustituyendo en la ecuación del plano el peso y la edad. El resultado pedido es

$$z^* = 116{,}32 - 0{,}40 \cdot 48 + 4{,}94 \cdot 10 = 146{,}5 \text{ cm}.$$

9.3 Resuélvase el sistema de ecuaciones normales del plano de regresión de Z sobre X e Y.

RESOLUCIÓN

Para resolver el sistema de ecuaciones normales

$$\left\{\begin{array}{rcl}
\sum z_i &=& aN + b\sum x_i + c\sum y_i\\
\sum x_i z_i &=& a\sum x_i + b\sum x_i^2 + c\sum x_i y_i\\
\sum y_i z_i &=& a\sum y_i + b\sum x_i y_i + c\sum y_i^2
\end{array}\right.$$

se despeja a de la primera ecuación, siendo

$$a = \frac{\sum z_i}{N} - b\frac{\sum x_i}{N} - c\frac{\sum y_i}{N}$$

o bien,

$$a = \overline{Z} - b\overline{X} - c\overline{Y}$$

y sustituyendo el valor de a en las otras dos ecuaciones queda

$$\left\{\begin{array}{rcl}
\sum x_i z_i &=& \left(\frac{\sum z_i}{N} - b\frac{\sum x_i}{N} - c\frac{\sum y_i}{N}\right)\sum x_i + b\sum x_i^2 + c\sum x_i y_i\\
\sum y_i z_i &=& \left(\frac{\sum z_i}{N} - b\frac{\sum x_i}{N} - c\frac{\sum y_i}{N}\right)\sum y_i + b\sum x_i y_i + c\sum y_i^2
\end{array}\right.$$

Dividiendo en ambas entre N y operando se obtiene

$$\left\{\begin{array}{l}
\frac{\sum x_i z_i}{N} - \frac{\sum x_i}{N}\frac{\sum z_i}{N} = b\left[\frac{\sum x_i^2}{N} - \left(\frac{\sum x_i}{N}\right)^2\right] + c\left[\frac{\sum x_i y_i}{N} - \frac{\sum x_i}{N}\frac{\sum y_i}{N}\right]\\
\frac{\sum y_i z_i}{N} - \frac{\sum y_i}{N}\frac{\sum z_i}{N} = b\left[\frac{\sum x_i y_i}{N} - \frac{\sum x_i}{N}\frac{\sum y_i}{N}\right] + c\left[\frac{\sum y_i^2}{N} - \left(\frac{\sum y_i}{N}\right)^2\right]
\end{array}\right.$$

es decir,

$$\left\{\begin{array}{rcl}
S_{XZ} &=& bS_X^2 + cS_{XY}\\
S_{YZ} &=& bS_{XY} + cS_Y^2
\end{array}\right.$$

y resolviendo, por reducción o por la regla de Cramer, resultan finalmente

$$b = \frac{S_Y^2 S_{XZ} - S_{XY} S_{YZ}}{S_X^2 S_Y^2 - S_{XY}^2}$$

$$c = \frac{S_X^2 S_{YZ} - S_{XY} S_{XZ}}{S_X^2 S_Y^2 - S_{XY}^2}$$

Es claro que cuando es $S_X^2 S_Y^2 - S_{XY}^2 = 0$ no es posible obtener b y c estando en un caso de multicolinealidad.

PROPUESTOS

P 9.1 De una variable estadística tridimensional (X,Y,Z) se consideran las observaciones dadas por la tabla:

X	5	7	6	8	9	7	10
Y	8	15	12	18	14	20	16
Z	12	22	18	14	15	23	28

Hállese el plano de regresión de Z sobre X e Y y el coeficiente de determinación.

P 9.2 La tabla que se da a continuación representa las calificaciones de ocho alumnos en las asignaturas de Álgebra, Cálculo y Estadística de un curso universitario.

Álgebra	6	5	6	7	7	6	5	9
Cálculo	7	5	5	8	7	8	7	8
Estadística	9	6	7	6	7	8	7	9

(a) Obténgase el plano de regresión de la Estadística sobre el Álgebra y el Cálculo.

(b) Estímese la calificación en la asignatura de Estadística para un alumno del mismo grupo, cuyas calificaciones en Álgebra y Cálculo hubiesen sido 4 y 4.

P 9.3 Dedúzcanse las ecuaciones normales del plano de regresión de Z sobre X e Y.

Capítulo 10

Correlación de atributos

10.1. Estadística de atributos

Este capítulo está dedicado al estudio de caracteres cualitativos o atributos de una determinada población o colectivo.

Los atributos no son susceptibles de una valoración numérica. El análisis estadístico de los mismos se basa en el recuento que se realiza de cada una de sus modalidades. De este modo se elaboran tablas en las que a cada modalidad se le asigna su frecuencia absoluta.

Si se trata de un solo atributo resulta una tabla de dos columnas.

Atributo A	*Frecuencias*
Modalidad a_1	n_1
Modalidad a_2	n_2
$\vdots$	$\vdots$
Modalidad a_k	n_k
	N

Dado que las modalidades no son cuantificables no tienen sentido aquí las frecuencias acumuladas. Las frecuencias relativas se obtienen como si de variables estadísticas se tratase y las representaciones gráficas ya han sido tratadas en el Capítulo 2.

En el caso de considerar dos atributos de una misma población los datos se disponen en una tabla de doble entrada:

	Atributo B						
Atributo B	a_1	a_2	$\cdots$	a_p	$\cdots$	a_h	*Totales*
b_1	n_{11}	n_{21}	$\cdots$	n_{p1}	$\cdots$	n_{h1}	$\sum n_{i1}$
b_2	n_{12}	n_{22}	$\cdots$	n_{p2}	$\cdots$	n_{h2}	$\sum n_{i2}$
$\vdots$	$\vdots$	$\vdots$	$\ddots$	$\vdots$	$\ddots$	$\vdots$	$\vdots$
b_q	n_{1q}	n_{2q}	$\cdots$	n_{pq}	$\cdots$	n_{hq}	$\sum n_{iq}$
$\vdots$	$\vdots$	$\vdots$	$\ddots$	$\vdots$	$\ddots$	$\vdots$	$\vdots$
b_k	n_{1k}	n_{2k}	$\cdots$	n_{pk}	$\cdots$	n_{hk}	$\sum n_{ik}$
Totales	$\sum n_{1j}$	$\sum n_{2j}$	$\cdots$	$\sum n_{pj}$	$\cdots$	$\sum n_{hj}$	N

Si se consideran por separado cada uno de los atributos se originan las *distribuciones marginales* que resultan de considerar las filas primera y última así como la primera y última columnas.

10.2. Correlación por rangos

Si se dispone de N elementos diferentes, al establecer una ordenación o rango entre ellos estamos definiendo un atributo A para el cual sus modalidades, a_i, son los números naturales, $1,2,\ldots,N$.

Considerada otra ordenación o rango de los N elementos, se tiene otro atributo B cuyas modalidades, b_i, son también los números naturales $1,2,\ldots,N$ en orden diferente.

Para valorar el grado de concordancia entre los dos rangos u ordenaciones existen diferentes coeficientes, siendo los de uso más frecuente los *coeficientes de correlación r_s de Spearman, τ de Kendall* y *γ de Goodman y Kruskal.*

Coeficiente de correlación de Spearman

Teniendo en cuenta que las modalidades a_i y b_i son los números naturales del 1 al N en una y otra ordenación, pueden interpretarse como una variable estadística bidimensional de la que es posible hallar su coeficiente de correlación lineal, definido en el Capítulo 8, obteniéndose como coeficiente, véase el problema resuelto 10.1,

$$r_s = 1 - \frac{6 \sum_{i=1}^{N} d_i^2}{N^3 - N} \tag{10.1}$$

donde $d_i = a_i - b_i$ y $-1 \leq r_s \leq 1$.

Cuando existe concordancia perfecta entre rangos es $a_i = b_i$, luego $d_i = a_i - b_i = 0$ y entonces es $r_s = 1$.

Cuando existe discordancia perfecta, es decir, si los rangos son de la forma:

a_i	1	2	$\cdots$	k	$\cdots$	$N-1$	N
b_i	N	$N-1$	$\cdots$	$N-(k-1)$	$\cdots$	2	1

entonces es $r_S = -1$, véase el problema propuesto 10.1.

Coeficientes de correlación de Kendall y de Goodman-Kruskal

Consideradas las modalidades a_i y b_i y siendo Q el número total de inversiones de b_i con respecto a a_i y P el número total de permanencias, el coeficiente de Kendall se define por

$$\tau = \frac{2(P-Q)}{N(N-1)} \tag{10.2}$$

en donde los empates entre ambas ordenaciones han sido eliminados previamente al cálculo de Q y P.

Es conveniente recordar que dos elementos presentan inversión cuando aparecen escritos en orden contrario en una y otra ordenación, y que forman permanencia cuando su orden es coincidente en ambas ordenaciones.

La forma práctica de calcular Q y P es reordenar ambos rangos, después de eliminar los empates, haciendo coincidir uno de ellos con el orden natural y contar inversiones y permanencias en el otro.

Este coeficiente verifica $-1 \leq \tau \leq 1$, pero tiene el inconveniente de que, cuando existen empates, el coeficiente no puede alcanzar los valores -1 y 1 porque el denominador siempre será mayor que Q y que P.

Si el número de empates es grande, conviene utilizar el *coeficiente de Goodman-Kruskal*, el cual elimina los empates del numerador y del denominador, y que está dado por

$$\gamma = \frac{P-Q}{P+Q}. \tag{10.3}$$

En el caso de que no existan empates, ambos coeficientes coinciden pues el número de pares de elementos que pueden obtenerse a partir de N objetos es $\frac{N(N-1)}{2}$ el cual coincide con $P+Q$.

El coeficiente γ verifica que $-1 \leq \gamma \leq 1$, ya que si es $P = 0$ entonces $\gamma = -1$ y si es $Q = 0$ es $\gamma = 1$. Valores de γ próximos a 1 indican órdenes de preferencia semejantes, mientras que valores de γ próximos a -1 corresponden a órdenes contrarios. Si γ se aproxima a 0 es indicativo de que existe independencia entre los dos rangos.

10.3. Independencia y asociación

Si del análisis conjunto de dos atributos no se observa ningún tipo de influencia recíproca en las modalidades, diremos que son *independientes*. En caso contrario, cuando exista influencia mutua entre las modalidades de dos atributos, se dice que *existe asociación*. Esta asociación puede ser de *atracción* o de *repulsión*, según que las modalidades consideradas tengan mayor o menor frecuencia de la que podría esperar si fuesen independientes.

EJEMPLO 10.1. Si disponemos de un colectivo formado por jugadores de baloncesto y jinetes de carreras y los clasificamos en altos y bajos, parece muy posible que las proporciones de unos y otros no sean análogas, sino que exista una asociación de atracción entre jugadores de baloncesto y altos, y de repulsión entre éstos y bajos, y análogamente con los jinetes

Tablas de contingencia 2×2

Para estudiar la independencia y la asociación entre dos atributos cada uno de los cuales tiene únicamente dos modalidades o niveles excluyentes, se disponen las frecuencias en una tabla de contingencia 2×2:

$B \setminus A$	a_1	a_2	*Totales*
b_1	n_{11}	n_{21}	$\sum n_{i1}$
b_2	n_{12}	n_{22}	$\sum n_{i2}$
Totales	$\sum n_{1j}$	$\sum n_{2j}$	N

donde n_{ij} representa la frecuencia conjunta de las modalidades a_i y b_j.

EJEMPLO 10.2. Si se consideran los atributos *sexo* (A) y *fumador* (B) se tiene la tabla:

B (Fumar)\ A (Sexo)	*Hombre*	*Mujer*	*Totales*
Fumador	n_{11}	n_{21}	$\sum n_{i1}$
No fumador	n_{12}	n_{22}	$\sum n_{i2}$
Totales	$\sum n_{1j}$	$\sum n_{2j}$	N

en la cual, si los atributos fuesen independientes, la proporción de hombres fumadores entre los hombres debe coincidir con la proporción total de fumadores, es decir,

$$\frac{n_{11}}{\sum n_{1j}} = \frac{\sum n_{i1}}{N}$$

Para las mujeres fumadoras

$$\frac{n_{21}}{\sum n_{2j}} = \frac{\sum n_{i1}}{N}$$

y de forma análoga para hombres y mujeres que no fuman.
Bajo la misma hipótesis de independencia, las frecuencias relativas para las modalidades cruzadas de cada atributo serán:

$$\frac{n_{11}}{N} = \frac{\sum n_{i1}}{N} \cdot \frac{\sum n_{1j}}{N}, \qquad \frac{n_{12}}{N} = \frac{\sum n_{i2}}{N} \cdot \frac{\sum n_{1j}}{N}$$
$$\frac{n_{21}}{N} = \frac{\sum n_{i1}}{N} \cdot \frac{\sum n_{2j}}{N}, \qquad \frac{n_{22}}{N} = \frac{\sum n_{i2}}{N} \cdot \frac{\sum n_{2j}}{N}$$

Si las igualdades anteriores no se verifican, los atributos Sexo y Fumador serían dependientes, es decir, existiría asociación entre ellos. Si, por ejemplo, fuese

$$\frac{n_{21}}{N} > \frac{\sum n_{i1}}{N} \cdot \frac{\sum n_{2j}}{N}$$

significaría que hay más mujeres fumadoras que las que serían de esperar en el caso de independencia entre los atributos, existiendo una atracción entre las modalidades a_2 (mujer) y b_1(fumador) y, como consecuencia, repulsión entre a_1 y b_1 y entre a_2 y b_2, así como atracción entre a_1 y b_2.

En general, si de la tabla de contingencia 2×2 se obtiene:

$$n_{pq} \begin{matrix} \geq \\ = \\ < \end{matrix} \frac{\sum_i n_{iq} \sum_j n_{pj}}{N}$$

significa que entre las modalidades a_p y b_q existe, respectivamente:

$$\begin{cases} \text{atracción} \\ \text{independencia, o} \\ \text{repulsión.} \end{cases}$$

Coeficiente de asociación Q de Yule

Otra forma de decidir la independencia o asociación entre dos atributos con dos modalidades cada uno, es calcular el coeficiente Q de Yule:

$$Q = \frac{n_{11}n_{22} - n_{12}n_{21}}{n_{11}n_{22} + n_{12}n_{21}} \tag{10.4}$$

que varía entre -1 y 1, tiene valores próximos a 0 cuando hay independencia y a -1 y 1 si hay asociación, respectivamente, cuando existe repulsión o atracción. Es preciso utilizar este coeficiente con cuidado, pues, si por ejemplo, es $n_{22} = 0$, se obtiene $Q = -1$ y, sin embargo, puede no existir asociación de repulsión.

10.4. Tablas de contingencia $h \times k$

Se utilizan cuando los atributos A y B poseen h y k modalidades respectivamente y se construyen del mismo modo que las tablas 2×2 disponiendo las filas y columnas convenientes.

Para que los atributos sean independientes es preciso que se verifique la proporción:

$$n_{pq} = \frac{\sum_j n_{pj} \sum_i n_{iq}}{N}$$

para todas las frecuencias conjuntas n_{pq}, aunque en realidad basta que se verifique en cada fila para $h-1$ valores y en cada columna para $k-1$, pues el restante quedará determinado por la suma total de esa fila o columna, esto se expresa diciendo que existen $(h-1)(k-1)$ *grados de libertad*.

Considerando las frecuencias absolutas teóricas, n'_{pq}, que deben esperarse en el caso de que los atributos fuesen independientes, dadas por

$$n'_{pq} = \frac{\sum_j n_{pj} \sum_i n_{iq}}{N} \tag{10.5}$$

se establece un coeficiente para valorar de algún modo las diferencias entre las frecuencias teóricas y las frecuencias observadas. Este coeficiente se llama *coeficiente de contingencia*, se representa por χ^2 (léase chi-cuadrado) y está dado por

$$\chi^2 = \sum_{p=1}^{h} \sum_{q=1}^{k} \frac{(n_{pq} - n'_{pq})^2}{n'_{pq}} \tag{10.6}$$

Prueba χ^2 para decidir la independencia de dos atributos

El valor de χ^2 depende de la diferencia entre las frecuencias observadas y las teóricas. Para decidir si dos atributos son o no independientes, se toma como hipótesis la independencia y, por tratarse de una muestra que depende de las probabilidades, hemos de fijar un margen de error que se llama *nivel de significación*, α, siendo el 5 % y el 1 % los valores más utilizados, y buscamos en la tabla de la $\chi^2_{\alpha,\nu}$ teórica, que se encuentra en la página 325, el valor correspondiente a los grados de libertad $\nu = (h-1)(k-1)$ y el nivel de significación, α, elegido. Si se obtiene que

$$\chi^2 < \chi^2_{\alpha,\nu}$$

entonces se acepta la hipótesis de independencia al nivel de significación α; en caso contrario, se rechaza esta hipótesis de independencia y se concluye que los atributos son dependientes, es decir, existe asociación.

Coeficiente de contingencia de Pearson

Teniendo en cuenta que los límites de χ^2 varían en cada caso, es conveniente utilizar el coeficiente de contingencia, debido a K. Pearson, dado por

$$C = \sqrt{\frac{\chi^2}{\chi^2 + N}} \tag{10.7}$$

Este coeficiente varía en $[0;1)$; valores próximos a 0 indican independencia y cuanto más se aproxime C a 1, mayor es el grado de asociación entre los dos atributos. Cuando $h = k$, se puede demostrar que C toma valores menores que $\sqrt{1 - \frac{1}{k}}$.

EN DETALLE

10.1 Dedúzcase la fórmula del coeficiente de Spearman.

RESOLUCIÓN

Sabemos que el coeficiente de correlación es, según la fórmula (8.9)

$$r = \frac{S_{XY}}{S_X S_Y}$$

en nuestro caso,

$$r = \frac{S_{AB}}{S_A S_B} = \frac{\frac{1}{N}\Sigma(a_i - \overline{a})(b_i - \overline{b})}{\sqrt{\frac{1}{N}\Sigma(a_i - \overline{a})^2 \frac{1}{N}\Sigma(b_i - \overline{b})^2}} = \frac{\Sigma(a_i - \overline{a})(b_i - \overline{b})}{\sqrt{\Sigma(a_i - \overline{a})^2 \Sigma(b_i - \overline{b})^2}}$$

y para calcular estas sumas, recordamos las fórmulas elementales de la suma de los primeros N números y de la suma de sus cuadrados:

$$\begin{aligned}\sum_{i=1}^{N} a_i &= \sum_{i=1}^{N} b_i = 1+2+\cdots+N = \frac{N(N+1)}{2}\\ \sum_{i=1}^{N} a_i^2 &= \sum_{i=1}^{N} b_i^2 = 1^2+2^2+\cdots+N^2 = \frac{N(N+1)(2N+1)}{6}\end{aligned}$$

y las fórmulas de la varianza (4.4) y (4.5):

$$S^2 = \frac{1}{N}\sum(a_i-\overline{a})^2 = \frac{\sum a_i^2}{N} - \left(\frac{\sum a_i}{N}\right)^2 = \frac{\sum a_i^2}{N} - \frac{(\sum a_i)^2}{N^2}$$

de donde resulta que

$$\sum(a_i-\overline{a})^2 = \sum a_i^2 - \frac{(\sum a_i)^2}{N}$$

sustituyendo y operando se tiene

$$\begin{aligned}\sum(a_i-\overline{a})^2 &= \frac{N(N+1)(2N+1)}{6} - \frac{[N(N+1)]^2}{4N} =\\ &= \frac{2N(N+1)(2N+1)-3N(N+1)^2}{12} = \frac{N(N+1)(N-1)}{12} = \frac{N^3-N}{12}\end{aligned}$$

Haciendo $d_i = a_i - b_i$ y teniendo en cuenta que $\overline{a} = \overline{b}$, se tiene que

$$\begin{aligned}\sum d_i^2 &= \sum(a_i-b_i)^2 = \sum[(a_i-\overline{a})-(b_i-\overline{b})]^2 =\\ &= \sum(a_i-\overline{a})^2 + \sum(b_i-\overline{b})^2 - 2\sum(a_i-\overline{a})(b_i-\overline{b})\end{aligned}$$

de donde

$$\sum(a_i-\overline{a})(b_i-\overline{b}) = \frac{1}{2}\left[\sum(a_i-\overline{a}) + \sum(b_i-\overline{b}) - \sum d_i^2\right]$$

y con los valores obtenidos es

$$\sum(a_i-\overline{a})(b_i-\overline{b}) = \frac{1}{2}\left[\frac{N^3-N}{12} + \frac{N^3-N}{12} - \sum d_i^2\right] = \frac{N^3-N}{12} - \frac{\sum d_i^2}{2}$$

Sustituyendo en la expresión de r, se tiene el coeficiente de correlación por rangos o coeficiente de correlación ordinal

$$r_s = \frac{S_{XY}}{S_X S_Y} = \frac{\dfrac{N^3-N}{12} - \dfrac{\sum d_i^2}{2}}{\sqrt{\dfrac{N^3-N}{12}\cdot\dfrac{N^3-N}{12}}} = \frac{\dfrac{N^3-N}{12} - \dfrac{\sum d_i^2}{2}}{\dfrac{N^3-N}{12}} = 1 - \frac{6\sum d_i^2}{N^3-N}$$

que es la fórmula (10.1).

10.2 Las clasificaciones de siete ciclistas en dos pruebas de pista han sido las siguientes:

Ciclista	*Prueba 1*	*Prueba 2*
Álvarez	4	7
Díaz	2	5
Fernández	7	2
Gómez	6	6
Jiménez	1	4
López	5	1
Martínez	3	3

Analícese el grado de semejanza en las clasificaciones mediante los coeficientes de correlación por rangos:

(a) De Spearman.

(b) De Kendall y de Goodman-Kruskal.

RESOLUCIÓN

(a) A partir de la tabla

	a_i	b_i	d_i	d_i^2
A	4	7	−3	9
D	2	5	−3	9
F	7	2	5	25
G	6	6	0	0
J	1	4	−3	9
L	5	1	4	16
M	3	3	0	0
			0	68

se tiene que

$$r_s = 1 - \frac{6\sum d_i^2}{N^3 - N} = 1 - \frac{6 \cdot 68}{7^3 - 7} = -0,21.$$

(b) Para hallar los coeficientes de Kendall y de Goodman-Kruskal, eliminamos los empates y reordenamos la tabla de modo que a_i esté en orden natural, de esta manera podemos contar las inversiones y permanencias observando únicamente la columna b_i; construyendo una columna Q_i que mide las inversiones de cada número de la columna b_i con los números que le siguen en la columna y son menores que él, y otra columna P_i en la que anotamos para cada número los que le siguen que son mayores que él. Se obtiene:

	a_i	b_i	Q_i	P_i
J	1	4	2	2
D	2	5	2	1
A	4	7	2	0
L	5	1	0	1
F	7	2	0	0
			6	4

Así, en la primera fila, aparecen dos inversiones que son las del número 4 con los números 1 y 2 que son menores que él y están debajo, y dos permanencias que son las del 4 con el 5 y el 7. Recordemos que cada número se compara con los que están debajo de él.

Con las fórmulas (10.2) y (10.3), nos queda que

$$\tau = \frac{2(P-Q)}{N(N-1)} = \frac{2(4-6)}{7\cdot 6} = -0{,}10,$$
$$\gamma = \frac{P-Q}{P+Q} = \frac{4-6}{4+6} = -0{,}20.$$

La proximidad a 0 de ambos coeficientes nos indica que no hay semejanza entre las clasificaciones, siendo éstas independientes.

10.3 Se han clasificado las familias de una ciudad aragonesa atendiendo al tipo de vivienda y a la actividad principal del titular (sector servicios o agricultura, comercio e industria) y se obtuvo la tabla siguiente:

	Unifamiliar	*En bloque*
S. Servicios	82	524
A., C. e I.	108	792

Estúdiese la existencia de asociación o independencia mediante:

(a) El estudio de la tabla de contingencia.

(b) El coeficiente de asociación.

(c) El coeficiente de contingencia.

RESOLUCIÓN

(a) Construimos la tabla de contingencia:

	a_1	a_2	*Totales*
b_1	82	524	606
b_2	108	792	900
Totales	190	1 316	1 506

y aplicando la fórmula (10.5), tenemos:

$$n_{11} = 82 \simeq \frac{606\cdot 190}{1\,506} = 76{,}5$$
$$n_{12} = 108 \simeq \frac{900\cdot 190}{1\,506} = 113{,}5$$
$$n_{21} = 524 \simeq \frac{606\cdot 1\,316}{1\,506} = 529{,}6$$
$$n_{22} = 792 \simeq \frac{900\cdot 1\,316}{1\,506} = 786{,}5$$

Lo que nos indica claramente que existe independencia entre el tipo de vivienda y la actividad principal.

(b) Con la fórmula (10.4) se tiene que

$$Q = \frac{n_{11}n_{22} - n_{12}n_{21}}{n_{11}n_{22} + n_{12}n_{21}} = \frac{82 \cdot 792 - 108 \cdot 524}{82 \cdot 792 + 108 \cdot 524} = 0{,}069$$

que indica también la existencia de independencia.

(c) Aunque la prueba χ^2 se utiliza para tablas de contingencia mayores, puede usarse también en tablas 2×2. Para ello construimos la tabla:

a_p	b_q	n_{pq}	n'_{pq}	$n_{pq} - n'_{pq}$	$(n_{pq} - n'_{pq})^2$	$\frac{(n_{pq}-n'_{pq})^2}{n'_{pq}}$
a_1	b_1	82	76,5	5,5	30,25	0,40
a_1	b_2	108	113,5	−5,5	30,25	0,27
a_2	b_1	524	529,6	−5,6	31,36	0,06
a_2	b_2	792	786,5	5,5	30,25	0,04
				$\simeq 0{,}0$		0,77

donde, por ejemplo,

$$n'_{11} = \frac{606 \cdot 190}{1\,506} = 76{,}5.$$

Se obtiene que

$$\chi^2 = \sum_p \sum_q \frac{(n_{pq} - n'_{pq})^2}{n'_{pq}} = 0{,}77.$$

Puesto que tenemos $\nu = (2-1)(2-1) = 1$, un grado de libertad, si elegimos $\alpha = 0{,}01$ como nivel de significación, observando la tabla de χ^2 se lee

$$\chi^2_{\alpha,\nu} = 6{,}635$$

y como

$$\chi^2 = 0{,}77 < 6{,}635 = \chi^2_{\alpha,\nu}$$

se concluye que es aceptable la hipótesis de independencia, es decir, podemos afirmar, con un 99 % de posibilidades de no equivocarnos, que son independientes los atributos estudiados en la ciudad en que se ha hecho el estudio.

10.4 Dos grupos de alumnos han realizado el mismo curso mediante dos métodos de enseñanza diferentes y han obtenido las calificaciones finales que se indican en la tabla siguiente:

	Suspenso	*Aprobado*	*Notable*	*Sobresaliente*
Tutorial	26	25	22	17
Presencial	30	25	37	28

Decídase mediante la prueba de χ^2 si existe influencia del método de enseñanza en las calificaciones.

RESOLUCIÓN

Formamos la tabla de contingencia

	a_1	a_2	a_3	a_4	*Totales*
b_1	26	25	22	17	90
b_2	30	25	37	28	120
Totales	56	50	59	45	210

y a partir de ella:

n_{pq}	n'_{pq}	$n_{pq}-n'_{pq}$	$(n_{pq}-n'_{pq})^2$	$\frac{(n_{pq}-n'_{pq})^2}{n'_{pq}}$
26	24,00	2,00	4,000	0,167
30	32,00	−2,00	4,000	0,125
25	21,43	3,57	12,745	0,595
25	28,57	−3,57	12,745	0,446
22	25,29	−3,29	10,824	0,428
37	33,71	3,29	10,824	0,321
17	19,29	−2,29	5,244	0,272
28	25,71	2,29	5,244	0,204
		0,00		2,558

Como $v = (2-1)(4-1) = 3$, si tomamos como hipótesis la independencia de los dos atributos, con el nivel de significación $\alpha = 0{,}10$, se obtiene que

$$\chi^2 = 2{,}558 < 6{,}251 = \chi^2_{\alpha,v}$$

por lo que no puede rechazarse la hipótesis de independencia con el nivel elegido y, naturalmente, tampoco con el nivel de significación $\alpha = 0{,}01$.

El cálculo del coeficiente de contingencia de Pearson nos da

$$C = \sqrt{\frac{\chi^2}{\chi^2+N}} = \sqrt{\frac{2{,}558}{2{,}558+210}} = 0{,}109$$

que nos indica que los atributos son independientes.

0.5 La siguiente tabla muestra, en porcentajes, las producciones provinciales de la Comunidad Valenciana por sectores:

	Agricultura	*Industria*	*Comercio*
Castellón	21,2	34,3	44,5
Valencia	9,5	36,7	53,8
Alicante	10,7	45,0	44,3

Analícese si existe asociación entre los sectores y las provincias.

RESOLUCIÓN

Construimos la tabla de contingencia

	a_1	a_2	a_3	*Totales*
b_1	21,2	34,3	44,5	100
b_2	9,5	36,7	53,8	100
b_3	10,7	45,0	44,3	100
Totales	41,4	116,0	142,6	300

y la tabla para el cálculo de χ^2:

n_{pq}	n'_{pq}	$n_{pq} - n'_{pq}$	$(n_{pq} - n'_{pq})^2$	$\frac{(n_{pq}-n'_{pq})^2}{n'_{pq}}$
21,2	13,8	7,4	54,76	3,97
9,5	13,8	−4,3	18,49	1,34
10,7	13,8	−3,1	9,61	0,70
34,3	38,7	−4,4	19,36	0,50
36,7	38,7	−2,0	4,00	0,10
45,0	38,7	6,3	39,69	1,03
44,5	47,5	−3,0	9,00	0,19
53,8	47,5	6,3	39,69	0,84
44,3	47,5	−3,2	10,24	0,22
		0,0		8,89

Los grados de libertad son $\nu = (3-1)(3-1) = 4$ y si elegimos como nivel de significación $\alpha = 0{,}10$, queda:

$$\chi^2 = 8{,}89 > 7{,}779 = \chi^2_{\alpha,\nu}$$

De este modo, al nivel de significación del 10 % puede rechazarse la hipótesis de independencia y aceptar que existe asociación. La pequeña diferencia que existe entre los números 8,89 y 7,779 nos debe llevar a disminuir el nivel de significación, so pena de equivocarnos 10 veces de cada 100.

Para $\alpha = 0{,}01$, es decir, con probabilidad 99 % de no equivocarnos, es

$$\chi^2 = 8{,}89 < 13{,}277 = \chi^2_{0,01;4}$$

luego la hipótesis de independencia no puede ser rechazada y concluimos, finalmente, que los atributos son independientes.

El cálculo del coeficiente de contingencia resultará

$$C = \sqrt{\frac{8{,}89}{8{,}89 + 300}} = 0{,}16$$

que nos indica que existe independencia.

PROPUESTOS

P 10.1 Demuéstrese que en el caso de discordancia perfecta, el coeficiente de correlación de Spearman vale -1.

P 10.2 Se han presentado seis juguetes a dos niños para que los ordenen según sus preferencias y se han obtenido las ordenaciones siguientes:

Juguete	*Niño A*	*Niño B*
Coche	1	2
Tren	3	4
Parchís	5	6
Ajedrez	4	3
Camión	2	1
Muñeca	6	5

Analícese si estos niños tienen gustos parecidos o, por el contrario, son independientes.

10.3 Para probar la efectividad de una vacuna se realizó un experimento en un grupo de personas, vacunando a una parte de ellas y observando las que contrajeron la enfermedad. Los datos se recogen en la tabla siguiente:

	Vacunados	*No vacunados*
Enfermaron	13	236
No enfermaron	215	450

Estúdiese la efectividad de la vacuna mediante:

(a) La tabla de contingencia.

(b) El coeficiente de asociación.

10.4 El resultado realizado en una ciudad sobre el tipo de vehículo y el sexo de su propietario está resumido en el cuadro siguiente:

	Hombre	*Mujer*
Utilitario	537	155
Familiar	85	11
Gran berlina	12	3
Deportivo	14	6
Monovolumen	6	1

Dedúzcase la existencia de asociación o independencia entre los dos atributos.

10.5 Se ha realizado un estudio sobre la afición que los jóvenes valoran, en primer lugar, entre sus preferencias, según el nivel de formación que poseen, obteniéndose la siguiente tabla:

Estudios	*Deportes*	*Televisión*	*Espectáculos*	*Bricolaje*	*Lectura*
Primarios	238	117	69	88	12
Medios	101	35	47	15	123
Superiores	43	11	39	7	281

Analícese la existencia de asociación entre el nivel de estudios y la afición preferida.

Capítulo 11

Series temporales

11.1. Series temporales o cronológicas

En Estadística descriptiva se entiende por *serie temporal* o histórica toda colección de datos referidos a una determinada magnitud en diferentes instantes de un período de tiempo. Las series temporales son distribuciones estadísticas bidimensionales en las que una de las variables es el tiempo. La forma más usual de presentar estas distribuciones es mediante una tabla de dos columnas: en la primera de ellas aparece la variable tiempo, que se suele designar por t_i, y en la otra, representada por y_i, aparecen los valores de la variable objeto de estudio.

Son muchas las actividades humanas en las que un tratamiento adecuado, desde el punto de vista científico, exige el manejo de las series temporales. Así ocurre en los procesos económicos, demográficos, administrativos, etc.

El estudio de las series temporales tiene dos objetivos básicos: analizar las variaciones del fenómeno estudiado y predecir situaciones futuras a partir de la información que se posee. Así, la serie temporal formada por las rentas *per capita* de los españoles en los últimos veinte años puede informarnos del nivel de vida medio en este período y permitirnos valorar su evolución futura.

Trataremos en este capítulo únicamente aspectos elementales de las series cronológicas, pues un análisis en profundidad exige técnicas específicas que están fuera de los límites de un curso de introducción.

11.2. Componentes de las series temporales

Cada serie temporal es la resultante de la interacción de diversos factores cuya influencia global determina los valores de la variable a lo largo del tiempo.

Estos factores se suelen agrupar, tradicionalmente, en cuatro tipos:

1. **Tendencia secular**: es la dirección fundamental seguida por la variable cuando se estudia a largo plazo. Así puede determinarse si la serie obedece a una cierta ley, ya sea estabilidad, crecimiento, decrecimiento o alternancia.

   Esta tendencia debe considerarse prescindiendo de las alteraciones que la variable experimente en ciertos períodos de tiempo.

2. **Variaciones estacionales**: son los cambios experimentados por la serie temporal con carácter periódico. Estos períodos son generalmente de un año o menos en su duración, siendo las más importantes las variaciones originadas de forma natural por la sucesión de las estaciones del año, que se suelen equiparar a los trimestres del año.

   Las variaciones estacionales influyen especialmente en serie que tengan dependencia del clima o de los hábitos humanos (temperatura, cantidad de lluvia, turismo, etc.)

3. **Variaciones cíclicas**: son aquellas componentes debidas a movimientos en la serie y que se repiten periódicamente, si bien no son tan regulares como en las variaciones estacionales. Estas oscilaciones son propias de las variables económicas (ciclos bursátiles, oscilaciones de los tipos de interés, cambio en la moda, etc.)

4. **Variaciones accidentales**: son las componentes que alteran la trayectoria de la serie de una forma brusca e imprevista. Surgen de forma accidental y generalmente obedecen a la ley del azar (huelgas, accidentes, fenómenos naturales, competencia imprevista, etc.)

Las cuatro componentes enumeradas determinan conjuntamente los valores de la variable analizada en cada instante, sin que pueda valorarse con precisión el influjo individual de cada una de ellas. Ante la imposibilidad de medir el influjo de cada componente sobre la serie, se han adoptado usualmente dos formas de explicación, o hipótesis: la aditiva, en la que la variable es suma de las cuatro componentes,

$$Y = T_s + V_e + V_c + V_a$$

y la multiplicativa, para la cual

$$Y = T_s \cdot V_e \cdot V_c \cdot V_a$$

La conjunción de estas componentes puede interpretarse adecuadamente mediante la Figura 11.1.

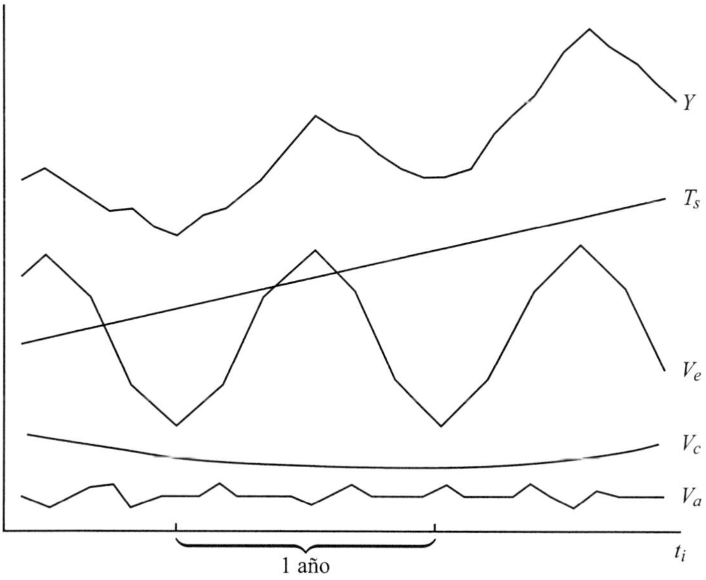

Figura 11.1. La serie temporal y sus componentes

Las componentes que vamos a estudiar son únicamente la tendencia secular y la variación estacional, que son las que tienen una mayor influencia sobre la variable y un comportamiento más uniforme.

11.3. Tendencia secular

Es la componente básica de la serie temporal y la que más influye a largo plazo. Las otras tres componentes modifican sólo parcialmente los valores de la variable debidos a la tendencia secular. La tendencia secular nos permite estimar valores de la variable Y para valores de la variable t, sean o no datos de la tabla estadística que define la serie temporal.

Existen cuatro métodos elementales para obtener la tendencia secular.

Método gráfico

Si se tiene la serie temporal (t_i, y_i) representada en un sistema de ejes cartesianos, siendo el eje horizontal el de tiempos y el vertical el de la variable Y, y se unen los puntos máximos de la gráfica mediante una poligonal y, a su vez, los puntos mínimos mediante otra, existe una línea poligonal equidistante de las anteriores que se obtiene uniendo los puntos medios de los segmentos verticales delimitados por las poligonales anteriores trazadas por cada punto de máximo y de mínimo. Esta poligonal nos proporciona la tendencia secular, como se observa en la Figura 11.2.

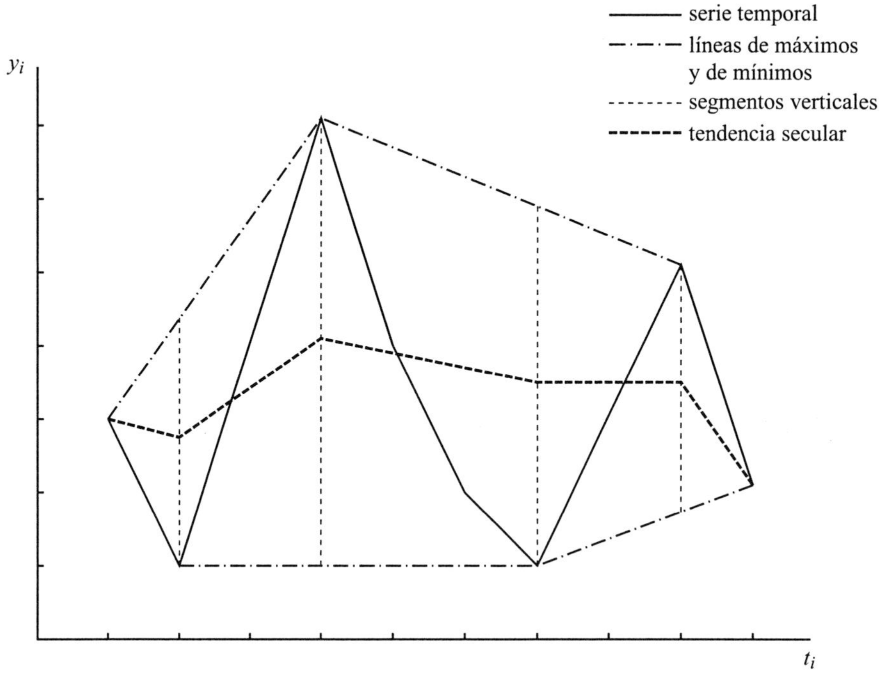

Figura 11.2. La tendencia secular por el método gráfico

Método de las medias móviles

Con el fin de eliminar la influencia de cada observación particular, se promedia cada valor de la variable Y con los valores contiguos mediante la media aritmética; estos promedios sustituyen a los valores de la variable y nos proporcionan la tendencia secular, siendo ésta una distribución con menor dispersión que la original.

La tendencia secular se puede obtener por este método de diversas formas, dependiendo del número de datos a promediar; este número se llama *tamaño de las medias móviles*, y las más utilizadas son las medias de tamaño impar: 3, 5,... Si el tamaño es par, las medias móviles no quedan centradas, y es preciso volver a promediar.

Si la serie temporal está dada por

t_i	y_i
t_1	y_1
t_2	y_2
t_3	y_3
t_4	y_4
t_5	y_5
t_6	y_6
t_7	y_7
t_8	y_8

las medias móviles de tamaño tres, representadas por $\overline{y}_i$, son

$$\overline{y}_2 = \frac{y_1 + y_2 + y_3}{3} \qquad \overline{y}_5 = \frac{y_4 + y_5 + y_6}{3}$$

$$\overline{y}_3 = \frac{y_2 + y_3 + y_4}{3} \qquad \overline{y}_6 = \frac{y_5 + y_6 + y_7}{3}$$

$$\overline{y}_4 = \frac{y_3 + y_4 + y_5}{3} \qquad \overline{y}_7 = \frac{y_6 + y_7 + y_8}{3}$$

Es evidente, en este caso, la inexistencia de las medias móviles $\overline{y}_1$ e $\overline{y}_8$, al no existir valor anterior a y_1 ni posterior a y_8.

Con la distribución dada y las medias móviles obtenidas, la tendencia secular se presenta de la forma siguiente:

t_i	$\overline{y}_i$
t_1	-
t_2	$\overline{y}_2$
t_3	$\overline{y}_3$
t_4	$\overline{y}_4$
t_5	$\overline{y}_5$
t_6	$\overline{y}_6$
t_7	$\overline{y}_7$
t_8	-

Si para la misma distribución se toman medidas de tamaño cuatro, la primera media posible es

$$\frac{y_1 + y_2 + y_3 + y_4}{4}$$

que representamos por $\overline{y}_3$, y no corresponde ni a t_2 ni a t_3, sino a un tiempo intermedio, es decir, no está centrada en el tiempo. Análogamente sucede con las demás medias de este tamaño, $\overline{y}_4, \overline{y}_5$, $\overline{y}_6$ e $\overline{y}_7$.

Con el fin de acomodar los valores de Y en la tendencia a los tiempos de la distribución, es necesario promediar con tamaño dos las medias $\overline{y}_i$, obteniéndose las medias centradas, $\overline{\overline{y}}_i$, resultando la tabla siguiente:

t_i	y_i	$\overline{y}_i$	$\overline{\overline{y}}_i$
t_1	y_1		-
t_2	y_2		-
		$\overline{y}_3$	
t_3	y_3		$\overline{\overline{y}}_3$
		$\overline{y}_4$	
t_4	y_4		$\overline{\overline{y}}_4$
		$\overline{y}_5$	
t_5	y_5		$\overline{\overline{y}}_5$
		$\overline{y}_6$	
t_6	y_6		$\overline{\overline{y}}_6$
		$\overline{y}_7$	
t_7	y_7		-
t_8	y_8		-

siendo

$$\bar{y}_3 = \frac{y_1 + y_2 + y_3 + y_4}{3}$$

$$\bar{\bar{y}}_3 = \frac{\bar{y}_3 + \bar{y}_4}{2}$$

$$\bar{y}_4 = \frac{y_2 + y_3 + y_4 + y_5}{3}$$

$$\bar{\bar{y}}_4 = \frac{\bar{y}_4 + \bar{y}_5}{2}$$

$$\bar{y}_5 = \frac{y_3 + y_4 + y_5 + y_6}{3}$$

$$\bar{\bar{y}}_5 = \frac{\bar{y}_5 + \bar{y}_6}{2}$$

$$\bar{y}_6 = \frac{y_4 + y_5 + y_6 + y_7}{3}$$

$$\bar{\bar{y}}_6 = \frac{\bar{y}_6 + \bar{y}_7}{2}$$

$$\bar{y}_7 = \frac{y_5 + y_6 + y_7 + y_8}{3}$$

En este caso no existen $\bar{\bar{y}}_1, \bar{\bar{y}}_2, \bar{\bar{y}}_7$ e $\bar{\bar{y}}_8$, y la tendencia secular está dada por

t_i	$\bar{\bar{y}}_i$
t_1	-
t_2	-
t_3	$\bar{\bar{y}}_3$
t_4	$\bar{\bar{y}}_4$
t_5	$\bar{\bar{y}}_5$
t_6	$\bar{\bar{y}}_6$
t_7	-
t_8	-

Método de las dos medias

La tendencia secular, con este método, viene dada por una recta que se determina con la condición de pasar por dos puntos. La ecuación de la recta que pasa por los puntos $(\bar{t}_1, \bar{y}_1)$ y $(\bar{t}_2, \bar{y}_2)$ es

$$y = \bar{y}_1 + \frac{\bar{y}_2 - \bar{y}_1}{\bar{t}_2 - \bar{t}_1}(t - \bar{t}_1). \tag{11.1}$$

Estos dos puntos $(\bar{t}_1, \bar{y}_1)$ y $(\bar{t}_2, \bar{y}_2)$, se obtienen distribuyendo los datos en dos grupos aproximadamente iguales, de forma que contengan un número impar de datos, y se calcula la media aritmética de cada grupo. Si fuese necesario, algún dato podría figurar a la vez en los dos grupos, y pueden dejarse datos sin formar parte de ningún grupo.

Método del ajuste

Como toda serie temporal es una distribución estadística bidimensional, se puede ajustar a su nube de puntos, por el método de los mínimos cuadrados, una línea de regresión, recta, parábola, etc.

Este procedimiento de encontrar la tendencia secular, además de ser el más exacto, tiene la ventaja de disponer de una medida de la bondad del ajuste, dada por el coeficiente de determinación.

Si los valores de t son consecutivos o tienen salto constante, las ecuaciones normales se simplifican notablemente haciendo un cambio de variable.

Cuando el número de datos es impar se hace

$$t' = t - O_t \tag{11.2}$$

donde O_t es el valor central de los tiempos, estando t y t' dados en la misma unidad de tiempo.

Cuando el número de datos es par se hace

$$t' = 2(t - O_t) \tag{11.3}$$

donde O_t es la media aritmética de los dos valores centrales, y en este caso la unidad de medida del tiempo para t' es la mitad que para t.

En ambos casos se verifica que

$$\sum t_i' = 0 \qquad \text{y} \qquad \sum t'^3 = 0$$

y el sistema de ecuaciones normales que resulta para el ajuste mediante una recta o parábola de regresión es, respectivamente,

$$\left\{ \begin{array}{lcl} \sum y_i & = & aN \\ \sum t_i' y_i & = & b \sum t_i'^2 \end{array} \right. \tag{11.4}$$

$$\left\{ \begin{array}{lcl} \sum y_i & = & aN + c\sum t_i'^{\,2} \\ \sum t_i' y_i & = & b \sum t_i'^{\,2} \\ \sum t_i' y_i^2 & = & a\sum t_i'^2 + c\sum t_i'^4 \end{array} \right. \tag{11.5}$$

La ecuación de la recta de regresión de Y sobre el tiempo es

$$y = a + bt' \qquad (t' \text{ con origen en } O_t)$$

y deshaciendo el cambio efectuado en (11.2) o (11.3) resulta

$$y = a + b(t - O_t)$$

o bien

$$y = a + 2b(t - O_t)$$

Si el ajuste es cuadrático, la ecuación de la parábola es

$$y = a + bt' + ct'^2 \qquad (t' \text{ con origen en } O_t)$$

y escribiendo t de acuerdo con la correspondiente fórmula del cambio (11.2) o (11.3) queda

$$y = a + b(t - O_t) + c(t - O_t)^2$$

o bien

$$y = a + 2b(t - O_t) + 4c(t - O_t)^2$$

De los cuatro procedimientos expuestos para determinar la tendencia secular, hemos de destacar que los dos últimos (método de las dos medias y método del ajuste), al estar expresados mediante una ecuación, aparte de su mayor exactitud, permiten la predicción de valores de la variable para tiempos que no figuran entre los datos, siendo particularmente útil el método del ajuste para estimar valores de la variable en tiempos futuros con un cierto grado de certeza.

11.4. Variación estacional

Para determinar la variación estacional de una serie temporal es preciso eliminar las otras componentes de la serie. Existen diversos métodos para el cálculo de la variación estacional, unos fundamentados en la hipótesis aditiva y otros en la multiplicativa. El de mayor utilización es el conocido como *método de los cocientes a las medias móviles*, cuya aplicación se realiza mediante los cinco pasos siguientes:

1. *Cálculo de las medias móviles*: en la serie temporal dada por trimestres, meses, etc., se determinan las medias móviles de tamaño un año, resultando una serie no centrada.

2. *Determinación de la tendencia secular*: la serie de medias móviles obtenida anteriormente se centra promediando cada par de valores.

3. *Eliminación de la tendencia*: mediante cociente entre los datos de la serie original y la obtenida en el apartado anterior, cuando es posible, se elimina la tendencia secular. Si el período analizado es breve, la variación cíclica debe considerarse incluida en la tendencia, por lo que desaparece al efectuar los cocientes indicados.

4. *Eliminación de la variación accidental*: se consigue promediando mediante la media aritmética los valores obtenidos en el tercer paso para cada fracción de año.

5. *Cálculo de los índices*: los valores anteriores, expresados en tanto por ciento, se denominan *índices de variación estacional.*

En una serie temporal, los índices de variación estacional muestran el peso de la componente estacional después de eliminar las otras tres componentes, es decir, nos dan una idea de la variación de la variable a lo largo del año.

Cuando se quiere tener una serie en la que no influya la componente debida a la variación estacional, es preciso realizar un sexto paso.

6. *Desestacionalización de una serie*: para eliminar la influencia de la variación estacional en la serie temporal, se efectúan los cocientes entre la serie original y su índice correspondiente, obteniéndose una serie en la que no está presente la variación estacional.

El objeto de la desestacionalización es el estudio del comportamiento de una variable a corto plazo.

11.5. Autocorrelación

En muchas ocasiones los valores de una serie temporal dependen linealmente de los valores observados en un tiempo anterior.

Dada una serie temporal (t_i, y_i), se considera la serie (t_i, y_{i-h}), obtenida de la primera mediante un retardo de h unidades de tiempo. La distribución bidimensional (y_i, y_{i-h}) permite el estudio de su correlación. Esta correlación entre la variable y_i y la variable retardada y_{i-h} se denomina *autocorrelación* de la serie temporal dada.

La existencia de autocorrelación en una serie temporal indica, en mayor o menor medida, la dependencia lineal que una serie temporal tiene con ella misma con un retardo en el tiempo; esta medida viene determinada por el coeficiente de correlación entre las variables y_i e y_{i-h}, llamado *coeficiente de autocorrelación*, que viene dado por la fórmula

$$r = \frac{S_{t,t-h}}{S_t \cdot S_{t-h}} \tag{11.6}$$

El coeficiente de autocorrelación mide la dependencia de los valores de una variable respecto a los valores de la misma en un tiempo anterior.

EN DETALLE

1.1 Las precipitaciones, en milímetros, registradas durante el año meteorológico 2007-08 en un observatorio fueron las siguientes:

2007				2008							
Sep	*Oct*	*Nov*	*Dic*	*Ene*	*Feb*	*Mar*	*Abr*	*May*	*Jun*	*Jul*	*Ago*
117	123	54	13	48	27	19	116	87	94	132	70

Determínese la tendencia secular de la serie temporal dada por el método gráfico.

RESOLUCIÓN

Representando la serie en un sistema de ejes se tiene: donde la línea de tendencia, en trazo

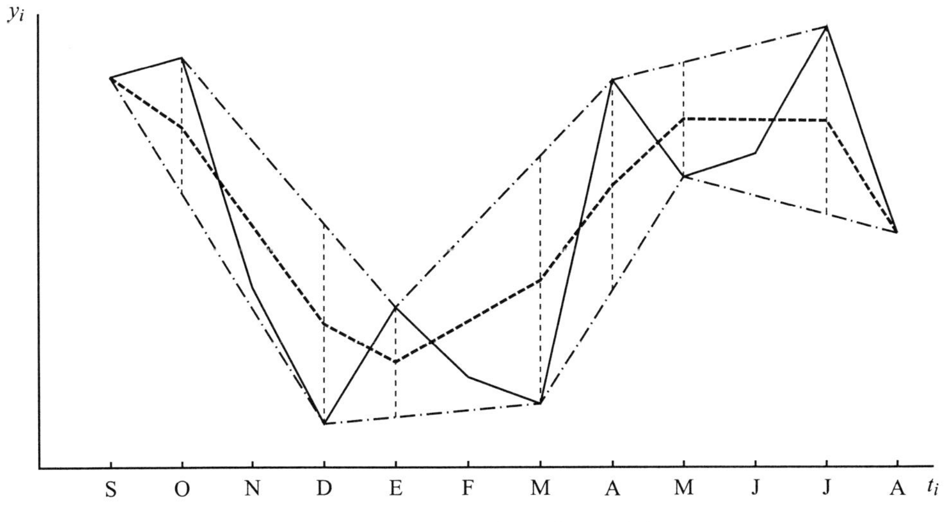

Figura 11.3. Tendencia secular de las precipitaciones

discontinuo, se ha obtenido uniendo los puntos medios de los segmentos que unen las poligonales de máximos y mínimos.

.2 Las ventas de discos compactos de la sección musical de una cadena comercial durante los últimos años han sido los indicados en la Tabla 11.1.
Obténgase la tendencia secular de la serie de ventas por el método de las medias móviles con tamaños 3 y 4.

Año	*Unidades vendidas*
1998	4 162
1999	3 973
2000	2 750
2001	2 217
2002	1 598
2003	1 871
2004	1 568
2005	1 146
2006	1 156
2007	750
2008	910

Tabla 11.1. Datos del problema resuelto 11.2

RESOLUCIÓN

Con tamaño 3, la tendencia secular es la siguiente:

t_i	y_i	$\overline{y}_i$
1998	4 162	-
1999	3 973	3 628,3
2000	2 750	2 980,0
2001	2 217	2 188,3
2002	1 598	1 895,3
2003	1 871	1 679,0
2004	1 568	1 528,3
2005	1 146	1 290,0
2006	1 156	1 017,3
2007	750	938,7
2008	910	-

donde $\overline{y}_{1999}$, por ejemplo, es

$$\frac{4\,162+3\,973+2\,750}{3}=3\,628{,}3$$

La tendencia con medias móviles de tamaño 4 resulta en la Tabla 11.2. La columna $\overline{y}_i$ es la serie de medias móviles de tamaño 4, en la que, por ejemplo es

$$\overline{y}_3=\frac{4\,162+3\,973+2\,750+2\,217}{4}=3\,275{,}50$$

y, como estas medias no son valores centrados en los años, es necesario volver a promediar, resultando la columna de medias móviles centradas $\overline{\overline{y}}_i$, en la que, por ejemplo, son

$$\begin{aligned}\overline{\overline{y}}_3 &= \frac{3\,275{,}50+2\,634{,}50}{2}=2\,955{,}0\\ \overline{\overline{y}}_4 &= \frac{2\,634{,}50+2\,109{,}00}{2}=2\,371{,}8\end{aligned}$$

y así sucesivamente.

t_i	y_i	$\overline{y}_i$	$\overline{\overline{y}}_i$
1998	4 162		-
1999	3 973		-
		3 275,50	
2000	2 750		2 955,0
		2 634,50	
2001	2 217		2 371,8
		2 109,00	
2002	1 598		1 961,2
		1 813,50	
2003	1 871		1 679,6
		1 545,75	
2004	1 568		1 490,5
		1 435,25	
2005	1 146		1 295,1
		1 155,00	
2006	1 156		1 072,8
		990,50	
2007	750		-
2008	910		-

Tabla 11.2. Tendencia secular con medias móviles de tamaño 4

1.3 Las ventas de libros de un grupo comercial en los últimos años ha sido:

Año	*Nº de ejemplares*
2001	30 996
2002	33 784
2003	34 092
2004	(no se dispone de datos)
2005	35 814
2006	35 984
2007	36 470
2008	37 340

Calcúlese la tendencia secular por el método de las dos medias. Estímense las ventas de ejemplares en los años 2004 y 2009.

RESOLUCIÓN

Asignando al año 2002 la media aritmética de los valores de la serie correspondiente a los años 2001, 2002 y 2003, cuyo valor es

$$\frac{30996+33784+34092}{3}=33959$$

se considera el punto de coordenadas $(2002, 33959)$.

Eligiendo entre los años restantes los tres últimos, se considera el punto de coordenadas $(2007, 36598)$, ya que

$$36\,598 = \frac{35\,984 + 36\,470 + 37\,340}{3}$$

La ecuación de la recta que pasa por los puntos anteriores es, según la fórmula (11.1),

$$y = 33\,959 + \frac{36\,598 - 33\,959}{2006 - 2001}(t - 2002)$$

Operando queda:

$$y = 33\,959 + 528(t - 2002).$$

En la ecuación anterior, que nos da la tendencia secular, sustituyendo t por los valores 2004 y 2009 se obtiene:

$$\begin{aligned} y^*_{2004} &= 33\,959 + 528(2004 - 2002) = 35\,015 \text{ ejemplares,} \\ y^*_{2009} &= 33\,959 + 528(2009 - 2002) = 37\,655 \text{ ejemplares.} \end{aligned}$$

11.4 El número de visitantes que han acudido a un parque de atracciones en los últimos años han sido:

Año	*Visitantes (en miles)*
2002	54,06
2003	52,04
2004	53,49
2005	55,33
2006	57,26
2007	63,06
2008	66,58

Hállese la tendencia secular mediante una recta y una parábola de regresión y estímese el número de visitantes en el año 2011.

RESOLUCIÓN

Haciendo el cambio $t' = t - 2005$ se tiene la tabla:

t_i	t'_i	y_i	$t'_i y_i$	t'^2_i	$t'^2_i y_i$	t'^4_i
2002	−3	54,06	−162,18	9	486,54	81
2003	−2	52,04	−104,08	4	208,16	16
2004	−1	53,49	−53,49	1	53,49	1
2005	0	55,33	0,00	0	0,00	0
2006	1	57,26	57,26	1	57,26	1
2007	2	63,06	126,12	4	252,24	16
2008	3	66,58	199,74	9	599,22	81
	0	401,82	63,37	28	1 656,91	196

Para obtener la recta de tendencia se forma el sistema de ecuaciones dado por (11.4), obteniéndose

$$\left\{ \begin{aligned} 401{,}82 &= 7a \\ 63{,}37 &= 28b \end{aligned} \right.$$

de donde

$$a = 57{,}40, \qquad b = 2{,}26$$

y la recta de regresión pedida es

$$y = 57{,}40 + 2{,}26t' \qquad (t' \text{ con origen en 2005}).$$

Deshaciendo el cambio, $t' = t - 2005$, resulta

$$y = -4\,473{,}90 + 2{,}26t$$

La parábola de regresión resulta escribiendo el sistema (11.5), que en este caso es

$$\begin{cases} 401{,}82 &= 7a + 28c \\ 63{,}37 &= 28b \\ 1\,656{,}91 &= 28a + 196c \end{cases}$$

De la solución del mismo,

$$a = 55{,}04, \qquad b = 2{,}26 \qquad \text{y} \qquad c = 0{,}59$$

se tiene la parábola

$$y = 55{,}04 + 2{,}26t' + 0{,}59t'^2 \qquad (t' \text{ con origen en 2005})$$

que, referida a t, es

$$y = 2\,367\,338{,}44 - 2\,363{,}64t + 0{,}59t^2.$$

La estimación lineal para el año 2011 se obtiene, con $t' = 2011 - 2005 = 6$, en la ecuación de la recta hallada,

$$y = 57{,}40 + 2{,}26t'$$

resultando $y^*_{2011} = 70{,}96$ miles de visitantes.

De forma análoga, la estimación parabólica vendrá dada haciendo $t' = 6$ en la ecuación

$$y = 55{,}04 + 2{,}26t' + 0{,}59t'^2$$

cuyo valor es $y^*_{2011} = 89{,}84$ miles de visitantes.

1.5 La tabla adjunta contiene los datos relativos al total de alumnos matriculados en las universidades españolas en el período comprendido entre los años 1999 a 2007:

Curso	*Universitarios*
1999-00	1 581 415
2000-01	1 590 506
2001-02	1 525 990
2002-03	1 505 454
2003-04	1 484 905
2004-05	1 464 356
2005-06	1 443 810
2006-07	1 423 396

Determínese la tendencia secular por el método de las dos medias y mediante una recta de regresión. Estímese el número de alumnos universitarios que habrá en el curso 2008-09, valorando el resultado.

RESOLUCIÓN

Método de las dos medias. Asignando a cada curso el año en que comienza y obteniendo las medias correspondientes a los alumnos matriculados en los cinco primeros cursos y en los tres últimos, se obtienen, respectivamente, los puntos

$$(2001, 1\,537\,654) \qquad \text{y} \qquad (2005, 1\,443\,854).$$

La recta que determina la tendencia secular es

$$y = 1\,537\,654 + \frac{1\,443\,854 - 1\,537\,654}{2\,005 - 2\,001}(t - 2001)$$

o bien

$$y = 1\,537\,654 - 23\,450(t - 2001).$$

Método analítico. Se construye la tabla

t_i	t'_i	y_i	$t'_i y_i$	t'^2_i
1999	−7	1 581 415	−11 069 905	49
2000	−5	1 590 506	−7 952 530	25
2001	−3	1 525 990	−4 577 970	9
2002	−1	1 505 454	−1 505 454	1
2003	1	1 484 905	1 484 905	1
2004	3	1 464 356	4 393 068	9
2005	5	1 443 810	7 219 050	25
2006	7	1 424 396	9 970 772	49
	0	12 020 832	−2 038 064	168

en la que, por tener un número par de datos, se ha realizado el cambio

$$t' = 2(t - 2002{,}5)$$

estando t' medido en semestres.

Escribiendo el sistema correspondiente de ecuaciones normales

$$\begin{cases} 12\,020\,832 &= 8a \\ -2\,038\,064 &= 168b \end{cases}$$

tenemos

$$a = 1\,502\,604 \qquad \text{y} \qquad b = -12\,131,$$

siendo la recta de tendencia, en este caso,

$$y = 1\,502\,604 - 12\,131t'$$

Con la recta obtenida en la primera parte, haciendo $t = 2008$, la estimación para el curso 2008–09 es

$$y = 1\,537\,654 - 23\,450(2008 - 2001) = 1\,373\,504 \text{ alumnos.}$$

De la recta de regresión hallada en la segunda parte, tomando

$$t' = 2(2008 - 2002{,}5) = 11$$

resulta

$$y^* = 1\,502\,604 - 12\,131 \cdot 11 = 1\,369\,163.$$

La estimación mediante la recta de regresión mínimo-cuadrática es siempre más fiable que la obtenida por el método de las dos medias.

11.6 Los saldos de la Balanza de Reservas y Deuda Exterior, expresados en millones de dólares USA, en los últimos años y relativos a un país europeo fueron:

Año	*Saldo*
2001	−14 863
2002	−8 062
2003	56
2004	7 127
2005	9 658
2006	8 131
2007	8 272
2008	−29 300

Obténgase una previsión lineal del saldo para el año 2009, dando una medida del grado de fiabilidad.

RESOLUCIÓN

Tomando como origen de tiempos el año 2004,5 y efectuando el cambio

$$t' = 2(t - 2004{,}5)$$

donde t' viene expresado en semestres, se construye la tabla

t_i	t'_i	y_i	$t'_i y_i$	t'^2_i	y_i^2
2001	−7	−14 863	104 041	49	220 908 769
2002	−5	−8 062	40 310	25	64 995 844
2003	−3	56	−168	9	3 136
2004	−1	7 127	−7 127	1	50 794 129
2005	1	9 658	9 658	1	93 276 964
2006	3	8 131	24 393	9	66 113 161
2007	5	8 272	41 360	25	68 425 984
2008	7	−29 300	−205 100	49	858 490 000
	0	−18 981	7 367	168	1 423 007 987

de la que se obtiene el sistema de ecuaciones normales

$$\begin{cases} -18\,981 = 8a \\ 7\,367 = 168b \end{cases}$$

siendo

$$a = -2\,372{,}6$$
$$b = 43{,}85$$

con lo que la recta de regresión es

$$y = -2\,372{,}6 + 43{,}85t'$$

donde t tiene origen en 2004,5 y unidad de medida el semestre; deshaciendo el cambio queda

$$y = -2\,372{,}6 + 87{,}70(t - 2004{,}5).$$

La estimación que se pide, para $t = 2009$, es

$$y^*_{2009} = -2\,372{,}6 + 87{,}70(2009 - 2004{,}5) = -1\,977{,}95$$

Como

$$R^2 = \frac{S_{ty}^2}{S_t^2 \cdot S_y^2} = b \cdot b' = b\frac{S_{ty}}{S_y^2}$$

y siendo $t' = 2(t - 2004{,}5)$, es $S_{t'y} = 2S_{ty}$, luego

$$S_{ty} = \frac{1}{2}S_{t'y}$$

y, por tanto,

$$R^2 = \frac{b}{2}\frac{S_{t'y}}{S_y^2}$$

Con los datos de la tabla se obtiene:

$$\begin{aligned} S_{t'y} &= \frac{7\,367}{8} - 0 = 920{,}875 \\ S_y^2 &= \frac{1\,423\,007\,987}{8} - \left(\frac{-18\,981}{8}\right)^2 = \\ &= 177\,875\,998{,}4 - 5\,629\,349{,}4 = 172\,246\,649 \end{aligned}$$

y, en consecuencia, resulta

$$R^2 = \frac{43{,}85}{2} \cdot \frac{920{,}875}{172\,246\,649} = 0{,}0001$$

El ajuste lineal no explica el fenómeno, por lo que la estimación no es nada fiable. De la simple observación de los valores y_i en la tabla inicial se comprende la necesidad de un ajuste parabólico.

11.7 Analizando la variación de ciertas magnitudes económicas en un determinado sector de profesionales liberales durante los últimos años, se obtuvieron los siguientes datos, en millones de euros:

Año	*Renta* (Rt)	*Consumo* (C)
2002	603	483
2003	632	524
2004	664	598
2005	691	643
2006	712	679
2007	755	760
2008	793	804

Sabiendo que se cumple que

$$\textit{Renta total } (Rt) = \textit{Consumo}(C) + \textit{Ahorro}(Y),$$

estímese el ahorro para el año 2009 en el supuesto de existir dependencia lineal, y obténgase una medida de la fiabilidad de esta estimación.

RESOLUCIÓN

Restando de la columna de rentas (Rt) los consumos (C) correspondientes, se obtiene la columna de ahorros (Y), estableciéndose la siguiente tabla:

t_i	t'_i	y_i	$t'_i y_i$	t'^2_i	y_i^2
2002	−3	120	−360	9	14 400
2003	−2	108	−216	4	11 664
2004	−1	66	−66	1	4 356
2005	0	48	0	0	2 304
2006	1	33	33	1	1 089
2007	2	−5	−10	4	25
2008	3	−11	−33	9	121
	0	359	−652	28	33 959

en la que, por disponer de un número impar de años, se ha efectuado el cambio $t' = t - 2005$.

A partir de la tabla se establece el sistema de ecuaciones normales

$$\left\{ \begin{array}{rcl} 359 & = & 7a \\ -652 & = & 28b \end{array} \right.$$

cuya solución es

$$a = 51{,}286, \qquad b = -23{,}286$$

siendo entonces la recta de regresión pedida

$$y = 51{,}286 - 23{,}286t'$$

y teniendo en cuenta el cambio queda

$$y = 51{,}286 - 23{,}286(t - 2005).$$

Esta recta nos permite estimar el ahorro en el año 2009, siendo

$$y^*_{2009} = -41{,}858 \text{ millones de euros.}$$

Para valorar la fiabilidad de la estimación dada, se ha de calcular el coeficiente de determinación, R^2, que viene dado por

$$R^2 = b\frac{S_{t'y}}{S_y^2}$$

donde es conocido $b = -23{,}286$, y tenemos:

$$\begin{aligned} S_{t'y} &= \frac{-652}{7} - 0 = -93{,}143 \qquad \text{y} \\ S_y^2 &= \frac{33\,959}{7} - \left(\frac{359}{7}\right)^2 = 4\,851{,}2857 - 2\,630{,}2245 = 2\,221{,}0612 \end{aligned}$$

resultando $R^2 = 0{,}98$, con lo que la estimación obtenida para el ahorro en 2009 es muy fiable.

11.8 Los depósitos totales en libretas de ahorro, a fin de año, en una entidad bancaria, expresados en millones de euros, han sido:

Año	*Importe total*	*Cuantía media*
2004	62 974,0	920
2005	71 148,0	980
2006	80 692,5	1 015
2007	85 417,5	1 050
2008	91 800,0	1 080

Mediante un ajuste lineal, estímese el número de impositores en el año 2009, comentando el resultado obtenido.

RESOLUCIÓN

Dividiendo los importes totales entre las cuantías medias, se obtiene el número de impositores (y_i) en cada año, se puede construir la tabla siguiente:

t_i	t'_i	y_i	t'^2_i	$t'_i y_i$	y_i^2
2004	−2	6 845	4	−13 690	46 854 025
2005	−1	7 260	1	−7 260	52 707 600
2006	0	7 950	0	0	63 202 500
2007	1	8 135	1	8 135	66 178 225
2008	2	8 500	4	17 000	72 250 000
	0	38 690	10	4 185	301 192 350

donde se ha efectuado el cambio $t' = t - 2006$.

El sistema de ecuaciones normales que se obtienen de la tabla anterior es

$$\left\{ \begin{array}{rcl} 38690 & = & 5a \\ 4185 & = & 10b \end{array} \right.$$

que tiene por soluciones

$$a = 7738 \qquad \text{y} \qquad b = 418{,}5$$

siendo entonces la recta de regresión

$$y = 7738 + 418{,}5(t - 2006).$$

La estimación dada por la recta para el año 2009 es

$$y^*_{2009} = 7738 + 418{,}5(2009 - 2006) = 8994 \text{ impositores.}$$

De la tabla anterior se obtienen también

$$S_{t'y} = \frac{4185}{5} - 0 = 837 \qquad \text{y}$$

$$S_y^2 = \frac{301192350}{5} - \left(\frac{38690}{5}\right)^2 = 361826$$

resultando

$$R^2 = b\frac{S_{t'y}}{S_y^2} = 0{,}97$$

lo que indica que la estimación obtenida es muy aceptable.

11.9 Consultadas las tablas de población española correspondientes a los últimos años, se obtuvieron los siguientes datos, expresados en millones:

Año	*Población activa (ocupados + parados)*	*Población con más de 16 años*
1999	17,3	32,9
2000	17,9	33,4
2001	17,8	33,6
2002	18,5	34,1
2003	19,0	34,3
2004	19,3	34,4
2005	21,2	36,7
2006	21,8	37,2
2007	22,5	37,8

Estímese la población activa en España para el año 2012.

RESOLUCIÓN

La población activa podría estimarse considerando la serie temporal formada por las dos primeras columnas de la tabla, pero teniendo en cuenta que la población en edad de trabajar varía de una forma determinada mientras que el porcentaje de la misma que es población activa evoluciona de forma diferente. Es conveniente utilizar estas dos series temporales, procedimiento que se conoce como *método de la razón*.

Construyendo la tabla en la que figure el porcentaje que la población activa representa con relación en edad de trabajar se tiene:

t_i	t'_i	y_i (%)	$t'_i y_i$	t'^2_i
1999	−4	52,58	−210,32	16
2000	−3	53,59	−160,77	9
2001	−2	52,98	−105,96	4
2002	−1	54,25	−54,25	1
2003	0	55,39	0	0
2004	1	56,10	56,10	1
2005	2	57,77	115,54	4
2006	3	58,60	175,80	9
2007	4	59,52	238,08	16
	0	500,78	54,22	60

y el sistema de ecuaciones normales es

$$\begin{cases} 500{,}78 = 9a \\ 54{,}22 = 60b \end{cases}$$

que tiene por soluciones

$$a = 55{,}64 \qquad \text{y} \qquad b = 0{,}90$$

y, en consecuencia, la recta de tendencia es

$$y = 55{,}64 + 0{,}90(t - 2003).$$

De la recta obtenida resulta que el porcentaje de población activa para 2012 se estima en

$$y^* = 55{,}64 + 0{,}90(2012 - 2003) = 63{,}74\,\%.$$

Consideremos ahora la serie temporal de la población con edad mayor de 16 años, con el fin de estimar ésta para el año 2012. Para ello disponemos los datos en la forma siguiente:

t_i	t'_i	y_i	$t'_i y_i$	t'^2_i
1999	−4	32,9	−131,6	16
2000	−3	33,4	−100,2	9
2001	−2	33,6	−67,2	4
2002	−1	34,1	−34,1	1
2003	0	34,3	0	0
2004	1	34,4	34,4	1
2005	2	36,7	73,4	4
2006	3	37,2	111,6	9
2007	4	37,8	151,2	16
	0	314,4	37,5	60

El sistema asociado es

$$\begin{cases} 314{,}4 = 9a \\ 37{,}5 = 60b \end{cases}$$

y su solución,

$$a = 34{,}93, \qquad b = 0{,}62$$

siendo, por tanto,

$$y = 34{,}93 + 0{,}62(t - 2003)$$

la recta de población.

Dando a t el valor 2012 se obtiene:

$$y^*_{2012} = 34{,}93 + 0{,}62 \cdot 9 = 40{,}51 \text{ millones de personas con edad superior a 16 años.}$$

Con las estimaciones anteriores podemos adelantar que en 2012 será población activa el 63,74 % de los 40,51 millones de personas que han superado los 16 años, es decir,

$$\frac{63{,}74 \cdot 40{,}51}{100} = 25{,}82 \text{ millones.}$$

11.10 Calcúlense los índices de variación estacional de la serie temporal que se da a continuación, correspondiente a las cotizaciones medias mensuales en el índice de las acciones de una empresa que cotizó en el índice Eurostoxx50.

Mes	2005	2006	2007	2008
Enero	15,23	25,64	50,37	81,44
Febrero	16,37	26,90	53,84	82,11
Marzo	17,80	29,22	58,96	82,33
Abril	19,42	31,09	64,20	82,91
Mayo	17,55	30,51	68,41	81,70
Junio	17,30	29,94	70,33	72,99
Julio	18,13	32,11	74,11	79,12
Agosto	17,40	31,30	79,05	75,83
Septiembre	19,22	34,85	87,02	76,20
Octubre	18,98	34,15	85,51	75,75
Noviembre	21,71	38,95	79,58	-
Diciembre	24,00	44,51	81,02	-

RESOLUCIÓN

Los índices pedidos se obtienen siguiendo los cinco pasos descritos en la exposición teórica (véase la Sección 11.4), que se concretan en la forma siguiente.

1. Calculando las medias móviles de la serie dada, con tamaño un año, se obtiene:

Mes	2005	2006	2007	2008
Enero				
	-	25,56	52,00	81,76
Febrero				
	-	26,72	55,98	81,49
Marzo				
	-	28,02	60,32	80,59
Abril				
	-	29,28	64,60	79,77
Mayo				
	-	30,72	67,99	-
Junio				
	18,59	32,43	71,03	-
Julio				
	19,46	34,49	73,62	-
Agosto				
	20,34	36,74	75,98	-
Septiembre				
	21,29	39,22	77,93	-
Octubre				
	22,26	41,97	79,48	-
Noviembre				
	23,34	45,13	80,59	-
Diciembre				
	24,40	48,50	81,34	-

2. Centrando las medias móviles, se obtiene la tendencia secular en la forma siguiente:

Mes	2005	2006	2007	2008
Enero	-	24,98	50,25	81,55
Febrero	-	26,14	53,99	81,62
Marzo	-	27,37	58,15	81,04
Abril	-	28,65	62,46	80,18
Mayo	-	30,00	66,30	-
Junio	-	31,58	69,51	-
Julio	19,02	33,46	72,32	-
Agosto	19,90	35,62	74,80	-
Septiembre	20,82	37,98	76,96	-
Octubre	21,78	40,60	78,70	-
Noviembre	22,80	43,55	80,00	-
Diciembre	23,87	46,82	80,96	-

3. Dividiendo los datos de la serie original por los de la serie centrada que se acaba de obtener, se elimina la tendencia secular, resultando:

Mes	2005	2006	2007	2008
Enero	-	1,03	1,00	1,00
Febrero	-	1,03	1,00	1,01
Marzo	-	1,07	1,01	1,02
Abril	-	1,09	1,03	1,03
Mayo	-	1,02	1,03	-
Junio	-	0,95	1,01	-
Julio	0,95	0,96	1,02	-
Agosto	0,87	0,88	1,06	-
Septiembre	0,92	0,92	1,13	-
Octubre	0,87	0,84	1,09	-
Noviembre	0,95	0,89	0,99	-
Diciembre	1,01	0,95	1,00	-

4. Promediando mes a mes, se elimina la variación accidental, obteniéndose:

Mes	*Promedio*
Enero	1,01
Febrero	1,01
Marzo	1,03
Abril	1,03
Mayo	1,02
Junio	0,98
Julio	0,98
Agosto	0,94
Septiembre	0,99
Octubre	0,93
Noviembre	0,94
Diciembre	0,99
Total	11,87

donde, por ejemplo, el dato asignado al mes de enero es

$$\frac{1{,}03+1{,}00+1{,}00}{3}=1{,}01$$

y el de junio es

$$\frac{0{,}95+1{,}01}{2}=0{,}98.$$

5. Los índices de variación estacional se calculan expresando en porcentajes los datos asignados a cada mes en el apartado anterior.

Para asignar 12 unidades proporcionalmente a unos números cuya suma es 11,87, es preciso multiplicarlos, respectivamente, por

$$\frac{12}{11{,}87}=1{,}011$$

y para obtener cada porcentaje bastará multiplicar por

$$1{,}011\cdot 100=101{,}1.$$

De esta forma se obtienen los siguientes índices de variación mensual:

Mes	*Promedio*
Enero	102,1
Febrero	102,1
Marzo	104,1
Abril	106,2
Mayo	103,1
Junio	99,1
Julio	99,1
Agosto	95,0
Septiembre	100,1
Octubre	94,0
Noviembre	95,0
Diciembre	100,1
Total	1 200

.11 Una tienda de papelería abierta en marzo de 2005 ha registrado unas ventas, en miles de euros, distribuidas trimestralmente de la forma siguiente:

	2005	2006	2007	2008
1er trimestre	-	18,7	22,9	30,4
2° trimestre	15,1	22,6	26,3	32,1
3er trimestre	8,3	14,0	18,5	24,2
4° trimestre	20,3	24,8	28,7	-

(a) Obténganse los índices de variación estacional.

(b) Desestacionalícese la serie.

(c) Estímense las ventas totales para el año 2009.

Resolución

(a) Siguiendo los pasos habituales:

1. Serie de medias móviles de tamaño un año:

	2005	2006	2007	2008
1er trimestre	-	18,9	23,1	28,8
2° trimestre	-	20,0	24,1	-
3er trimestre	15,63	21,1	26,0	-
4° trimestre	17,5	22,0	27,4	-

2. Serie centrada:

	2005	2006	2007	2008
1er trimestre	-	18,2	22,6	28,1
2° trimestre	-	19,4	23,6	-
3er trimestre	-	20,6	25,0	-
4° trimestre	16,6	21,6	26,7	-

3. Eliminación de la tendencia:

	2005	2006	2007	2008
1er trimestre	-	1,03	1,01	1,08
2° trimestre	-	1,16	1,11	-
3er trimestre	-	0,68	0,74	-
4° trimestre	1,22	1,15	1,07	-

4. Eliminación de la variación accidental mediante promedios:

1er trimestre	1,04
2° trimestre	1,14
3er trimestre	0,71
4° trimestre	1,15
Total	4,04

5. Multiplicando los datos obtenidos para cada trimestre por el número

$$\frac{4}{4{,}04} \cdot 100 = 99{,}01$$

resultan los índices de variación estacional siguientes, expresados en tanto por ciento:

1er trimestre	102,97 %
2° trimestre	112,87 %
3er trimestre	70,30 %
4° trimestre	113,86 %
Total	400

(b) Para obtener una serie sin influencia de las estaciones, es necesario dividir los datos de la serie original entre los índices de variación estacional. De este modo, la mayor o menor influencia de cada estación o período queda eliminada al dividir por un mayor o menor índice correspondiente.

En este caso se obtiene:

	2005	2006	2007	2008
1er trimestre	-	18,2	22,2	29,5
2° trimestre	13,4	20,0	23,3	28,4
3er trimestre	11,8	19,9	26,3	34,4
4° trimestre	17,8	21,8	25,2	-

(c) Para estimar las ventas totales del año 2009 es necesario determinar la de cada uno de sus trimestres; para ello, se obtendrá la recta de regresión correspondiente a partir de la serie desestacionalizada.

Construyendo la tabla siguiente,

t_i	y_i	t'_i	t'^2_i	$y_i t'_i$	
1	13,4	-13	169	$-174,2$	
2	11,8	-11	121	$-129,8$	
3	17,8	-9	81	$-160,2$	
4	18,2	-7	49	$-127,4$	$-773,1$
5	20,0	-5	25	$-100,0$	
6	19,9	-3	9	$-59,7$	
7	21,8	-1	1	$-21,8$	
8	22,2	1	1	22,2	
9	23,3	3	9	69,9	
10	26,3	5	25	131,5	
11	25,2	7	49	176,4	1425,1
12	29,5	9	81	265,5	
13	28,4	11	121	312,4	
14	34,4	13	169	447,2	
	312,2	0	748		652

donde

$$t'_i = 2(t_i - 7{,}5),$$

se obtienen las ecuaciones normales:

$$\begin{cases} 312{,}2 = 14a \\ 652 = 748b \end{cases}$$

que tienen por soluciones

$$a = 22{,}3 \quad \text{y} \quad b = 0{,}872$$

siendo la recta de regresión

$$y = 22{,}3 + 0{,}872t'.$$

Deshaciendo el cambio resulta

$$y = 22{,}3 + 1{,}744(t - 7{,}5).$$

Obsérvese que el trimestre número 15 correspondiente a $t_i = 15$ es el último trimestre de 2008 y los cuatro trimestres del año 2009 corresponden a los valores 16, 17, 18, y 19 de la variable t, obteniéndose, en la recta hallada las estimaciones

$$\begin{aligned} y_{16}^* &= 37{,}1 \\ y_{17}^* &= 38{,}9 \\ y_{18}^* &= 40{,}6 \\ y_{19}^* &= 42{,}3 \end{aligned}$$

que corresponden a valores desestacionalizados.

Multiplicando cada uno de estos valores por los índices de variación estacional correspondientes, hallados en el apartado (a), se obtienen las ventas previstas para cada trimestre:

Año 2009	*Ventas (en miles de euros)*
1er trimestre	$37{,}1 \cdot 1{,}0297 =$ 38,2
2° trimestre	$38{,}9 \cdot 1{,}1287 =$ 43,9
3er trimestre	$40{,}6 \cdot 0{,}7030 =$ 28,5
4° trimestre	$42{,}3 \cdot 1{,}1386 =$ 48,2
Total	158,8

11.12 El Impuesto de Bienes Inmuebles correspondiente a los locales de una cadena comercial en los últimos años han sido,

Año	*IBI (en euros)*
2002	26 220
2003	32 775
2004	38 070
2005	43 000
2006	47 000
2007	50 000
2008	52 500

Determínese el coeficiente de autocorrelación con retardo de un año.

RESOLUCIÓN

Considerando que la variable y_i describe los valores del impuesto en los años correspondientes y que la variable y_{i-1} lo hace con un año de desfase, se puede obtener la Tabla 11.3, en la cual se han realizado los cálculos en los casos en que ambas variables existen.

La covarianza $S_{t,t-1}$ y las varianzas S_t^2 y S_{t-1}^2 son

y_i	y_{i-1}	$y_i y_{i-1}$	y_i^2	y_{i-1}^2
26 220	-	-	-	-
32 775	26 220	859 360 500	1 074 200 625	687 488 400
38 070	32 775	1 247 744 250	1 449 324 900	1 074 200 625
43 000	38 070	1 637 010 000	1 849 000 000	1 449 324 900
47 000	43 000	2 021 000 000	2 209 000 000	1 849 000 000
50 000	47 000	2 350 000 000	2 500 000 000	2 209 000 000
52 500	50 000	2 625 000 000	2 756 250 000	2 500 000 000
-	52 500	-	-	-
263 345	237 065	10 740 114 750	11 837 775 525	9 769 013 925

Tabla 11.3. Valores para el problema resuelto 11.12

$$\begin{aligned} S_{t,t-1} &= \frac{10\,740\,114\,750}{6} - \frac{263\,345}{6} \cdot \frac{237\,065}{6} = 55\,855\,725 \\ S_t^2 &= \frac{11\,837\,775\,525}{6} - \left(\frac{263\,345}{6}\right)^2 = 46\,557\,336 \\ S_{t-1}^2 &= \frac{9\,769\,013\,925}{6} - \left(\frac{237\,065}{6}\right)^2 = 67\,063\,037 \end{aligned}$$

de donde

$$S_t = 6\,823{,}29 \qquad \text{y} \qquad S_{t-1} = 8\,189{,}20$$

con lo que el coeficiente de autocorrelación resultante es

$$r = \frac{S_{t,t-1}}{S_t \cdot S_{t-1}} = 0{,}9996$$

lo cual indica que existe, prácticamente, una dependencia exacta de los valores de las tasas de cada año con las del año anterior.

PROPUESTOS

1.1 Según las estadísticas de siniestralidad, el número de accidentes en una provincia española, en los últimos años fue

Año	*Accidentes*
1997	27
1998	12
1999	25
2000	74
2001	42
2002	24

Año	*Accidentes*
2003	10
2004	29
2005	15
2006	2
2007	2
2008	16

Hállese gráficamente la tendencia secular.

P 11.2 Hállese, por el método de las medias móviles, con tamaños 5 y 4, la tendencia secular de la serie temporal correspondiente a los libros adquiridos por una biblioteca municipal.

Año	*Libros*
1997	565
1998	534
1999	577
2000	498
2001	428
2002	390
2003	435
2004	487
2005	494
2006	492
2007	440
2008	456

P 11.3 La exportación de vino con denominación de origen de un grupo de bodegas, en millones de litros, ha sido, durante los últimos años, la siguiente:

Año	*Exportación*
2002	24,12
2003	27,40
2004	31,82
2005	31,05
2006	28,47
2007	28,63
2008	29,90

Estímese, a partir del método de las dos medias, la exportación previsible para 2010.

P 11.4 La producción total de electrodomésticos de una determinada marca ha sido, en miles de unidades, la siguiente:

Año	*Fabricación total*
2002	855
2003	928
2004	1 142
2005	1 177
2006	1 230
2007	1 282
2008	1 403

Mediante ajuste lineal y parabólico, determínese la tendencia secular y estímese la producción para el año 2010, en el caso de existir estabilidad en las condiciones del mercado.

1.5 Los datos sobre el crecimiento del P.N.B. en el sector agrario registrados en cierto país suramericano fueron:

Año	*Variación del PNB*
2003	−2,1
2004	−3,8
2005	7,1
2006	5,6
2007	8,7
2008	4,0

Estímese. por el método de las dos medias y mediante una recta de regresión mínimo-cuadrática. la variación previsible para el año 2009. suponiendo que no exista alteración de las condiciones socio-económicas.

1.6 Los gastos en infraestructuras realizados en los últimos años por un Ayuntamiento, en millones de euros, son los que se indican a continuación:

Año	*Saldos*
2002	128,4
2003	139,1
2004	117,8
2005	97,7
2006	86,1
2007	82,3
2008	84,7

Hállese la tendencia secular en el supuesto de dependencia lineal, dando una medida de la bondad del ajuste.

1.7 La balanza industrial de un determinado país registró. en miles de euros, los siguientes datos:

Año	*Importaciones*	*Exportaciones*
2002	386 000	370 300
2003	451 300	399 100
2004	589 700	495 600
2005	641 200	650 500
2006	652 500	681 800
2007	719 400	679 300
2008	760 900	821 100

Sabiendo que

$$Saldo = Exportaciones - Importaciones$$

estímese, mediante una recta, el saldo para el año 2016 y opínese sobre la fiabilidad de la estimación.

P 11.8 Las estadísticas relativas al turismo en España aportan los siguientes datos:

Año	*Visitantes (en millones)*	*Gasto medio (en euros)*
1997	64,96	364
1998	70,86	378
1999	76,39	398
2000	74,41	454
2001	75,71	483
2002	78,95	450
2003	81,94	450
2004	85,87	424
2005	92,12	418
2006	96,08	401

Obténgase la tendencia secular de los ingresos totales debidos al turismo mediante una recta de regresión. Estímense los ingresos por turismo en España para el año 2011.

P 11.9 Comparando los ingresos por venta de ganado vacuno, con el total de los obtenidos en una exportación agropecuaria se ha establecido la siguiente tabla:

Año	*Ingresos por venta de ganado vacuno (en miles de euros)*	*Total de ingresos (en miles de euros)*
2002	179,0	649,1
2003	182,5	669,8
2004	181,8	692,2
2005	189,0	744,1
2006	199,5	785,9
2007	222,7	826,3
2008	242,1	903,2

Utilizando el método de la razón, estímese, con una recta de regresión, los ingresos por venta de vacuno para el año 2010.

P 11.10 En una playa española se han dado las siguientes temperaturas medias a lo largo de los tres últimos años:

Mes	2006	2007	2008
Enero	11,0	10,7	9,2
Febrero	11,2	16,0	15,8
Marzo	18,3	16,8	16,4
Abril	15,9	18,2	17,5
Mayo	19,9	21,0	21,2
Junio	22,6	23,7	23,2
Julio	27,5	26,4	25,9
Agosto	28,2	27,0	27,6
Septiembre	24,3	23,6	24,2
Octubre	21,3	20,6	19,5
Noviembre	19,4	15,6	15,7
Diciembre	12,4	10,4	11,7

Obténgase los índices de variación estacional para esta distribución de temperaturas.

.11 Contabilizados, en miles, los turistas que han llegado a España por determinado aeropuerto, se ha podido establecer la siguiente tabla:

	2006	2007	2008
Invierno	291,4	312,7	335,2
Primavera	1 545,7	1 648,0	1 789,5
Verano	2 417,2	2 566,6	2 790,8
Otoño	579,1	627,3	666,6
Total anual	4 833,4	5 154,6	5 582,1

Obténgase los índices de variación estacional y desestacionalícese la serie dada.

.12 Estúdiese si existe autocorrelación en la siguiente serie temporal:

Año	*Y*
2003	3,2
2004	0,4
2005	7,7
2006	7,2
2007	8,5
2008	8,4

considerando retardos de 3 y de 2 años.

Capítulo 12

Números índices

12.1. Definición y objeto

Del mismo modo que en las estadísticas de una sola variable se utilizan ciertos parámetros que miden aspectos concretos de la distribución, como la posición, la dispersión, la forma, etc., se hace necesario considerar una medida estadística capaz de valorar de forma clara los cambios que experimenta una determinada variable.

Con el fin de poder comparar diferentes series estadísticas, es conveniente que la medida que valore estos cambios sea relativa; estos parámetros que indican los cambios de la serie estadística se denominan *números índices*, y se acostumbra a expresarlos en tatos por ciento.

Entre las muchas aplicaciones de los números índices, destacan las relativas a las evoluciones de magnitudes económicas, y es frecuente establecer índices de precios para determinados artículos, de cotizaciones bursátiles, del coste de la vida, etc.

En España, determinados organismos oficiales elaboran anualmente índices, siendo los más conocidos el *Índice de Precios al Consumo* (anteriormente llamado *Índice del Coste de la Vida*), cuya variación facilita mensualmente el Instituto Nacional de Estadística, el *Índice de Empleo y Productividad*, el *Índice de Producción*, el *Índice de Salarios* y los *Índices de Valores Mobiliarios*, pudiendo éstos ser de cotización o de rentabilidad.

12.2. Números índices simples

Dada una serie temporal (t_i, y_i) y fijado un valor de t como *período base*, los números índices simples asociados a esta serie se obtienen dividiendo cada valor y_i de la variable entre el valor de la misma correspondiente al período base.

Si designamos por t_0 el período base, los números índices simples vendrán dados en la forma

$$I_i = \frac{y_i}{y_0} \cdot 100 \tag{12.1}$$

con lo que la serie temporal resultante es

t_i	y_i	I_i
t_0	y_0	$I_0 = \frac{y_0}{y_0} \cdot 100 = 100$
t_1	y_1	$I_1 = \frac{y_1}{y_0} \cdot 100$
t_2	y_2	$I_2 = \frac{y_2}{y_0} \cdot 100$
$\vdots$	$\vdots$	$\vdots$
t_i	y_i	$I_i = \frac{y_i}{y_0} \cdot 100$
$\vdots$	$\vdots$	$\vdots$
t_n	y_n	$I_n = \frac{y_n}{y_0} \cdot 100$

Los números simples de uso más frecuente son los que se refieren a cantidades, precios y valores, entendiendo por valor el producto de una cantidad por su precio unitario. En este caso, los números índices correspondientes a cada una de estas series son

Índice de cantidades (I^Q)	*Índice de precios* (I^P)	*Índice de valores* (I^V)
100	100	100
$\frac{q_1}{q_0} \cdot 100$	$\frac{p_1}{p_0} \cdot 100$	$\frac{v_1}{v_0} \cdot 100$
$\frac{q_2}{q_0} \cdot 100$	$\frac{p_2}{p_0} \cdot 100$	$\frac{v_2}{v_0} \cdot 100$
$\vdots$	$\vdots$	$\vdots$
$\frac{q_n}{q_0} \cdot 100$	$\frac{p_n}{p_0} \cdot 100$	$\frac{v_n}{v_0} \cdot 100$

12.3. Cambio de base

Dada la serie de números índices con período base t_0

t_i	I_i
t_0	$I_0 = 100$
t_1	I_1
t_2	I_2
$\vdots$	$\vdots$
t_h	I_h
$\vdots$	$\vdots$
t_n	I_n

si se desea obtener la serie cuyo período base es t_h, el índice correspondiente al período t_h deberá ser $I'_h = 100$, por lo que, para obtener la serie de números índices con período base en t_h basta con dividir cada uno de los de la serie entre I_h; así, expresados en tanto por ciento, dichos índices son

$$I'_i = \frac{I_i}{I_h} \cdot 100 \qquad (12.2)$$

La serie de índices resultante se presenta en la forma

t_i	I_i(*base en* t_0)	I'_i(*base en* t_h)
t_0	$I_0 = 100$	$I'_0 = \frac{I_0}{I_h} \cdot 100$
t_1	I_1	$I'_1 = \frac{I_1}{I_h} \cdot 100$
t_2	I_2	$I'_2 = \frac{I_2}{I_h} \cdot 100$
$\vdots$	$\vdots$	
t_h	I_h	$I'_h = \frac{I_h}{I_h} \cdot 100 = 100$
$\vdots$	$\vdots$	
t_n	I_n	$I'_n = \frac{I_n}{I_h} \cdot 100$

El cambio de base es conveniente en las series muy prolongadas, con el fin de actualizar los valores, ya que éstos pierden representatividad a medida que se alejan del período base.

12.4. Números índices complejos no ponderados

Habitualmente es necesario estudiar las variaciones de un conjunto de k variables temporales. Por ejemplo, se puede analizar la evolución de precios de los cuatro cereales básicos en España; una vez obtenidos los números índices correspondientes a cada una de las variables en la forma

t_i	Y_1	Y_2	$\cdots$	Y_k	I_1	I_2	$\cdots$	I_k
t_0	y_{10}	y_{20}	$\cdots$	y_{k0}	$I_{10} = 100$	$I_{20} = 100$	$\cdots$	$I_{k0} = 100$
t_1	y_{11}	y_{21}	$\cdots$	y_{k1}	I_{11}	I_{21}	$\cdots$	I_{k1}
$\vdots$	$\vdots$	$\vdots$		$\vdots$	$\vdots$	$\vdots$		$\vdots$
t_n	y_{1n}	y_{2n}	$\cdots$	y_{kn}	I_{1n}	I_{2n}	$\cdots$	I_{kn}

es necesario resumirlos en una serie de índices que recoja la variación conjunta de todas las variables. Esta serie única de números índices puede obtenerse promediando los índices de todas las series con varios métodos. Los más utilizados son los siguientes.

Método de la media aritmética simple (índice de Sauerbeck)

Consiste en calcular para cada período la media aritmética simple de los índices de todas las variables, y viene dado por

$$S_i = \frac{\sum_{j=1}^{k} \frac{y_{ji}}{y_{j0}}}{k} \cdot 100 = \frac{\sum_{j=1}^{k} I_{ji}}{k} \qquad (12.3)$$

Método de la media agregativa simple (índice de Bradstreet-Dûtot)

Para obtener los números índices por este método se construye una serie mediante suma o agregación de los valores de las variables correspondientes a cada período, $\sum y_i$, y, dividiendo los valores de la serie obtenida entre el valor correspondiente al período base $\sum y_{0j}$, se tienen, al expresar estos cocientes en porcentajes, los índices buscados, que son

$$B_i = \frac{\sum_{j=1}^{k} y_{ji}}{\sum_{j=1}^{k} y_{j0}} \cdot 100 \qquad (12.4)$$

12.5. Números índices complejos ponderados

Cuando se han calculado los índices complejos del apartado anterior, todas las variables se han considerado con la misma importancia. Es obvio que en la mayoría de los casos reales cada variable tendrá dentro del proceso una influencia o ponderación específica, que vendrá determinada por un coeficiente o peso.

Los índices complejos ponderados aparecen muy frecuentemente en los procesos comerciales relativos a cantidades y precios, existiendo una gran diversidad de métodos para su obtención.

Índices de cantidades

Para el cálculo de índices de cantidades deben tomarse como pesos los precios correspondientes. Si los precios considerados son siempre los del año base, se tiene el llamado índice de Laspeyres:

$$L_i^Q = \frac{\sum_j q_{ji}p_{j0}}{\sum_j q_{j0}p_{j0}} \cdot 100 \tag{12.5}$$

mientras que, si se consideran los precios de cada año, resulta el índice de Paasche:

$$P_i^Q = \frac{\sum_j q_{ji}p_{ji}}{\sum_j q_{j0}p_{ji}} \cdot 100 \tag{12.6}$$

Si tomamos como pesos las sumas del precio del año base con el correspondiente a cada año, tenemos el índice de Edgewort:

$$E_i^Q = \frac{\sum_j q_{ji}(p_{j0}+p_{ji})}{\sum_j q_{j0}(p_{j0}+p_{ji})} \cdot 100 \tag{12.7}$$

Calculando la media geométrica de los índices de Laspeyres y de Paasche se obtiene el índice de Fisher:

$$F_i^Q = \sqrt{L_i^Q \cdot P_i^Q} = \sqrt{\frac{\sum_j q_{ji}p_{j0}}{\sum_j q_{j0}p_{j0}} \cdot \frac{\sum_j q_{ji}p_{ji}}{\sum_j q_{j0}p_{ji}}} \cdot 100 \tag{12.8}$$

Índices de precios

Considerando las cantidades como ponderaciones y procediendo de forma análoga se tiene el índice de Laspeyres:

$$L_i^P = \frac{\sum_j p_{ji}q_{j0}}{\sum_j p_{j0}q_{j0}} \cdot 100 \tag{12.9}$$

El índice de Paasche es

$$P_i^P = \frac{\sum_j p_{ji}q_{ji}}{\sum_j p_{j0}q_{ji}} \cdot 100 \tag{12.10}$$

Tomando como pesos las sumas de las cantidades del año base con la correspondiente a cada año, obtenemos el índice de Edgeworth:

$$E_i^P = \frac{\sum_j p_{ji}(q_{j0}+q_{ji})}{\sum_j p_{j0}(q_{j0}+q_{ji})} \cdot 100 \tag{12.11}$$

y, si calculamos la media geométrica de los índices de Laspeyres y de Paasche, tenemos el índice de Fisher:

$$F_i^P = \sqrt{L_i^P \cdot P_i^P} = \sqrt{\frac{\sum_j p_{ji}q_{j0}}{\sum_j p_{j0}q_{j0}} \cdot \frac{\sum_j p_{ji}q_{ji}}{\sum_j p_{j0}q_{ji}}} \cdot 100. \tag{12.12}$$

12.6. Deflación de las series de valores

Las series temporales relativas a variaciones de variables monetarias en el tiempo tienen una gran dependencia de las variaciones intrínsecas del valor de la moneda. Diez euros del año 2009 tienen menos valor adquisitivo que la misma cantidad en el año 2003; es necesario diferenciar los *euros constantes* (los del año tomado como base) de los euros del año actual, o *euros corrientes*.

El distinto valor de la moneda en cada momento se elimina dividiendo cada uno de los números índices de la variable de que se trata entre el correspondiente número índice de precios de consumo, o índice general del coste de la vida.

EN DETALLE

12.1 El censo de la población española correspondiente al período 1900-2000 es el que se da en la siguiente tabla:

Año	*Habitantes*
1900	18 617 956
1910	19 992 451
1920	21 508 135
1930	23 844 796
1940	26 187 899
1950	28 368 642
1960	30 903 137
1970	34 041 531
1980	37 542 275
1990	38 959 112
2000	40 499 790

Obténganse los números índices con período base 1900 y efectúese un cambio de base a 1960.

RESOLUCIÓN

Utilizando las fórmulas (12.1) y (12.2) se obtienen los siguientes índices:

t_i	$I_i(base\ 1900)$	$I'_i(base\ 1960)$
1900	100	60,2
1910	107,4	64,7
1920	115,5	69,6
1930	128,1	77,2
1940	140,7	84,8
1950	152,4	91,8
1960	166,0	100
1970	182,8	110,1
1980	201,6	121,4
1990	209,3	126,1
2000	217,5	131,1

donde, por ejemplo, el índice 60,2, correspondiente a 1900, con base en 1960, se ha obtenido como

$$I'_{1960} = \frac{100}{166{,}0} \cdot 100$$

12.2 Las ventas de televisores de plasma en España en el año 2008 aumentaron en un 98 % respecto a las de 2005, y el precio medio de estos electrodomésticos descendió, en el mismo período, en un 18 %. Hállese el aumento del índice de valor tomando como base el año 2005.

RESOLUCIÓN

Con los datos disponibles se tienen los siguientes índices:

t_i	I_i^Q	I_i^P	I_i^V
2005	100	100	100
⋮	⋮	⋮	⋮
2008	198	82	I_{2008}^V

y, al ser $I_i^V = I_i^Q \cdot I_i^P$, se tiene:

$$I_{2008}^V = 1{,}98 \cdot 0{,}82 \cdot 100 = 162{,}4\,\%.$$

12.3 Los gastos en transporte correspondientes a una multinacional, en miles de euros, ha sido los siguientes:

Año	*Ferrocarril*	*Carreteras*	*Marítimo*	*Aéreo*
2003	111 659	47 371	23 181	9 487
2004	130 681	58 306	27 596	15 240
2005	190 347	108 879	33 631	22 029
2006	262 919	131 295	33 971	15 020
2007	270 894	173 889	32 946	22 372
2008	272 643	112 315	26 236	24 848

Obténganse los índices complejos no ponderados.

RESOLUCIÓN

Construyamos una tabla con los índices correspondientes a cada una de las variables, con base en 2003:

t_i	I^F	I^C	I^M	I^A
2003	100	100	100	100
2004	117,0	123,1	119,0	160,6
2005	170,5	229,9	145,1	232,2
2006	235,5	277,2	146,5	158,3
2007	242,6	367,1	142,1	235,8
2008	244,2	237,1	113,2	261,9

Método de la media aritmética simple.

Utilizando la fórmula (12.3) se obtiene:

t_i	S_i
2003	100
2004	129,9
2005	194,4
2006	204,4
2007	246,9
2008	214,1

Método de la media agregativa simple.

Sumando para cada período los valores correspondientes a los cuatro sectores se obtiene la columna

$$\sum_{j=1}^{4} y_{ji}$$

y aplicando la fórmula (12.4) resultan los índices B_i siguientes:

t_i	$\sum y_{ji}$	B_i
2003	191 698	100
2004	231 823	120,9
2005	354 886	185,1
2006	443 205	213,2
2007	500 101	260,9
2008	436 042	227,5

12.4 Una empresa mayorista de cítricos ha registrado, con relación a cantidades y precios, los siguientes movimientos:

Año	*Naranjas*		*Limones*		*Mandarinas*	
	(kg)	*Precio*	(kg)	*Precio*	(kg)	*Precio*
2005	1 600 000	27,7	375 000	27,9	886 000	28,7
2006	1 953 000	40,1	560 000	80,8	1 002 000	29,6
2007	2 063 000	31,8	619 000	32,8	1 164 000	36,6
2008	2 359 000	36,1	584 000	20,9	1 133 000	30,4

Obténganse las series de números índices de cantidades tomando como base el año 2005. Los precios están dados en céntimos de euro.

RESOLUCIÓN

Índice de Laspeyres:

t_i	q_{1i}	p_{10}	q_{2i}	p_{20}	q_{3i}	p_{30}	$\sum_{j=1}^{3} q_{ji}p_{j0}$	L_i^Q
2005	1 600 000	27,7	375 000	27,9	886 000	28,7	80 210 700	100
2006	1 953 000	27,7	560 000	27,9	1 002 000	28,7	98 479 500	122,8
2007	2 063 000	27,7	619 000	27,9	1 164 000	28,7	107 822 000	134,4
2008	2 359 000	27,7	584 000	27,9	1 133 000	28,7	114 155 000	142,3

Índice de Paasche:

t_i	q_{1i}	p_{1i}	q_{2i}	p_{2i}	q_{3i}	p_{3i}	$\sum_{j=1}^{3} q_{ji}p_{ji}$
2005	1 600 000	27,7	375 000	27,9	886 000	28,7	80 210 700
2006	1 953 000	40,1	560 000	80,8	1 002 000	29,6	153 222 500
2007	2 063 000	31,8	619 000	32,8	1 164 000	36,6	128 509 000
2008	2 359 000	36,1	584 000	20,9	1 133 000	30,4	131 808 700

t_i	q_{10}	p_{1i}	q_{20}	p_{2i}	q_{30}	p_{3i}	$\sum_{j=1}^{3} q_{j0}p_{ji}$	$P_i^Q = \frac{\Sigma q_{ji}p_{ji}}{\Sigma q_{j0}p_{ji}}$
2005	1 600 000	27,7	375 000	27,9	886 000	28,7	80 210 700	100
2006	1 600 000	40,1	375 000	80,8	886 000	29,6	120 685 600	127,0
2007	1 600 000	31,8	375 000	32,8	886 000	36,6	95 607 600	134,4
2008	1 600 000	36,1	375 000	20,9	886 000	30,4	92 531 900	142,4

Índice de Edgeworth:

t_i	q_{1i}	p_{1i}	$p_{10}+p_{1i}$	q_{2i}	p_{2i}	$p_{20}+p_{2i}$	q_{3i}	p_{3i}	$p_{30}+p_{3i}$	$\sum_j q_{ji}(p_{j0}+p_{ji})$
2005	1 600 000	27,7	55,4	375 000	27,9	55,8	886 000	28,7	57,4	160 421 400
2006	1 953 000	40,1	67,8	560 000	80,8	108,7	1 002 000	29,6	58,3	251 702 000
2007	2 063 000	31,8	59,5	619 000	32,8	60,7	1 164 000	36,6	65,3	236 331 000
2008	2 359 000	36,1	63,8	584 000	20,9	48,8	1 133 000	30,4	59,1	245 963 700

t_i	q_{10}	$p_{10}+p_{1i}$	q_{20}	$p_{20}+p_{2i}$	q_{30}	$p_{30}+p_{3i}$	$\sum_j q_{j0}(p_{j0}+p_{ji})$	$E_i^Q = \frac{\Sigma q_{ji}(p_{j0}+p_{ji})}{\Sigma q_{j0}(p_{j0}+p_{ji})} \cdot 100$
2005	1 600 000	55,4	375 000	55,8	886 000	57,4	160 421 400	100
2006	1 600 000	67,8	375 000	108,7	886 000	58,3	200 896 300	125,3
2007	1 600 000	59,5	375 000	60,7	886 000	65,3	175 818 300	134,4
2008	1 600 000	63,8	375 000	48,8	886 000	59,1	172 742 600	142,4

Índice de Fisher:

t_i	$F_i^Q = \sqrt{L_i^Q \cdot P_i^Q}$
2005	100
2006	124,9
2007	134,4
2008	142,3

Los índices obtenidos pueden reunirse en el cuadro siguiente:

Año	*Laspeyres*	*Paasche*	*Edgeworth*	*Fisher*
2005	100	100	100	100
2006	122,8	127,0	125,3	124,9
2007	134,4	134,4	134,4	134,4
2008	142,3	142,3	142,3	142,3

2.5 Los índices del gasto medio por turista y de los ingresos por turismo (índices de precios y valores) en España han sido los mostrados en la Tabla 12.1
Hállense los índices de turistas llegados a España en el mismo período. Sabiendo que en el año 1997 nos visitaron 64,96 millones de turistas, ¿cuántos lo hicieron en 2006?

RESOLUCIÓN

Dividiendo cada índice de ingresos totales por el correspondiente al año 1997 tendremos la nueva serie de valores con base en este año.

Año	*Gasto medio por turista* (*base* 1997)	*Ingresos totales por turismo* (*base* 1989)
1997	100	406
1998	104	460
1999	109	485
2000	125	715
2001	133	867
2002	124	842
2003	124	873
2004	116	862
2005	115	912
2006	110	913

Tabla 12.1. Gasto medio por turista e ingresos por turismo

Estableciendo los cocientes entre la serie obtenida y la serie de gasto medio por turista, obtenemos la serie de cantidades, o de turistas llegados en esos años. De este modo se obtiene la tabla siguiente:

t_i	I^P	I^V	I^Q
1997	100	100	100
1998	104	113	109
1999	109	119	109
2000	125	176	141
2001	133	214	161
2002	124	207	167
2003	124	215	173
2004	116	212	183
2005	115	225	196
2006	110	225	205

Tomando la serie de cantidades, que tiene base en 1997, los turistas llegados en 2006 deben ser

$$\frac{205}{100} \cdot 64{,}96 = 133{,}17 \text{ millones.}$$

12.6 La media de los sueldos que una empresa ha pagado mensualmente a sus empleados durante los últimos años ha sido:

Año	*Sueldo medio*
2002	987,35
2003	1 139,40
2004	1 313,73
2005	1 476,63
2006	1 622,82
2007	1 788,34

Sabiendo que el Índice de Precios al Consumo correspondiente a este período viene dado por la tabla siguiente:

Año	*I.P.C.* (*base* 1996)
2002	117,4
2003	121,0
2004	124,7
2005	128,9
2006	133,4
2007	137,2

determínese la evolución de los sueldos a precios constantes de 2002.

RESOLUCIÓN

Obteniendo el Índice de Precios al Consumo con base en 2002 se tiene:

Año	*I.P.C.* (*base* 2002)
2002	100
2003	103,1
2004	106,2
2005	109,8
2006	113,6
2007	116,9

y, usando esta serie para deflacionar la de sueldos, resulta:

Año	*Sueldo* (*en euros constantes de* 2002)
2002	987,35 : 1,000 = 987,35
2003	1 139,40 : 1,031 = 1 105,14
2004	1 313,73 : 1,062 = 1 237,03
2005	1 476,63 : 1,098 = 1 344,84
2006	1 622,82 : 1,136 = 1 428,54
2007	1 788,34 : 1,169 = 1 529,80

PROPUESTOS

2.1 La tabla que se da a continuación indica los precios medios de un determinado producto, relativo a los últimos años:

Año	*Precio*
2000	123,54
2001	116,62
2002	118,53
2003	102,02
2004	104,10
2005	102,12
2006	127,28
2007	133,94
2008	124,73

Calcúlense los números índices con base 2002 y efectúese un cambio de base a 2006.

P 12.2 El precio del litro de leche de vaca en origen experimentó en el año 2008 un descenso del 3 % respecto al año anterior, mientras que aumentó un 11 % con relación al de 2005. Hállese el número índice del precio de la leche en 2007 tomando como base el año 2005.

P 12.3 Analizados los precios medios pagados en origen por los cereales básicos, se obtuvieron, en céntimos de euro por kilogramo, los siguientes datos:

Año	*Trigo*	*Cebada*	*Maíz*	*Arroz*
2005	23,76	21,72	25,70	40,06
2006	26,04	22,00	26,36	38,10
2007	29,29	24,47	29,48	36,28
2008	29,48	23,72	30,20	42,83

Hállense los índices complejos no ponderados.

P 12.4 Las cantidades y los precios del vino producido en los últimos años por una cooperativa están dados en la siguiente tabla:

Año	*Vino embotellado*		*Vino a granel*	
	Miles de hectolitros	*Euros/litro*	*Miles de hectolitros*	*Euros/litro*
2004	21,9	1,76	10,0	0,59
2005	22,1	2,06	8,9	0,82
2006	21,3	2,47	7,1	1,25
2007	22,8	2,85	5,8	1,33
2008	24,5	2,95	5,4	1,28

Obténganse los distintos índices de precios con base en el año 2004.

P 12.5 Los índices de producción de una planta azucarera relativos al período 2001-2008 son:

Año	*Índice*
2001	100
2002	108,1
2003	122,8
2004	83,2
2005	78,5
2006	43,3
2007	31,5
2008	47,5

Sabiendo que en el año 2005 se registró una producción de 4 377 toneladas brutas, hállese la producción habida en cada uno de los años del período considerado.

P 12.6 Las cantidades empleadas en juegos de azar en España, en millones de euros, desde 2001 han sido:

Año	*Cantidad*
2001	26 047,03
2002	25 854,00
2003	26 727,51
2004	27 286,82
2005	28 335,12
2006	28 797,06

Deflaciónese esta serie de acuerdo con la siguiente serie de índices de precios al consumo:

Año	*I.P.C.* (*base* 1996)
2001	113,6
2002	117,4
2003	121,0
2004	124,7
2005	128,9
2006	133,4

Apéndice A

Solución a los problemas propuestos

P 1.1 Aplicando el criterio 1 en los apartados (a), (b), (c) y (d) se obtienen como redondeos

$$37; \qquad 122{,}9; \qquad 4\,100 \qquad \text{y} \qquad 74.$$

P 1.2 Aplicando el criterio 2 en los apartados (a), (b), (c) y (d), resultan

$$72; \qquad 1\,007{,}2; \qquad 0{,}034 \qquad \text{y} \qquad 1\,122{,}10.$$

P 1.3 Utilizando la notación científica y las propiedades de las potencias se tiene:

(a)

$$\begin{aligned}(2{,}852\cdot 10^{8})\cdot 0{,}000\,007\,5 &= (2{,}852\cdot 10^{8})(7{,}5\cdot 10^{-6}) = \\ &= (2{,}852\cdot 7{,}5)\cdot 10^{8-6} = 21{,}39\cdot 10^{2} = 2\,139.\end{aligned}$$

(b)

$$\begin{aligned}10\,000\,000 - 9{,}98\cdot 10^{6} &= 10\cdot 10^{6} - 9{,}98\cdot 10^{6} = \\ &= (10-9{,}98)\cdot 10^{6} = 0{,}02\cdot 10^{6} = 20\,000.\end{aligned}$$

(c)

$$28\,500\,000\,000\cdot 0{,}003\,2 = 2{,}85\cdot 10^{10}\cdot 3{,}2\cdot 10^{-3} = (2{,}85\cdot 3{,}2)\cdot 10^{10-3} = 9{,}12\cdot 10^{7}.$$

(d)

$$\frac{700\,000\,700\,000}{35\,000\,035} = \frac{7{,}000\,007\cdot 10^{11}}{3{,}500\,003\,5\cdot 10^{7}} = \frac{7{,}000\,007}{3{,}500\,003\,5}\cdot 10^{4} = 2\cdot 10^{4} = 20\,000.$$

P 1.4 Simplificando la escritura y operando resulta:

(a)

$$\frac{1{,}71\cdot 10^{-8}}{0{,}000\,000\,005\,7} = \frac{1{,}71\cdot 10^{-8}}{5{,}7\cdot 10^{-9}} = \frac{1{,}71}{5{,}7}\cdot 10^{-8+9} = 0{,}3\cdot 10^{1} = 3.$$

(b)

$$\begin{aligned}\frac{2{,}800\,8\cdot 10^{5} + 30\,000}{25\,000} &= \frac{28{,}008\cdot 10^{4} + 3\cdot 10^{4}}{2{,}5\cdot 10^{4}} = \\ &= \frac{(28{,}008+3)\cdot 10^{4}}{2{,}5\cdot 10^{4}} = \frac{31{,}008}{2{,}5} = 12{,}403\,2.\end{aligned}$$

(c)

$$\frac{0{,}000\,000\,000\,7}{1{,}25\cdot 10^{-10}} = \frac{7\cdot 10^{-10}}{1{,}25\cdot 10^{-10}} = \frac{7}{1{,}15} = 5{,}6.$$

(d)

$$\frac{(10^{3}-125)\cdot 10^{-8}}{0{,}000\,001\,562\,5} = \frac{(1\,000-125)\cdot 10^{-8}}{156{,}25\cdot 10^{-8}} = \frac{875}{156{,}25} = 5{,}6.$$

P 1.5 Por las propiedades del símbolo sumatorio, se obtiene:

$$\begin{aligned}\sum_{i=1}^{4}(2i^3+i^2+i+1) &= \sum_{i=1}^{4}2i^3+\sum_{i=1}^{4}i^2+\sum_{i=1}^{4}i+\sum_{i=1}^{4}1= \\ &= 2\sum_{i=1}^{4}i^3+(1^2+2^2+3^2+4^2)+(1+2+3+4)+(1+1+1+1)= \\ &= 2(1^3+2^3+3^3+4^3)+(1+4+9+16)+10+4= \\ &= 2(1+8+27+64)+30+10+4=2\cdot 100+44=244.\end{aligned}$$

P 1.6 *Primer método.*

Operando en la expresión queda

$$\begin{aligned}\sum_{i=1}^{10}[2+3(i-1)] &= \sum_{i=1}^{10}(2+3i-3)=\sum_{i=1}^{10}(3i-1)=\sum_{i=1}^{10}3i-\sum_{i=1}^{10}1=3\sum_{i=1}^{10}i-10= \\ &= 3(1+2+\cdots+10)-10=3\,\frac{1+10}{2}\cdot 10-10= \\ &= 3\,\frac{11}{2}\cdot 10-10=3\cdot 11\cdot 5-10=15\cdot 11-10=165-10=155.\end{aligned}$$

Segundo método

Dando valores a i resulta la suma de diez números naturales en progresión aritmética de diferencia tres y primer término dos, con lo cual resulta

$$\sum_{i=1}^{10}[2+3(i-1)]=2+5+8+\cdots+29=\frac{2+29}{2}\cdot 10=31\cdot 5=155.$$

P 1.7 Teniendo en cuenta la definición de sumatorio y sus propiedades resulta:

$$\begin{aligned}\sum_{i=1}^{4}(5ai^2+bi+c) &= 5a\sum_{i=1}^{4}i^2+b\sum_{i=1}^{4}i+c\sum_{i=1}^{4}1= \\ &= 5a(1^2+2^2+3^2+4^2)+b(1+2+3+4+5)+c\cdot 4= \\ &= 5a\cdot 30+b\cdot 10+c\cdot 4=150a+10b+4c.\end{aligned}$$

P 1.8 *Primer método.*

Sumando en el índice i dejando fijo el índice j resulta

$$\sum_{i=1}^{2}\sum_{j=1}^{2}3a_ib_j=3(a_1+a_2)\sum_{j=1}^{2}b_j=3(a_1+a_2)(b_1+b_2)=3(a_1b_1+a_1b_2+a_2b_1+a_2b_2).$$

Segundo método

Sumando en el índice j dejando fijo el índice i obtenemos

$$\begin{aligned}\sum_{i=1}^{2}\sum_{j=1}^{2}3a_ib_j &= \sum_{i=1}^{2}3a_i(b_1+b_2)=3(b_1+b_2)\sum_{i=1}^{2}a_i= \\ &= 3(b_1+b_2)(a_1+a_2)=3(a_1b_1+a_1b_2+a_2b_1+a_2b_2).\end{aligned}$$

Tercer método
Separando factores en cada índice se tiene

$$\sum_{i=1}^{2}\sum_{j=1}^{2} 3a_i b_j = 3\left(\sum_{i=1}^{2} a_i\right)\left(\sum_{j=1}^{2} b_j\right) = 3(a_1+a_2)(b_1+b_2) = 3(a_1b_1+a_1b_2+a_2b_1+a_2b_2).$$

P 1.9 Sumando en el índice i dejando fijo el índice j y a continuación sumando en j se tiene

$$\begin{aligned}
\sum_{i=1}^{3}\sum_{j=1}^{3} a_{ij}x_iy_j &= \sum_{j=1}^{3}(a_{1j}x_1y_j + a_{2j}x_2y_j + a_{3j}x_3y_j) = \\
&= \sum_{j=1}^{3} a_{1j}x_1y_j + \sum_{j=1}^{3} a_{2j}x_2y_j + \sum_{j=1}^{3} a_{3j}x_3y_j = \\
&= a_{11}x_1y_1 + a_{12}x_1y_2 + a_{13}x_1y_3 + a_{21}x_2y_1 + a_{22}x_2y_2 + a_{23}x_2y_3 + \\
&\quad + a_{31}x_3y_1 + a_{32}x_3y_2 + a_{33}x_3y_3 = \\
&= a_{11}x_iy_1 + a_{12}x_1y_2 + a_{13}x_1y_3 - -a_{12}x_2y_1 + a_{22}x_2y_2 + a_{23}x_2y_3 - \\
&\quad - a_{13}x_3y_1 - a_{23}x_3y_2 + a_{33}x_3y_3.
\end{aligned}$$

Al mismo resultado se llega sumando en el índice j dejando fijo el índice i para a continuación sumar en i. En efecto:

$$\begin{aligned}
\sum_{i=1}^{3}\sum_{j=1}^{3} a_{ij}x_iy_j &= \sum_{i=1}^{3}(a_{i1}x_iy_1 + a_{i2}x_iy_2 + a_{i3}x_iy_3) = \\
&= \sum_{i=1}^{3} a_{i1}x_iy_1 + \sum_{i=1}^{3} a_{i2}x_iy_2 + \sum_{i=1}^{3} a_{i3}x_iy_3 = \\
&= a_{11}x_1y_1 + a_{21}x_2y_1 + a_{31}x_3y_1 + a_{12}x_1y_2 + a_{22}x_2y_2 + a_{32}x_3y_2 + \\
&\quad + a_{13}x_1y_3 + a_{23}x_2y_3 + a_{33}x_3y_3 = \\
&= a_{11}x_iy_1 - a_{12}x_2y_1 - a_{13}x_3y_1 + a_{12}x_1y_2 + a_{22}x_2y_2 - a_{23}x_3y_2 + \\
&\quad + a_{13}x_1y_3 + a_{23}x_2y_3 + a_{33}x_3y_3.
\end{aligned}$$

Teniendo en cuenta el producto de matrices el desarrollo anterior se puede expresar también en la forma

$$\sum_{i=1}^{3}\sum_{j=1}^{3} a_{ij}x_iy_j = (x_1\, x_2\, x_3)\begin{pmatrix} a_{11} & a_{12} & a_{13} \\ -a_{12} & a_{22} & a_{23} \\ -a_{13} & -a_{23} & a_{33} \end{pmatrix}\begin{pmatrix} y_1 \\ y_2 \\ y_3 \end{pmatrix}$$

P 1.10 La suma pedida puede obtenerse dejando i fijo y sumando en j para luego sumar en i en la forma

$$\begin{aligned}
\sum_{i=1}^{3}\sum_{j=1}^{3}(i-j)y_iy_j &= \sum_{i=1}^{3}(i-1)y_iy_1 + \sum_{i=1}^{3}(i-2)y_iy_2 + \sum_{i=1}^{3}(i-3)y_iy_3 = \\
&= (1-1)y_1y_1 + (2-1)y_2y_1 + (3-1)y_3y_1 + \\
&\quad + (1-2)y_1y_2 + (2-2)y_2y_2 + (3-2)y_3y_2 + \\
&\quad + (1-3)y_1y_3 + (2-3)y_2y_3 + (3-3)y_3y_3 = \\
&= 0y_1^2 + y_2y_1 + 2y_3y_1 - y_1y_2 + 0y_2^2 + y_3y_2 - 2y_1y_3 - y_2y_3 + 0y_3^2 = 0.
\end{aligned}$$

Matricialmente se puede expresar esta suma nula en la forma

$$\sum_{i=1}^{3}\sum_{j=1}^{3}(i-j)y_iy_j = (y_1y_2y_3)\begin{pmatrix} 0 & -1 & -2 \\ 1 & 0 & -1 \\ 2 & 1 & 0 \end{pmatrix}\begin{pmatrix} y_1 \\ y_2 \\ y_3 \end{pmatrix} = 0.$$

P 2.1 De acuerdo con los datos la tabla pedida es

x_i	n_i	f_i	$N_i \downarrow$	$F_i \uparrow$
0	4	0,08	4	1
1	5	0,1	9	0,92
2	5	0,1	14	0,82
3	6	0,12	20	0,72
4	4	0,08	24	0,6
5	4	0,08	28	0,52
6	6	0,12	34	0,44
7	6	0,12	40	0,32
8	4	0,08	44	0,2
9	3	0,06	47	0,12
10	3	0,06	50	0,06
	50	1		

P 2.2 Del enunciado del problema resultan 7 intervalos y la tabla correspondiente es

L_{i-1}–L_i	n_i	f_i	$N_i \downarrow$
[0; 15)	1	0,016	1
[15; 30)	5	0,082	6
[30; 45)	8	0,131	14
[45; 60)	21	0,344	35
[60; 75)	18	0,295	53
[75; 90)	6	0,098	59
[90; 105]	2	0,033	61
	61	0,999	

P 2.3 Como

$$f_i = \frac{n_1}{N}$$

en la primera fila de datos tenemos que $0{,}05 = \frac{2}{N}$, de donde obtenemos que $N = 40$, y entonces la tabla queda así:

x_i	n_i	f_i	$N_i \downarrow$	$F_i \downarrow$
10	2	0,05	2	0,05
13	4	0,1	6	0,15
16	10	0,25	16	0,4
19	15	0,375	31	0,775
22	6	0,15	37	0,925
25	3	0,075	40	1
	40	1		

P 2.4 La tabla pedida es

Kilómetros	*Operarios*
Menos de 15	61
Menos de 30	78
Menos de 45	85
Menos de 60	86
Menos de 75	88
Menos de 90	90
Menos de 94	91

Por observación directa de la tabla, los operarios que recorren entre 30 y 60 km son $86 - 78 = 8$.

P 2.5 De acuerdo con la naturaleza de la distribución, la representación más conveniente es el diagrama de barras:

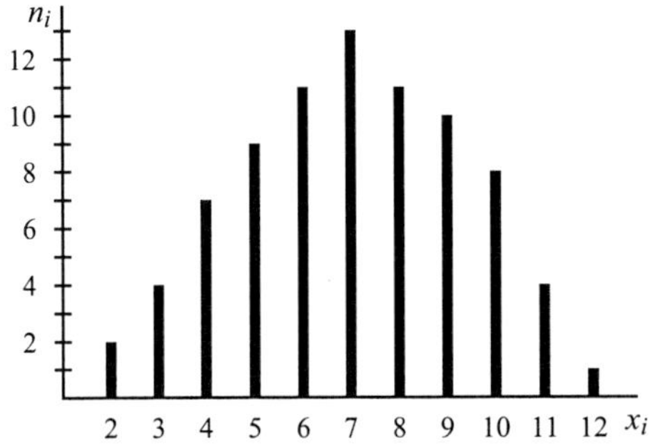

Figura A.1. Diagrama de barras del problema propuesto P 2.5

P 2.6 (a) Con los datos disponibles se obtiene:

x_i	n_i	f_i	$N_i \downarrow$
2	1	0,018	1
3	2	0,035	3
4	2	0,035	5
5	6	0,105	11
6	8	0,14	19
7	15	0,263	34
8	12	0,211	46
9	8	0,14	54
10	3	0,053	57
	57	1	

(b) La última columna nos muestra que el número de suspensos es 5, es decir

$$\frac{5}{57} \cdot 100 = 8{,}77\,\%.$$

Así mismo el número de aprobado no sobresalientes es $54 - 5 = 49$, es decir

$$\frac{49}{57} \cdot 100 = 71{,}93\,\%.$$

(c) La representación gráfica de la distribución se muestra en la Figura A.2.

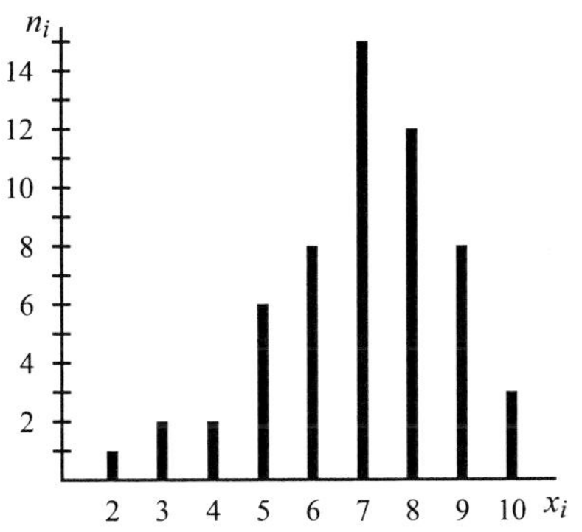

Figura A.2. Diagrama de barras del problema propuesto 2.6

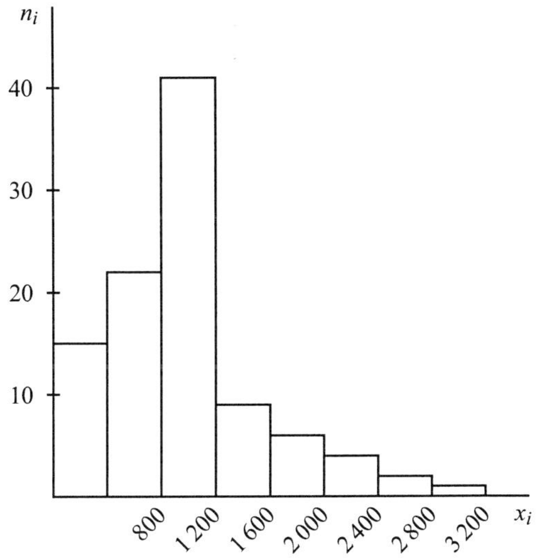

Figura A.3. Histograma del problema propuesto 2.7

P 2.7 El histograma se muestra en la Figura A.3.

P 2.8 La tabla correspondiente al problema es

Inversión (en euros)	x_i	n_i	f_i	h_i
[0; 100)	50	3	0,058	0,03
[100; 250)	175	8	0,154	0,053
[250; 500)	375	13	0,250	0,052
[500; 750)	625	10	0,192	0,04
[750; 1 000)	875	7	0,135	0,028
[1 000; 2 000)	1 500	8	0,154	0,008
[2 000; 3 000)	2 500	1	0,019	0,001
[3 000; 4 000)	3 500	0	0	0
[4 000; 6 000]	5 000	2	0,038	0,001
		52	1	

El histograma se representa en la Figura A.4.

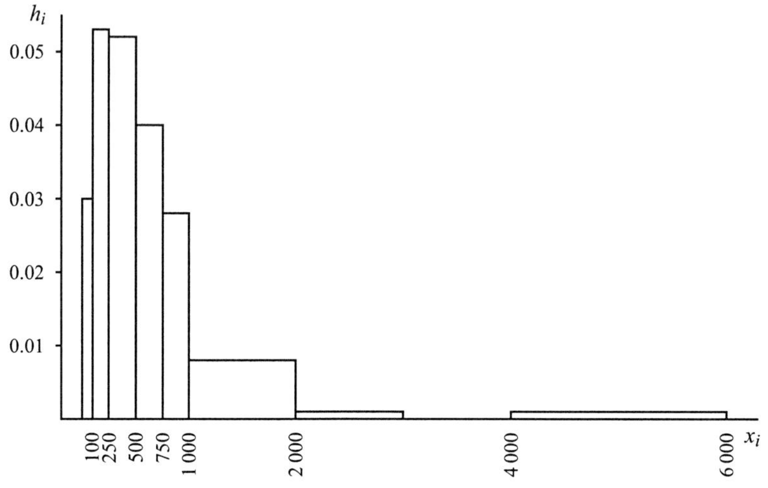

Figura A.4. Histograma del problema propuesto 2.8

P 2.9 Tomando las dos primeras cifras como tallos y la última cifra como hoja, se tiene el diagrama siguiente

26	0
27	1 3 3 4 6
28	0 0 3 4 5 6 7 8
29	0 2 6 7 8
30	0 0 5 7 9 9
31	4 5 7
32	2 7

P 2.10 Con los datos redondeados a tres cifras significativas, se obtiene la tabla siguiente:

205	147	212	237	197	137	194	178	171	217
160	151	225	143	162	182	174	132	169	192
148	197	160	155	114	201	186	167	177	171
200	156	150	224	184	164	125	170	188	168

donde los datos tienen ahora tres cifras significativas. De este modo, tomando las dos primeras como tallos y la última cifra como hoja, el diagrama de tallos y hojas resulta ser

11	4
12	5
13	2 7
14	3 7 8
15	0 1 5 6
16	0 0 2 4 7 8 9
17	0 1 1 4 7 8
18	2 4 6 8
19	2 4 7 7
20	0 1 5
21	2 7
22	4 5
23	7

P 3.1 A partir de la tabla

x_i	n_i	$x_i n_i$
1	2	2
2	7	14
3	16	48
4	23	92
5	21	105
6	12	72
8	3	24
10	1	10
	85	367

se obtiene

$$\overline{X} = \frac{367}{85} = 4{,}3.$$

P 3.2 Para encontrar el resultado en porcentaje suponemos que el hotel tiene 100 habitaciones, de las cuales una cantidad x son individuales y las $100 - x$ restantes son dobles.

Por definición de media aritmética se ha de cumplir que

$$119{,}22 = \frac{x \cdot 98{,}50 + (100 - x) \cdot 130{,}50}{100}$$

y operando se tiene que

$$11\,922 = (98{,}50 - 130{,}50)x + 13\,050$$

es decir

$$32x = 1\,128$$

de donde es

$$x = \frac{1\,128}{32} = 35{,}25\,\%$$

habitaciones individuales y por tanto 64,75 % de habitaciones dobles.

En consecuencia son individuales 3 525 de cada 10 000 o, simplificando, 141 de cada 400 habitaciones.

P 3.3 Considerando las marcas de clase se construye la siguiente tabla

L_{i-1}–L_i	x_i	n_i	$x_i n_i$
[3 000; 3 700)	3 350	2	6 700
[3 700; 4 000)	3 850	5	19 250
[4 000; 4 200)	4 100	18	73 800
[4 200; 4 500)	4 350	91	395 850
[4 500; 4 700)	4 600	15	69 000
[4 700; 5 000)	4 850	6	29 100
[5 000; 5 400]	5 200	3	15 600
		140	609 300

de donde se obtiene

$$\overline{X} = \frac{609\,300}{140} = 4\,325 \text{ gramos.}$$

P 3.4 El producto bruto «per capita» para los habitantes es la media aritmética ponderada de los productos de cada país, donde el peso correspondiente es su población. Con la tabla

x_i	p_i	$x_i p_i$
25 350	82,04	2 079 714,0
25 970	8,03	208 539,1
24 510	10,21	250 247,1
32 030	5,31	170 079,3
14 000	39,39	551 460,0
23 780	5,16	122 704,8
23 480	58,97	1 384 615,6
26 640	59,28	1 579 219,2
11 770	10,52	123 820,4
24 320	15,76	383 283,2
19 160	3,74	71 658,4
19 710	57,61	1 135 493,1
44 640	0,43	19 195,2
10 600	9,98	105 788,0
25 040	8,85	221 604,0
	375,28	8 407 421,4

se obtiene

$$\overline{X} = \frac{8\,407\,421,4}{375,28} = 22\,403 \text{ dólares.}$$

P 3.5 A partir de la tabla

x_i	n_i	N_i	$x_i n_i$
3	2	2	6
4	6	8	24
5	15	23	75
6	12	35	72
7	6	41	42
8	3	44	24
9	2	46	18
10	1	47	10
	47		271

se obtiene

$$\overline{X} = \frac{271}{47} = 5,77.$$

Como es $\frac{N}{2} = \frac{47}{2} = 23,5$, el dato central ocupa el lugar 24 que corresponde al valor $x_i = 6$. En consecuencia la mediana es $Me = 6$.

P 3.6 Teniendo en cuenta las marcas de clase se tiene la siguiente tabla

L_{i-1}–L_i	x_i	n_i	N_i	h_i	$x_i n_i$
[0; 1 500)	750	19	19	0,0127	14 250
[1 500; 2 500)	2 000	43	62	0,0430	86 000
[2 500; 3 500)	3 000	159	221	0,1590	477 000
[3 500; 4 500)	4 000	163	384	0,1630	652 000
[4 500; 6 000)	5 250	232	616	0,1547	1 218 000
[6 000; 8 000)	7 000	73	689	0,0365	511 000
[8 000; 10 000)	9 000	51	740	0,0255	459 000
[10 000; 15 000]	12 500	2	742	0,0004	25 000
		742			3 442 250

de donde es

$$\overline{X} = \frac{3\,442\,250}{742} = 4\,639{,}2 \text{ euros.}$$

Como $\frac{N}{2} = 371$, el intervalo mediano es [3 500; 4 500] y por tanto

$$Me = 3\,500 + \frac{371 - 221}{163} \cdot 1\,000 = 4\,420{,}3 \text{ euros.}$$

Considerando las alturas h_i el intervalo modal es [3 500; 4 500], con lo cual es

$$Mo = 3\,500 + \frac{0{,}1547}{0{,}1590 + 0{,}1547} \cdot 1\,000 = 3\,993{,}1 \text{ euros.}$$

P 3.7 Tomando $O_x = 620\,007\,314$ se construye la tabla

x_i	$x_i - O_x$	n_i	$(x_i - O_x)n_i$
620 007 311	−3	5	−15
620 007 313	−1	12	−12
620 007 314	0	20	0
620 007 316	2	8	16
620 007 320	6	5	30
		50	19

y con ella se obtiene

$$\overline{X} = 620\,007\,314 + \frac{19}{50} = 620\,007\,314{,}38.$$

En cuanto a la moda, ésta es $Mo = 620\,007\,314$, al ser éste el valor de la variable al que corresponde mayor frecuencia absoluta.

P 3.8 Considerando las marcas de clase en los intervalos dados, se construye la Tabla A.1, resultando

$$\overline{X} = \frac{5\,412\,742}{179} = 30\,239 \text{ habitantes.}$$

Como es $\frac{N}{2} = 89{,}5$, el dato central ocupa la posición 90 y corresponde al intervalo [1 000; 2 000), con lo cual es

$$Me = 1\,000 + \frac{89{,}5 - 70}{26} \cdot 1\,000 = 1\,750 \text{ habitantes.}$$

N^o de habitantes	x_i	n_i	N_i	$x_i n_i$	h_i
[0; 100)	50	6	6	300	0,0600
[100; 500)	300	40	46	12 000	0,1000
[500; 1 000)	750	24	70	18 000	0,4800
[1 000; 2 000)	1 500	26	96	39 000	0,0266
[2 000; 5 000)	3 500	39	135	136 500	0,0133
[5 000; 10 000)	7 500	11	146	82 500	0,0020
[10 000; 20 000)	15 000	9	155	135 000	0,0009
[20 000; 50 000)	35 000	11	166	385 000	0,0004
[50 000; 100 000)	75 000	6	172	450 000	0,0001
148 216	148 216	1	173	148 216	-
149 383	149 383	1	174	149 383	-
165 813	165 813	1	175	165 813	-
172 372	172 372	1	176	172 372	-
184 140	184 140	1	177	184 140	-
205 918	205 918	1	178	205 918	-
3 128 600	3 128 600	1	179	3 128 600	-
		179		5 412 742	

Tabla A.1. Tabla de valores para el problema propuesto P 3.8

Observando la columna de alturas se deduce que el intervalo modal es [100; 500) y por tanto se obtiene

$$Mo = 100 + \frac{0{,}048}{0{,}060 + 0{,}048} \cdot 400 = 278 \text{ habitantes.}$$

P 3.9 A partir de la tabla

x_i	n_i	N_i	$x_i n_i$
15	1	1	15
19	2	3	38
20	4	7	80
22	13	20	286
23	30	50	690
24	21	71	504
25	16	87	400
26	9	96	234
28	2	98	56
33	1	99	33
65	1	100	65
	100		2 401

se tienen

$$\overline{X} = \frac{2\,401}{100} = 24{,}01$$

$$Me = \frac{23 + 24}{2} = 23{,}5 \qquad \text{y} \qquad Mo = 23 \text{ años.}$$

P 3.10 Si se consideran los precios de los automóviles en miles de euros, se obtiene la tabla

L_{i-1}–L_i	x_i	n_i	N_i	h_i	x_in_i
[6; 10)	8	43	43	10,75	344
[10; 12)	11	42	85	21	462
[12; 14)	13	73	158	36,5	949
[14; 17)	15,5	75	233	25	1 162,5
[17; 20)	18,5	52	285	17,33	962
[20; 25)	22,5	89	374	17,8	2 002,5
[25; 30)	27,5	45	419	9	1 237,5
[30; 40)	35	73	492	7,3	2 555
[40; 50)	45	45	537	4,5	2 025
[50; 70)	60	60	597	3	3 600
[70; 100)	85	27	624	0,9	2 295
[100; 260]	180	20	644	0,125	3 600
		644			21 194,5

de donde

$$\overline{X} = \frac{21\,194,5}{644} = 32{,}910 \qquad \text{es decir} \qquad 32\,910 \text{ euros.}$$

Como el intervalo mediano es [20; 25], aplicando la fórmula (3.10) resulta

$$Me = 20 + \frac{322-285}{89} \cdot 5 = 22{,}080$$

o bien $Me = 22\,080$ euros.

El intervalo modal o de mayor altura es [12; 14] y mediante la fórmula (3.11) se obtiene

$$Mo = 12 + \frac{25}{21+25} \cdot 2 = 13{,}090 \qquad \text{es decir} \qquad 13\,090 \text{ euros.}$$

P 3.11 A partir de los datos se tiene la tabla

L_{i-1}–L_i	x_i	n_i	x_in_i
[0; 2)	1	3	3
[2; 4)	3	7	21
[4; 6)	5	9	45
[6; 10)	8	4	32
[10; 14)	12	2	24
[14; 16]	15	7	105
		32	230

de donde resulta

$$\overline{X} = \frac{230}{32} = 7{,}19.$$

Por otra parte, la media geométrica es

$$G = \sqrt[32]{1^3 \cdot 3^7 \cdot 5^9 \cdot 8^4 \cdot 12^2 \cdot 15^7} = \sqrt[32]{2^{16} \cdot 3^{16} \cdot 5^{16}} = \sqrt[32]{(2 \cdot 3 \cdot 5)^{16}} = \sqrt{30} = 5{,}48.$$

P 3.12 El ciclista Pérez recorre 80 km en 2 horas, por lo que su velocidad media es

$$\overline{X} = \frac{80}{2} = 40 \text{ km/h},$$

que coincide con la media aritmética de las velocidades al ser

$$\frac{60+40}{2} = 40.$$

Si la longitud del puerto es e, el ciclista Gómez emplea en su recorrido un tiempo total

$$t = \frac{e}{20} + \frac{e}{60}$$

por lo que su velocidad media es

$$\frac{\textit{espacio total}}{\textit{tiempo total}} = \frac{2e}{\frac{e}{20}+\frac{e}{60}} = \frac{2}{\frac{1}{20}+\frac{1}{60}}$$

que es la media armónica de las velocidades de subida y de bajada, cuyo valor es

$$H = \frac{2}{\frac{1}{20}+\frac{1}{60}} = \frac{2}{\frac{3+1}{20}} = \frac{120}{4} = 30 \text{ km/h}.$$

P 3.13 Si todas las mecanógrafas escribiesen el mismo texto con C caracteres, el tiempo empleado por cada una de ellas sería

$$\frac{C}{375}, \quad \frac{C}{362}, \quad \frac{C}{315}, \quad \frac{C}{408}, \quad \frac{C}{350} \quad \text{minutos}$$

y la velocidad media desarrollada para el total de texto escrito sería

$$\frac{\textit{Texto total}}{\textit{Tiempo total}} = \frac{5C}{\frac{C}{375}+\frac{C}{362}+\frac{C}{315}+\frac{C}{408}+\frac{C}{350}} = \frac{5}{\frac{1}{375}+\frac{1}{362}+\frac{1}{315}+\frac{1}{408}+\frac{1}{350}}$$

que es la media armónica de las velocidades, siendo su valor

$$H = \frac{5}{\frac{1}{375}+\frac{1}{362}+\frac{1}{315}+\frac{1}{408}+\frac{1}{350}} = 359{,}4 \text{ pulsaciones por minuto.}$$

P 3.14 A partir de la tabla

x_i	n_i	x_i^2	$x_i^2 n_i$
1	4	1	4
6	4	36	144
8	8	64	512
12	4	144	576
81	7	6 561	45 927
2 401	9	5 764 801	51 883 209
	36		51 930 372

se obtiene

$$C = \sqrt{\frac{\sum x_i^2 n_i}{\sum n_i}} = \sqrt{\frac{51\,930\,372}{36}} = 1\,201{,}05.$$

La media geométrica es

$$\begin{aligned} G &= \sqrt[36]{x_1^{n_1} x_2^{n_2} \cdots x_6^{n_6}} = \sqrt[36]{1^4 \cdot 6^4 \cdot 8^8 \cdot 12^4 \cdot 81^7 \cdot 2401^9} = \\ &= \sqrt[36]{2^{36} \cdot 3^{36} \cdot 7^{36}} = \sqrt[36]{(2 \cdot 3 \cdot 7)^{36}} = 2 \cdot 3 \cdot 7 = 42. \end{aligned}$$

P 3.15 De acuerdo con los datos se tiene la siguiente tabla

x_i	n_i	N_i
1	23	23
2	12	35
3	7	42
4	10	52
5	3	55
8	2	57
15	1	58

Como el percentil 75 coincidc con el tercer cuartil y al ser

$$\frac{3N}{4} = \frac{3 \cdot 58}{4} = 43{,}5$$

el cuartil pedido es el valor de la variable que ocupa el lugar 44, es decir $Q_3 = 4$.

Por tanto

$$P_{75} = Q_3 = 4 \text{ días.}$$

En consecuencia el 75 % dc los automóviles son reparados en cuatro días o menos.

P 3.16 Si se considera la tabla de datos

x_i	n_i	N_i
3	2	2
5	3	5
7	15	20
8	8	28
9	7	35
10	12	47
14	22	69
15	27	96
20	4	100

Por observación directa se tiene:

(a) El número de clientes que han permanecido más de 6 días pero menos de 14 son

$$n_3 + n_4 + n_5 + n_6 = N_6 - N_2 = 47 - 5 = 42.$$

(b) Como en este caso es

$$\frac{3N}{10} - \frac{3 \cdot 100}{10} - 30,$$

que es un número par, hemos de considerar las observaciones 30 y 31, que corresponden ambas al valor 9 de la variable, y por ello es

$$D_3 - 9.$$

Esto significa que $\frac{3}{10}$ de los clientes permanecen 9 días o menos.

Por otra parte, como es

$$\frac{96N}{100} = \frac{96 \cdot 100}{100} = 96$$

y las observaciones de lugares 96 y 97 corresponden a los valores 15 y 20 de la variable, es

$$P_{96} = \frac{15+20}{2} = 17{,}5.$$

Por lo que el 96 % de los clientes están 17 días o menos y el 4 % restante están 18 días o más.

P 3.17 De la tabla siguiente

L_{i-1}–L_i	x_i	n_i	N_i
[18; 25)	21,5	12	12
[25; 30)	27,5	15	27
[30; 35)	32,5	19	46
[35; 40)	37,5	18	64
[40; 50)	45	17	81
[50; 60)	55	11	92
[60; 70)	65	9	101
[70; →)	-	1	102

al ser

$$\frac{N}{2} = \frac{102}{2} = 51$$

el intervalo mediano es $[35;40)$ y por tanto es

$$Me = 35 + \frac{51-46}{18} \cdot 5 = 36{,}39.$$

Como es

$$\frac{N}{4} = \frac{102}{4} = 25{,}5$$

el intervalo correspondiente al primer cuartil es $[25;30)$ y resulta

$$Q_1 = 25 + \frac{25{,}5-12}{15} \cdot 5 = 29{,}5.$$

Siendo

$$\frac{7N}{10} = \frac{7 \cdot 102}{10} = 71{,}4$$

el séptimo decil se encuentra en el intervalo $[40;50)$ y vale

$$D_7 = 40 + \frac{71{,}4-64}{17} \cdot 10 = 44{,}35.$$

Para hallar el percentil 95 se considera el valor

$$\frac{95N}{100} = 96{,}9$$

que está en el intervalo $[60;70)$ y por tanto es

$$P_{95} = 60 + \frac{96{,}9 - 92}{9} \cdot 10 = 65{,}44.$$

P 3.18 (a) A partir de la tabla

L_{i-1}–L_i	x_i	n_i	N_i	h_i
(←; 6 000)	-	4	4	-
[6 000; 9 000)	7 500	12	16	0,004 0
[9 000; 12 000)	10 500	9	25	0,003 0
[12 000; 14 000)	13 000	23	48	0,011 5
[14 000; 15 500)	14 750	68	116	0,045 3
[15 500; 17 000)	16 250	87	203	0,058 0
[17 000; 19 000)	18 000	47	250	0,023 5
[19 000; 22 000)	20 500	18	268	0,006 0
[22 000; 25 000)	23 500	3	271	0,001 0
[25 000; 35 000)	30 000	2	273	0,000 2
[35 000; →)	-	1	274	-

se tiene que el intervalo modal o de mayor altura es [15 500; 17 000), por lo que la moda, o sueldo más frecuente, es

$$Mo = 15\,500 + \frac{0{,}023\,5}{0{,}045\,3 + 0{,}023\,5} \cdot 1\,500 = 16\,012 \text{ euros.}$$

(b) Con los datos de la tabla anterior se calcular los percentiles P_5 y P_{95}, situados respectivamente en los intervalos [6 000; 9 000) y [19 000; 22 000), obteniéndose

$$\begin{aligned} P_5 &= 6\,000 + \frac{\frac{5 \cdot 274}{100} - 4}{12} \cdot 3\,000 = 8\,425 \\ P_{95} &= 19\,000 + \frac{\frac{95 \cdot 274}{100} - 250}{18} \cdot 3\,000 = 20\,717. \end{aligned}$$

En consecuencia el 90 % de los empleados tiene un sueldo comprendido entre 8 425 y 20 717 euros.

P 3.19 Para hallar los momentos pedidos se construye la tabla

x_i	n_i	$x_i n_i$	$x_i^2 n_i$	$x_i^3 n_i$
20	16	320	6 400	128 000
22	24	528	11 616	255 552
27	32	864	23 328	629 856
30	15	450	13 500	405 000
34	8	272	9 248	314 432
40	3	120	4 800	192 000
	98	2 554	68 892	1 924 840

y se obtienen

$$\alpha_1 = \frac{\sum x_i n_i}{N} = \frac{2\,554}{98} = 26{,}06$$
$$\alpha_2 = \frac{\sum x_i^2 n_i}{N} = \frac{68\,892}{98} = 702{,}98$$
$$\alpha_3 = \frac{\sum x_i^3 n_i}{N} = \frac{1\,924\,840}{98} = 19\,641{,}22.$$

Para calcular μ_3 se utiliza la fórmula (3.28), resultando

$$\begin{aligned}\mu_3 &= \alpha_3 - 3\alpha_1\alpha_2 + 2\alpha_1^3 = \\ &= 19\,641{,}22 - 3\cdot(26{,}06\cdot 702{,}98) + 2\cdot(26{,}06)^3 = \\ &= 19\,641{,}22 - 54\,958{,}98 + 35\,395{,}92 = 78{,}16.\end{aligned}$$

P 3.20 De la tabla

L_{i-1}–L_i	x_i	n_i	$x_i n_i$	$x_i^2 n_i$
[6; 10)	8	5	40	320
[10; 20)	15	15	225	3 375
[20; 26)	23	19	437	10 051
[26; 28)	27	9	243	6 561
[28; 32)	30	8	240	7 200
[32; 40]	36	3	108	3 888
		59	1 293	31 395

se obtienen

$$\alpha_1 = \frac{\sum x_i n_i}{N} = \frac{1\,293}{59} = 21{,}915$$
$$\alpha_2 = \frac{\sum x_i^2 n_i}{N} = \frac{31\,395}{59} = 532{,}119$$

y en consecuencia resulta

$$\alpha_2 - \alpha_1^2 = 532{,}119 - (21{,}915)^2 = 51{,}85.$$

P 4.1 Con los datos disponibles, $Re_1 = 51 - 3 = 48$ y $Re_2 = 63$, lo que induce a pensar que la segunda es más dispersa; para confirmar lo dicho sería necesario hallar sus coeficientes de variación. En este caso no podemos hacerlo por no disponer de los valores de las variables.

P 4.2 Con los datos dados se construye la tabla

x_i	n_i	N_i	$x_i n_i$	$x_i - \overline{X}$	$\lvert x_i - \overline{X}\rvert n_i$	$x_i - Me$	$\lvert x_i - Me\rvert n_i$
3	9	9	27	−17	153	−15	135
9	12	21	108	−11	132	−9	108
15	18	39	270	−5	90	−3	54
21	10	49	210	1	10	3	30
27	13	62	351	7	91	9	117
33	5	67	165	13	65	15	75
39	11	78	429	19	209	21	231
	78		1 560		750		750

De donde son

$$\overline{X} = \frac{1\,560}{78} = 20 \qquad \text{y} \qquad Me = \frac{15+21}{2} = 18$$

por tanto

$$D_{\overline{X}} = \frac{\sum |x_i - \overline{X}| n_i}{N} = \frac{750}{78} = 9,615$$

y

$$D_{Me} = \frac{\sum |x_i - Me| n_i}{N} = \frac{750}{78} = 9,615.$$

En este caso ambas desviaciones han resultado ser coincidentes.

P 4.3 Expresando la variable número de habitantes en miles, se tiene la tabla

L_{i-1}–L_i	x_i	n_i	$x_i n_i$	$x_i^2 n_i$
[50; 200)	125	8	1 000	125 000
[200; 400)	300	10	3 000	900 000
[400; 500)	450	4	1 800	810 000
[500; 700)	600	11	6 600	3 960 000
[700; 1 000)	850	6	5 100	4 335 000
[1 000; 2 000)	1 500	10	15 000	2 250 000
[2 000; 6 000]	4 000	3	12 000	48 000 000
		52	44 500	80 630 000

En consecuencia la media aritmética pedida es

$$\overline{X} = \frac{\sum x_i n_i}{N} = \frac{44\,500}{52} = 855,769 \text{ miles de habitantes,}$$

es decir $\overline{X} = 855\,769$ habitantes.

La varianza, en millones de habitantes, es

$$\begin{aligned} S^2 &= \frac{\sum x_i^2 n_i}{N} - \left(\frac{\sum x_i n_i}{N}\right)^2 = \frac{80\,630\,000}{52} - \left(\frac{44\,500}{52}\right)^2 = \\ &= 1\,550\,577 - 732\,341 = 818\,236 \end{aligned}$$

y por tanto la desviación típica, en miles, es $S = +\sqrt{818\,236} = 904{,}564$ miles de habitantes, es decir $S = 904\,564$ habitantes.

P 4.4 Con la Tabla A.2 se tienen

$$\begin{aligned} \overline{X} &= \frac{\sum x_i n_i}{N} = \frac{2\,302}{266} = 8{,}65 \text{ euros} \\ S^2 &= \frac{\sum x_i^2 n_i}{N} - \left(\frac{\sum x_i n_i}{N}\right)^2 = \frac{47\,475{,}5}{266} - \left(\frac{2\,302}{266}\right)^2 = 178{,}48 - 74{,}89 = 103{,}59 \\ S &= +\sqrt{103{,}59} = 10{,}18 \text{ euros} \end{aligned}$$

x_i	n_i	$x_i n_i$	$x_i^2 n_i$
1,5	5	7,5	11,25
2	5	10	20
2,5	20	50	125
3	16	48	144
3,5	9	31,5	110,25
4	8	32	128
5	31	155	775
6	40	240	1 440
7	20	140	980
8	23	184	1 472
9	14	126	1 134
10	38	380	3 800
11	3	33	363
12	16	192	2 304
13	1	13	169
15	4	60	900
20	5	100	2 000
60	7	420	25 200
80	1	80	6 400
	266	2302	47 475,5

Tabla A.2. Valores para el problema propuesto P 4.4

P 4.5 (a) A partir de la tabla, considerando el valor central de cada intervalo,

L_{i-1}–L_i	x_i	n_i	N_i	$x_i n_i$	h_i	$x_i^2 n_i$
[1 000; 5 000)	3 000	15	15	45 000	$3{,}75 \cdot 10^{-3}$	$135 \cdot 10^6$
[5 000; 10 000)	7 500	24	39	180 000	$4{,}80 \cdot 10^{-3}$	$1\,350 \cdot 10^6$
[10 000; 20 000)	15 000	16	55	240 000	$1{,}60 \cdot 10^{-3}$	$3\,600 \cdot 10^6$
[20 000; 50 000)	35 000	23	78	805 000	$0{,}77 \cdot 10^{-3}$	$28\,175 \cdot 10^6$
[50 000; 100 000)	75 000	4	82	300 000	$0{,}08 \cdot 10^{-3}$	$22\,500 \cdot 10^6$
[100 000; 300 000]	200 000	9	91	1 800 000	$0{,}04 \cdot 10^{-3}$	$360\,000 \cdot 10^6$
314 007	314 007	1	92	314 007	-	$98\,600 \cdot 10^6$
320 161	320 161	1	93	320 161	-	$102\,503 \cdot 10^6$
435 238	435 238	1	94	435 238	-	$189\,432 \cdot 10^6$
		94		4 439 406		$806\,295 \cdot 10^6$

se obtiene

$$\overline{X} = \frac{4439406}{94} = 47228 \text{ ejemplares.}$$

(b) La tirada más frecuente es la moda de la distribución. Como la mayor altura h_i es $4{,}80 \cdot 10^{-3}$ y corresponde al segundo intervalo, se tiene

$$\begin{aligned} Mo &= 5000 + \frac{1{,}60 \cdot 10^{-3}}{3{,}75 \cdot 10^{-3} + 1{,}60 \cdot 10^{-3}} \cdot 5000 = \\ &= 5000 + \frac{1{,}60}{3{,}75 + 1{,}60} \cdot 5000 = 5000\left(1 + \frac{1{,}60}{5{,}35}\right) = 5000 \cdot 1{,}299 = 6495 \text{ ejemplares.} \end{aligned}$$

En la mitad de la oferta está situada la mediana y como $\frac{94}{2} = 47$, el intervalo mediano es [10 000; 20 000] y por tanto resulta

$$Me = 10000 + \frac{47-39}{16} \cdot 10000 = 15000 \text{ ejemplares.}$$

(c) Como la varianza es

$$S^2 = \frac{\sum x_i^2 n_i}{N} - (\overline{X})^2 = \frac{806295 \cdot 10^6}{94} - 47228^2 = 8578 \cdot 10^6 - 2230 \cdot 10^6 = 6348 \cdot 10^6,$$

la desviación típica pedida resulta

$$S = \sqrt{6348 \cdot 10^6} = 79,674 \cdot 10^3 = 79674 \text{ ejemplares.}$$

P 4.6 Para comparar la dispersión de las distribuciones hallamos sus coeficientes de variación. La tabla correspondiente a la distribución A es

L_{i-1}–L_i	x_i	n_i	$x_i n_i$	$x_i^2 n_i$
[0; 4)	2	6	12	24
[4; 8)	6	10	60	360
[8; 12)	10	12	120	1 200
[12; 16)	14	5	70	980
[16; 20]	18	3	54	972
		36	316	3 536

y por tanto son

$$\begin{aligned}
\overline{X}_A &= \frac{\sum x_i n_i}{N} = \frac{316}{36} = 8,778 \\
S_A^2 &= \frac{\sum x_i^2 n_i}{N} - \left(\frac{\sum x_i n_i}{N}\right)^2 = \frac{3536}{36} - \left(\frac{316}{36}\right)^2 = 98,222 - 77,049 = 21,173 \\
S_A &= +\sqrt{21,173} = 4,601 \\
V_A &= \frac{S_A}{\overline{X}_A} \cdot 100 = \frac{4,601}{8,778} \cdot 100 = 52,42\,\%.
\end{aligned}$$

Para la distribución B se tienen

x_i	n_i	$x_i n_i$	$x_i^2 n_i$
41	2	82	3 362
44	5	220	9 680
57	9	513	29 241
60	14	840	50 400
65	6	390	25 350
73	4	292	21 316
80	1	80	6 400
	41	2 417	145 749

$$\begin{aligned}
\overline{X}_B &= \frac{2\,417}{41} = 58{,}951 \\
S_B^2 &= \frac{145\,749}{41} - \left(\frac{2\,417}{41}\right)^2 = 3\,554{,}854 - 3\,475{,}220 = 79{,}634 \\
S_B &= +\sqrt{79{,}634} = 8{,}924 \\
V_B &= \frac{S_B}{\overline{X}_B} \cdot 100 = \frac{8{,}924}{58{,}951} \cdot 100 = 15{,}14\,\%.
\end{aligned}$$

Al ser $V_A > V_B$, la distribución A presenta una mayor dispersión.

P 4.7 La tabla correspondiente a la distribución es

x_i	n_i	$x_i n_i$	$x_i^2 n_i$
52,50	33	1 732,50	90 956,25
66,80	67	4 475,60	298 970,08
74,00	40	2 960,00	219 040,00
81,25	15	1 218,75	99 023,44
103,00	3	309,00	31 827,00
120,05	2	240,10	28 824,00
	160	10 935,95	768 640,77

de donde se obtienen

$$\begin{aligned}
\overline{X} &= \frac{10\,935{,}95}{160} = 68{,}35 \\
S^2 &= \frac{768\,640{,}77}{160} - \left(\frac{10\,935{,}95}{160}\right)^2 = 4\,804{,}00 - 4\,671{,}72 = 132{,}28 \\
S &= +\sqrt{132{,}28} = 11{,}50 \\
V &= \frac{11{,}50}{68{,}35} \cdot 100 = 16{,}83\,\%.
\end{aligned}$$

P 4.8 De la tabla

L_{i-1}–L_i	x_i	n_i	N_i	h_i	$x_i n_i$	$x_i^2 n_i$
[0; 40)	20	8	8	0,20	160	3 200
[40; 60)	50	27	35	1,35	1 350	67 500
[60; 80)	70	20	55	1,00	1 400	98 000
[80; 100)	90	17	72	0,85	1 530	137 700
[100; 140)	120	14	86	0,35	1 680	201 600
[140; 180)	160	12	98	0,30	1 920	307 200
[180; 300]	240	2	100	0,02	480	115 200
		100			8 520	930 400

se obtienen:

(a)

$$\begin{aligned}
\overline{X} &= \frac{8\,520}{100} = 85{,}20 \\
Me &= 60 + \frac{50-35}{20} \cdot 20 = 60 + 15 = 75 \\
Mo &= 40 + \frac{1{,}00}{0{,}20 + 1{,}00} \cdot 20 = 56{,}67.
\end{aligned}$$

(b)

$$S^2 = \frac{930400}{100} - \left(\frac{8520}{100}\right)^2 = 9304 - 7259,04 = 2044,96$$
$$S = +\sqrt{2044,96} = 45,22.$$

(c)

$$V = \frac{45,22}{85,20} \cdot 100 = 53,08\,\%.$$

P 4.9 Se construye la tabla

L_{i-1}–L_i	n_i	N_i
[1; 100)	678	678
[100; 500)	2 899	3 577
[500; 1 000)	1 254	4 831
[1 000; 2 000)	1 038	5 869
[2 000; 3 000)	561	6 430
[3 000; 10 000)	1 046	7 476
[10 000; 20 000)	306	7 782
[20 000; 30 000)	115	7 897
[30 000; 50 000)	49	7 946
[50 000; 100 000)	56	8 002
[100 000; 500 000)	48	8 050
[500 000; →)	6	8 056
	8 056	

y al ser $\frac{N}{2} = 4028$, el intervalo mediano es [500; 1 000) con lo que es

$$Me = 500 + \frac{4028 - 3577}{1254} \cdot 500 = 680 \text{ habitantes.}$$

Como es $\frac{N}{4} = 2014$ y $\frac{3N}{4} = 6042$, se tienen

$$Q_1 = 100 + \frac{2014 - 678}{2899} \cdot 400 = 284 \quad \text{y}$$
$$Q_3 = 2000 + \frac{6042 - 5869}{561} \cdot 1000 = 2308$$

por lo que la desviación cuartílica es

$$DC = \frac{Q_3 - Q_1}{2} = \frac{2308 - 284}{2} = 1012 \text{ habitantes.}$$

Por otra parte al ser $\frac{10N}{100} = 805{,}6$ y $\frac{90N}{100} = 7250{,}4$ resultan

$$P_{10} = 100 + \frac{805{,}6 - 678}{2899} \cdot 400 = 118 \quad \text{y}$$
$$P_{90} = 3000 + \frac{7250{,}4 - 6430}{1046} \cdot 7000 = 8490.$$

En consecuencia la desviación percentílica 10 – 90 es

$$DP_{10-90} = \frac{P_{90} - P_{10}}{2} = \frac{8\,490 - 118}{2} = 4\,186 \text{ habitantes.}$$

P 4.10 Tipificando las variables, el estudiante español obtuvo

$$z_e = \frac{x_e - \overline{X}_e}{S_e} = \frac{7-6}{1{,}1} = 0{,}909$$

y su amigo francés

$$z_f = \frac{x_f - \overline{X}_f}{S_f} = \frac{14 - 12{,}5}{1{,}6} = 0{,}937$$

por tanto, la calificación del alumno francés en su grupo fue superior a la del español en el suyo.

P 4.11 A partir de los datos se construye la tabla

x_i	n_i	N_i	$x_i n_i$	$x_i^2 n_i$
0	56	56	0	0
1	55	111	55	55
2	5	116	10	20
3	3	119	9	27
6	1	120	6	36
	120		80	138

de donde resultan

$$\overline{X} = \frac{80}{120} = 0{,}67; \qquad Me = 1; \qquad Mo = 0;$$

$$S^2 = \frac{\sum x_i^2 n_i}{N} - \left(\frac{\sum x_i n_i}{N}\right)^2 = \frac{138}{120} - \left(\frac{80}{120}\right)^2 = 1{,}15 - (0{,}67)^2 = 0{,}70$$

y por tanto es

$$V = \frac{S}{\overline{X}} \cdot 100 = \frac{\sqrt{0{,}70}}{0{,}67} \cdot 100 = 125\,\%.$$

En consecuencia la media no es representativa, al ser $V = 125\,\%$. La moda y la mediana tampoco lo son.

P 4.12 Construyendo la siguiente tabla

L_{i-1}–L_i	x_i	n_i	N_i	h_i	$x_i n_i$	$x_i^2 n_i$
[0; 25)	12.5	14	14	0,560	175	2 187,50
[25; 50)	37,5	7	21	0,280	262,5	9 843,75
[50; 100)	75	6	27	0,120	450	33 750,00
[100; 200)	150	8	35	0,080	1 200	180 000,00
[200; 400)	300	6	41	0,030	1 800	540 000,00
[400; 600)	500	1	42	0,005	500	250 000,00
[600; 1 000]	800	1	43	0,002	800	640 000,00
		43			5 187,5	1 655 781,25

se obtienen

$$\begin{aligned}\overline{X} &= \frac{5\,187{,}5}{43} = 120{,}64\\ Me &= 50 + \frac{21{,}5-21}{6}\cdot 50 = 54{,}17\\ Mo &= 25\\ S^2 &= \frac{1\,655\,781{,}25}{43} - \left(\frac{5\,187{,}5}{43}\right)^2 = 38\,506{,}54 - 14\,554{,}01 = 23\,952{,}53\end{aligned}$$

y por tanto

$$V = \frac{\sqrt{23\,952{,}53}}{120{,}64}\cdot 100 = 128{,}29\%.$$

Como $V = 128{,}29\%$, la media aritmética no es representativa. La moda tampoco lo es. El promedio más representativo es la mediana.

P 4.13 El rango intercuartílico de la distribución es $Q_3 - Q_1 = 130 - 110 = 20$ y por tanto

$$1{,}5(Q_3 - Q_1) = 1{,}5\cdot 20 = 30 \qquad \text{y} \qquad 3(Q_3 - Q_1) = 3\cdot 20 = 60.$$

Al ser $Q_1 - 30 = 110 - 30 = 80$ y $Q_3 + 30 = 130 + 30 = 160$, no hay ningún dato de la distribución fuera del intervalo $[80;160]$, con lo cual no existen datos atípicos, siendo $LI = 82$ y $LS = 148$.

Como $Q_1 - 3(Q_3 - Q_1) = 110 - 60 = 50$ y $Q_3 + 3(Q_3 - Q_1) = 130 + 60 = 190$ y fuera del intervalo $[50;190]$ no existen datos, la distribución no tiene datos extremos.

De lo anterior se deduce que el diagrama de caja pedido es el de la Figura A.5.

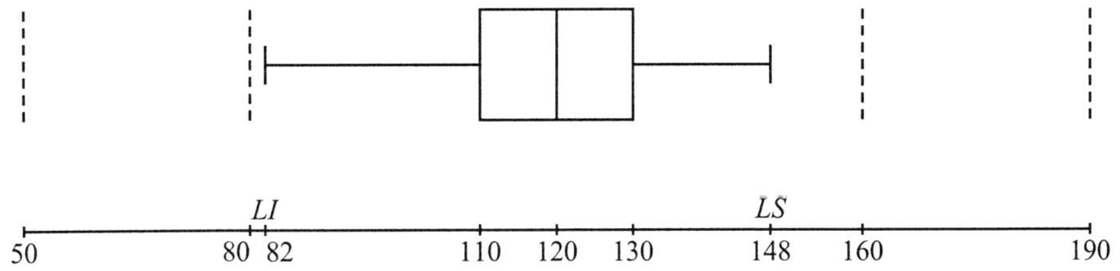

Figura A.5. Diagrama de caja del problema propuesto 4.13

P 4.14 Al considerar las frecuencias acumuladas se tiene la tabla:

L_{i-1}–L_i	n_i	N_i
[12; 16)	7	7
[16; 20)	13	20
[20; 25)	10	30
[25; 35)	20	50
[35; 42)	10	60
[42; 50)	14	74
[50; 55]	6	80
	80	

de la que resultan los cuartiles $Q_1 = 20$, $Q_2 = Me = 30$, $Q_3 = 42$, y en consecuencia

$$
\begin{aligned}
Q_3 - Q_1 &= 42 - 20 = 22, \\
1,5(Q_3 - Q_1) &= 1,5 \cdot 22 = 33, \\
3(Q_3 - Q_1) &= 3 \cdot 22 = 66.
\end{aligned}
$$

Suponiendo que la distribución toma los valores 12 y 55, éstos son los límites inferior y superior, es decir $LI = 12$ y $LS = 55$, ya que pertenecen, respectivamente, a los intervalos

$$
\begin{aligned}
[Q_1 - 1,5(Q_3 - Q_1);\ Me] &= [20 - 33;\ 30] = [-13; 30] \quad \text{y} \\
[Me;\ Q_3 + 1,5(Q_3 - Q_1)] &= [30; 42 + 33] = [30; 75].
\end{aligned}
$$

De todo ello se concluye que el diagrama de caja es el de la Figura A.6.

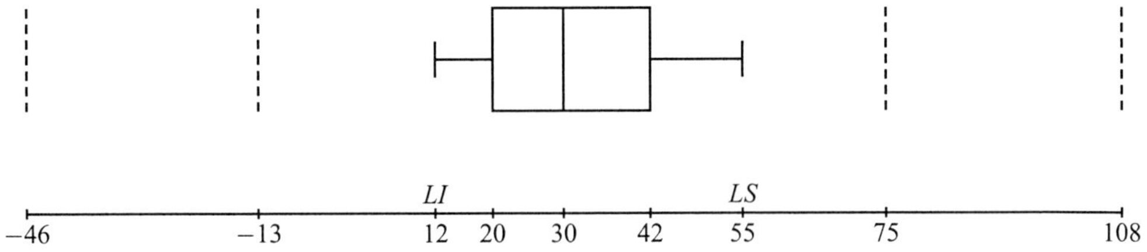

Figura A.6. Diagrama de caja del problema propuesto 4.14

P 5.1 La representación gráfica es la de la Figura A.7 y de ella se deduce que presenta asimetría de signo positivo.

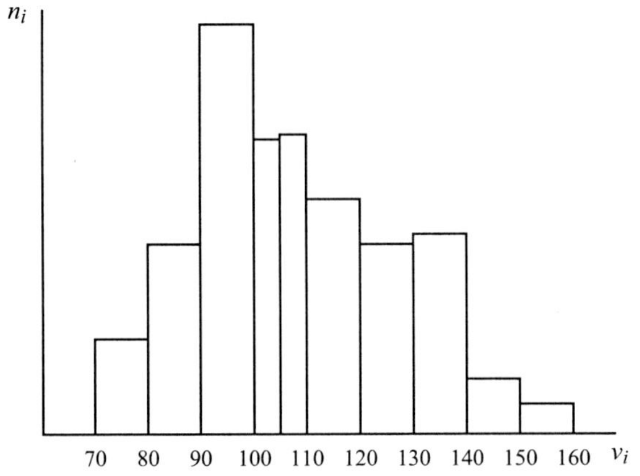

Figura A.7. Histograma del problema propuesto 5.1

P 5.2 A partir de la Tabla A.3 se obtienen

$$
\begin{aligned}
\overline{X} &= \frac{11\,480}{82} = 140, \qquad Mo = 150 + \frac{10}{16+10} \cdot 20 = 157,7 \\
S^2 &= \frac{1\,728\,800}{82} - 140^2 = 21\,083 - 19\,600 = 1\,483 \\
S &= \sqrt{1\,483} = 38,51
\end{aligned}
$$

L_{i-1}–L_i	x_i	n_i	$x_i n_i$	$x_i^2 n_i$
[50; 70)	60	2	120	7 200
[70; 90)	80	6	480	38 400
[90; 110)	100	12	1 200	120 000
[110; 130)	120	12	1 440	172 800
[130; 150)	140	16	2 240	313 600
[150; 170)	160	18	2 880	460 800
[170; 190)	180	10	1 800	324 000
[190; 210)	200	2	400	80 000
[210; 230)	220	2	440	96 800
[230; 250]	240	2	480	115 200
		82	11 480	1 728 800

Tabla A.3. Valores para el problema propuesto P 5.2

y por tanto es

$$As = \frac{\overline{X} - Mo}{S} = \frac{140 - 157{,}7}{38{,}51} = -0{,}46.$$

P 5.3 La distribución verifica la relación empírica dada por (5.2), ya que

$$\begin{aligned} \overline{X} - Mo &= 112{,}45 - 109{,}9 = 2{,}55 \\ 3(\overline{X} - Me) &= 3(112{,}45 - 111{,}7) = 2{,}25 \end{aligned}$$

pese a lo cual no se puede asegurar nada respecto a su simetría.

P 5.4 Los datos de la distribución muestran que ésta tiene forma de campana por lo que la asimetría debe estudiarse con el coeficiente de Fisher, por lo que se construye la tabla siguiente:

L_{i-1}–L_i	x_i	n_i	$x_i n_i$	$x_i - \overline{X}$	$(x_i - \overline{X})n_i$	$(x_i - \overline{X})^2 n_i$	$(x_i - \overline{X})^3 n_i$
[0; 12)	6	484	2 904	−58	−28 072	1 628 176	−94 434 208
[12; 24)	18	3 606	64 908	−46	−165 876	7 630 296	−350 993 616
[24; 36)	30	2 208	66 240	−34	−75 072	2 552 448	−86 783 232
[36; 48)	42	2 326	97 692	−22	−51 172	1 125 784	−24 767 248
[48; 60)	54	2 327	125 658	−10	−23 270	232 700	−2 327 000
[60; 120]	90	13 210	1 188 900	26	343 460	8 929 960	232 178 960
		24 161	1 546 302			22 099 364	−327 126 344

De donde

$$\overline{X} = \frac{1\,546\,302}{24\,161} = 64, \qquad S^2 = \frac{22\,099\,364}{24\,161} = 914{,}67, \qquad S = \sqrt{914{,}67} = 30{,}24$$

y por tanto

$$g_1 = \frac{1}{S^3} \cdot \frac{\sum (x_i - \overline{X})^3 n_i}{N} = \frac{1}{(30{,}24)^3} \cdot \frac{-327\,126\,344}{24\,161} = \frac{1}{27653{,}2} \cdot (-13\,539{,}44) = -0{,}49.$$

P 5.5 Para la distribución A, al ser en forma de campana, se considera la tabla

x_i	n_i	$x_i n_i$	$x_i^2 n_i$
3	8	24	72
4	9	36	144
5	14	70	350
6	9	54	324
7	7	49	343
8	4	32	256
9	2	18	162
10	1	10	100
	54	293	1 751

de donde se obtienen

$$\overline{X} = \frac{293}{54} = 5{,}43, \qquad Mo = 5,$$

$$S^2 = \frac{1\,751}{54} - (5{,}43)^2 = 2{,}95, \qquad S = \sqrt{2{,}95} = 1{,}72$$

y por tanto

$$As = \frac{\overline{X} - Mo}{S} = \frac{5{,}43 - 5}{1{,}72} = 0{,}25.$$

La asimetría de la distribución B se estudia con el coeficiente de asimetría de Fisher. De la tabla

x_i	n_i	$x_i n_i$	$x_i - \overline{X}$	$(x_i - \overline{X})n_i$	$(x_i - \overline{X})^2 n_i$	$(x_i - \overline{X})^3 n_i$
10	2 100	21 000	−3	−6 300	18 900	−56 700
11	1 800	19 800	−2	−3 600	7 200	−14 400
12	1 600	19 200	−1	−1 600	1 600	−1 600
13	1 100	14 300	0	0	0	0
14	800	11 200	1	800	800	800
15	150	22 500	2	3 000	6 000	12 000
16	2 600	41 600	3	7 800	23 400	70 200
	11 500	149 600			57 900	10 300

resultan

$$\overline{X} = \frac{149\,600}{11\,500} = 13, \qquad S^2 = \frac{57\,900}{11\,500} = 5{,}035, \qquad S = +\sqrt{5{,}035} = 2{,}24$$

y por tanto es

$$g_1 = \frac{1}{S^3} \cdot \frac{\sum (x_i - \overline{X})^3 n_i}{N} = \frac{1}{(2{,}24)^3} \cdot \frac{10\,300}{11\,500} = \frac{1}{11{,}28} \cdot 0{,}90 = 0{,}08.$$

P 5.6 (a) Si se considera la tabla

L_{i-1}–L_i	x_i	n_i	N_i
[0; 50)	25	12	12
[50; 100)	75	250	262
[100; 200)	150	427	689
[200; 300)	250	264	953
[300; 500)	400	40	993
[500; →)	-	7	1 000
		1 000	

se obtienen

$$
\begin{aligned}
Q_1 &= 50 + \frac{250-12}{250} \cdot 50 = 97{,}6 \\
Q_2 &= Me = 100 + \frac{500-262}{427} \cdot 100 = 155{,}7 \\
Q_3 &= 200 + \frac{750-689}{264} \cdot 100 = 223{,}1
\end{aligned}
$$

y por tanto el sesgo cuartílico es

$$SC = \frac{(Q_3-Q_2)-(Q_2-Q_1)}{Q_3-Q_1} = \frac{(223{,}1-155{,}7)-(155{,}7-97{,}6)}{223{,}1-97{,}6} = \frac{9{,}3}{125{,}5} = 0{,}07.$$

Por otra parte como son

$$
\begin{aligned}
P_{10} &= 50 + \frac{100-12}{250} \cdot 50 = 67{,}6 \\
P_{50} &= Me = 155{,}7 \\
P_{90} &= 200 + \frac{900-689}{264} \cdot 100 = 279{,}9
\end{aligned}
$$

el sesgo percentílico resulta

$$SP_{10-90} = \frac{(P_{90}-P_{50})-(P_{50}-P_{10})}{P_{90}-P_{10}} = \frac{(279{,}9-155{,}7)-(155{,}7-67{,}6)}{279{,}9-67{,}6} = \frac{36{,}1}{212{,}3} = 0{,}17.$$

(b) El apuntamiento percentílico es

$$AP_{10-90} = \frac{DC}{P_{90}-P_{10}} = \frac{Q_3-Q_1}{2(P_{90}-P_{10})}$$

y con los resultados del apartado anterior se obtiene

$$AP_{10-90} = \frac{223{,}1-97{,}6}{2(279{,}9-67{,}6)} = \frac{125{,}5}{424{,}6} = 0{,}30.$$

P 5.7 La tabla correspondiente al pueblo *A* es

L_{i-1}–L_i	x_i	n_i	N_i	$x_i n_i$	$\sum x_i n_i$	p_i	q_i	$p_i - q_i$
[0; 2)	1	5	5	5	5	4,0	0,40	3,60
[2; 4)	3	10	15	30	35	12,0	2,82	9,18
[4; 6)	5	12	27	60	95	21,6	7,66	13,94
[6; 8)	7	31	58	217	312	46,4	25,16	21,24
[8; 12)	10	33	91	330	642	72,8	51,77	21,03
[12; 16)	14	18	109	252	894	87,2	72,10	15,10
[16; 22)	19	9	118	171	1 065	94,4	85,89	8,51
[22; 28]	25	7	125	175	1 240	-	-	-
		125		1 240		338,4		92,60

de donde se obtiene

$$I_{co} = \frac{92,60}{338,4} = 0,27.$$

Para el pueblo B se tiene

L_{i-1}–L_i	x_i	n_i	N_i	$x_i n_i$	$\sum x_i n_i$	p_i	q_i	$p_i - q_i$
[0; 4)	2	3	3	6	6	3,41	0,67	2,74
[4; 6)	5	10	13	50	56	14,77	6,26	8,51
[6; 8)	7	14	27	98	154	30,68	17,21	13,47
[8; 10)	9	20	47	180	334	53,41	37,32	16,09
[10; 12)	11	19	66	209	543	75,00	60,67	14,33
[12; 16)	14	13	79	182	725	89,77	81,01	8,76
[16; 20)	18	7	86	126	851	97,73	95,08	2,65
[20; 24]	22	2	88	44	895	-	-	-
		88		895		364,77		66,55

y el índice de concentración es

$$I_{co} = \frac{66,55}{364,77} = 0,18.$$

La concentración es pequeña en ambos pueblos, pero la propiedad analizada está más repartida en el segundo de ellos.

P 5.8 Considerando las marcas de clase en los intervalos se tiene la tabla

x_i	n_i	N_i	$x_i n_i$	$\sum x_i n_i$	p_i	q_i	$p_i - q_i$
250	42	42	10 500	10 500	80,77	38,59	42,18
550	2	44	1 100	11 600	84,62	42,63	41,99
650	3	47	1 950	13 550	90,38	49,80	40,58
796	1	48	796	14 346	92,31	52,73	39,58
1 018	1	49	1 018	15 364	94,23	56,47	37,76
1 502	1	50	1 502	16 866	96,15	61,99	34,16
4 712	1	51	4 712	21 578	98,08	79,31	18,77
5 630	1	52	5 630	27 208	-	-	-
	52		27 208		636,54		255,02

de donde resulta

$$I_{co} = \frac{255,02}{636,54} = 0,40.$$

P 5.9 Por los datos del problema se tiene una distribución $N(173;8)$ y debemos calcular $P(165 < X \leq 181)$. Tipificando la variable se tiene

$$\begin{aligned} P(165 < X \leq 181) &= P\left(\frac{165-173}{8} < Z \leq \frac{181-173}{8}\right) = P(-1 < Z \leq 1) = \\ &= A(1) - A(-1) = A(1) - [1 - A(1)] = 2A(1) - 1 = 2 \cdot 0,8413 - 1 \\ &= 0,6826 \end{aligned}$$

donde el valor $A(1) = 0,6826$ se obtiene por lectura directa en el tabla de la distribución normal.

En consecuencia el 68,26 % de los individuos tienen una estatura entre 165 y 181 cm. Al ser la población de 3 000 personas, entre las estaturas dadas estarán

$$\frac{68{,}26}{100}\cdot 3\,000 = 2\,048 \text{ personas.}$$

La altura que no debe ser superada por el 90 % de los individuos de esta población se determina buscando en la tabla de la distribución $N(0;1)$ el valor z_0 tal que $P(Z \leq Z_0) = 0{,}90$, En la fila correspondiente al valor $z = 1{,}2$ y en la columna 0,08 de la tabla aparece el valor $A(Z_0) = 0{,}8997$ que es el más próximo por defecto a 0,90 y corresponde al valor tipificado $Z_0 = 1{,}28$. El valor buscado es X_0 tal que verifica

$$\frac{X_0 - \overline{X}}{S} = Z_0, \qquad \text{es decir,} \qquad \frac{X_0 - 173}{8} = 1{,}28$$

de donde es

$$X_0 = 173 + 8 \cdot 1{,}28 = 183{,}24$$

En consecuencia el 90 % de los individuos tiene una estatura menor o igual que 183,24 cm.

P 5.10 Como

$$\begin{aligned} P(20 < X \leq 26) &= P\left(\frac{20-22}{5} < Z \leq \frac{26-22}{5}\right) = P(-0{,}4 < Z \leq 0{,}8) = \\ &= P(Z \leq 0{,}8) - P(Z \leq -0{,}4) = P(Z \leq 0{,}8) - P(Z > 0{,}4) = \\ &= P(Z \leq 0{,}8) - [1 - P(Z \leq 0{,}4)] = 0{,}7881 - (1 - 0{,}6554) = 0{,}4435. \end{aligned}$$

es la probabilidad de que un día del mes la temperatura máxima esté entre 22° y 26°.

En los 30 días de abril cabe esperar que la temperatura máxima esté entre 22° y 26° en $0{,}4435 \cdot 30 = 13{,}05 \simeq 13$ días.

P 5.11 La probabilidad pedida es

$$\begin{aligned} P(450 &< X \leq 500) = P\left(\frac{450-500}{22} < Z \leq \frac{500-500}{22}\right) = \\ &= P(-2{,}27 < Z \leq 0) = P(Z \leq 2{,}27) - 0{,}5 = 0{,}9884 - 0{,}5 = 0{,}4884. \end{aligned}$$

P 5.12 Por una parte es

$$\begin{aligned} P(X > 30) &= P\left(Z > \frac{30-25}{3}\right) = P(Z > 1{,}67) = \\ &= 1 - P(Z \leq 1{,}67) = 1 - 0{,}9525 = 0{,}0475 = 4{,}75\,\%. \end{aligned}$$

y por otra

$$P(X \leq 20) = P\left(Z \leq \frac{20-25}{3}\right) = P(Z \leq -1{,}67) = 4{,}75\,\%.$$

P 5.13 (a) Sabiendo que el 3 % de las dosis contienen una cantidad de reactivo superior a 65 unidades, se tiene que

$$P(X > 65) = \frac{3}{100} = 0{,}03 \quad \Rightarrow \quad P\left(Z > \frac{65-60}{S}\right) = 0{,}03 \quad \Rightarrow$$

$$\Rightarrow 1 \quad P\left(Z \leq \frac{65-60}{S}\right) = 0{,}03 \quad \Rightarrow \quad P\left(Z \leq \frac{5}{S}\right) - 1 - 0{,}03 - 0{,}97.$$

En la tabla de distribución normal tipificada se observa que la probabilidad 0,97 corresponde al valor $z = 1{,}88$, de donde:

$$z = \frac{5}{S} = 1{,}88 \qquad \Rightarrow \qquad S = \frac{5}{1{,}88} = 2{,}66 \qquad \Rightarrow \qquad S \simeq 2{,}66.$$

(b) La probabilidad de que un individuo, elegido al azar, quede inmunizado al aplicarle una dosis es:

$$\begin{aligned} P(55 < X \leq 65) &= P\left(\frac{55-60}{2{,}66} < Z \leq \frac{65-60}{2{,}66}\right) = \\ &= P(-1{,}88 < Z \leq 1{,}88) = P(Z \leq 1{,}88) - P(Z \leq -1{,}88) = \\ &= P(Z \leq 1{,}88) - P(Z > 1{,}88) = P(Z \leq 1{,}88) - [1 - P(Z \leq 1{,}88)] = \\ &= 2 \cdot P(Z \leq 1{,}88) - 1 = 2 \cdot 0{,}9699 - 1 = 0{,}9398. \end{aligned}$$

La probabilidad de que no quede inmunizado es:

$$P = 1 - 0{,}9398 = 0{,}0602.$$

P 5.14 Sean q_1 y q_3 los valores de la variable normal tipificada correspondientes a los cuartiles primero y tercero. Para estos valores se verifica

$$P(Z \leq q_1) = 0{,}25 \qquad \text{y} \qquad P(Z \leq q_3) \leq 0{,}75.$$

Por lectura directa de la tabla normal se tiene $q_3 = 0{,}675$ y por la simetría de la distribución normal es

$$q_1 = -q_3 = -0{,}675.$$

Siendo Q_1 y Q_3 los valores de los cuartiles de la distribución dada, al tipificar se debe cumplir

$$q_1 = \frac{Q_1 - 4}{4} = -0{,}675 \qquad \text{y} \qquad q_3 = \frac{Q_3 - 4}{4} = 0{,}675$$

y por tanto

$$Q_1 = 4 + 4 \cdot (-0{,}675) = 1{,}3 \qquad \text{y} \qquad Q_3 = 4 + 4 \cdot 0{,}675 = 6{,}7.$$

En consecuencia es

$$Q_3 - Q_1 = 6{,}7 - 1{,}3 = 5{,}4.$$

Una forma más rápida de llegar al resultado, una vez calculado Q_3, se tiene al considerar que la distribución normal es simétrica y que $Me = \overline{X}$, con lo que

$$Q_3 - Q_1 = 2(Q_3 - Me) = 2(Q_3 - \overline{X}) = 2(6{,}7 - 4) = 5{,}4.$$

P 6.1 La tabla de doble entrada correspondiente a los datos es

$Y \setminus X$	3	4	5	6	7	8	9	10
4	1	3						
5		2	2					
6			3	2	1			
7			1	4	6	3	1	
8					2	1	3	
9							2	1

y la distribución de frecuencias conjuntas es

x_i	y_j	n_{ij}
3	4	1
4	4	3
4	5	2
5	5	2
5	6	3
5	7	1
6	6	2
6	7	4
7	6	1
7	7	6
7	8	2
8	7	3
8	8	1
9	7	1
9	8	3
9	9	2
10	9	1
		38

P 6.2 La tabla pedida es

$Y \setminus X$	0-20	20-40	40-60	60-80
0-15	16	3		
15-30	5	23	18	20
30-45		15		

P 6.3 La tabla de frecuencias es

x_i	y_j	n_{ij}
150-160	150-160	1
150-160	160-165	2
150-160	165-170	3
160-165	160-165	2
160-165	165-170	4
160-165	170-175	3
160-165	175-180	1
165-170	165-170	5
165-170	170-175	6

x_i	y_j	n_{ij}
165-170	175-180	5
165-170	180-190	4
170-175	165-170	2
170-175	170-175	2
170-175	175-180	4
170-175	180-190	1
175-180	175-180	3
175-180	180-190	1
180-190	180-190	1

y el diagrama correspondiente es el de la Figura A.8.

P 6.4 Considerando la fórmula de la covarianza dada por (6.2) en la que intervienen los valores de las variables y las frecuencias conjuntas, se establece la tabla

x_i	y_j	n_{ij}	$x_i y_j n_{ij}$	$x_i n_{ij}$	$y_j n_{ij}$
101	80	5	40 400	505	400
103	80	7	57 680	721	560
103	85	11	96 305	1 133	935
107	87	9	83 781	963	783
110	90	4	39 600	440	360
		36	317 766	3 762	3 038

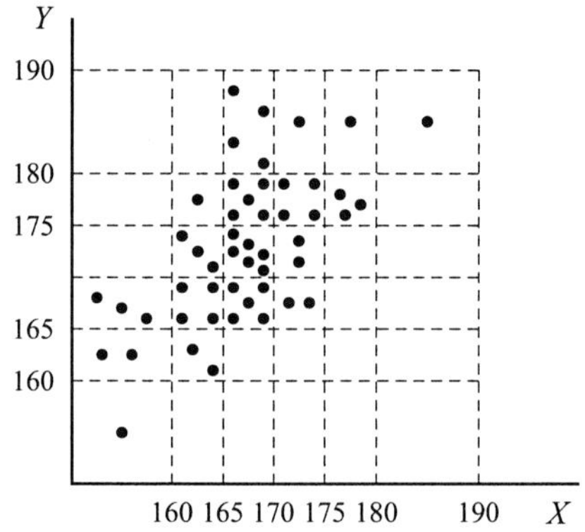

Figura A.8. Nube de puntos del problema propuesto 6.3

de donde resulta

$$S_{XY} = \frac{317\,766}{36} - \left(\frac{3\,762}{36}\right)\left(\frac{3\,038}{36}\right) = 8\,826{,}83 - 8\,818{,}64 = 8{,}19.$$

Para las nuevas variables $x'_i = x_i - 100$, $y'_j = y_j + 200$, se tiene

x'_i	y'_j	n_{ij}	$x'_i y'_j n_{ij}$	$x'_i n_{ij}$	$y'_j n_{ij}$
1	100	5	500	5	500
3	100	7	2 100	21	700
3	105	11	3 465	33	1 155
7	107	9	6 741	63	963
10	110	4	4 400	40	440
		36	17 206	162	3 758

y por tanto es

$$S_{X'Y'} = \frac{17206}{36} - \left(\frac{162}{36}\right)\left(\frac{3\,758}{36}\right) = 477{,}94 - 469{,}75 = 8{,}19.$$

La coincidencia de los resultados es consecuencia de que la covarianza no varía al sumar o restar un mismo número a cada uno de los valores de una variable estadística, ya que dadas las variables x_i, y_j, si se consideran las variables $x'_i = x_i + h, y'_j = y_j + k$, siendo h y k constantes, se tiene que

$$\begin{aligned}
S_{X'Y'} &= \frac{\sum x'_i y'_j n_{ij}}{N} - \left(\frac{\sum x'_i n_{ij}}{N}\right)\left(\frac{\sum y'_j n_{ij}}{N}\right) = \\
&= \frac{\sum (x_i+h)(y_j+k) n_{ij}}{N} - \left(\frac{\sum (x_i+h) n_{ij}}{N}\right)\left(\frac{\sum (y_j+k) n_{ij}}{N}\right) = \\
&= \frac{\sum x_i y_j n_{ij}}{N} + k\frac{\sum x_i n_{ij}}{N} + h\frac{\sum y_j n_{ij}}{N} + hk\frac{\sum n_{ij}}{N} - \left(\frac{\sum x_i n_{ij}}{N} + h\frac{\sum n_{ij}}{N}\right)\left(\frac{\sum y_j n_{ij}}{N} + k\frac{\sum n_{ij}}{N}\right) \\
&= \frac{\sum x_i y_j n_{ij}}{N} + k\overline{X} + h\overline{Y} + hk - (\overline{X}+h)(\overline{Y}+k) = \\
&= \frac{\sum x_i y_j n_{ij}}{N} + k\overline{X} + h\overline{Y} + hk - \overline{X}\,\overline{Y} - k\overline{X} - h\overline{Y} - hk = \\
&= \frac{\sum x_i y_j n_{ij}}{N} - \overline{X}\,\overline{Y} = \frac{\sum x_i y_j n_{ij}}{N} - \left(\frac{\sum x_i n_{ij}}{N}\right)\left(\frac{\sum y_j n_{ij}}{N}\right) = S_{XY}.
\end{aligned}$$

P 6.5 La tabla de doble entrada correspondiente a esta distribución, con frecuencias totales, es

$Y \setminus X$	1	2	3	4	5	6	
0					8	12	20
1				13	7		20
2		2	16	3			21
3		6	7				13
4	6						6
	6	8	23	16	15	12	80

y las correspondientes distribuciones marginales son

x_i	n_i
1	6
2	8
3	23
4	16
5	15
6	12
	80

y_j	n_j
0	20
1	20
2	21
3	13
4	6
	80

Para la variable marginal X se tiene

x_i	n_i	$x_i n_i$	$x_i^2 n_i$
1	6	6	6
2	8	16	32
3	23	69	207
4	16	64	256
5	15	75	375
6	12	72	432
	80	302	1 308

$$\overline{X} = \frac{302}{80} = 3,78$$

$$S_X^2 = \frac{1\,308}{80} - \left(\frac{302}{80}\right)^2 = 16{,}35 - 14{,}25 = 2{,}10$$

$$S = \sqrt{2,10} = 1,45$$

y para la variable marginal Y

y_j	n_j	$y_j n_j$	$y_j^2 n_j$
0	20	0	0
1	20	20	20
2	21	42	84
3	13	39	117
4	6	24	96
	80	125	317

$$\overline{Y} = \frac{125}{80} = 1{,}56$$

$$S_Y^2 = \frac{317}{80} - \left(\frac{125}{80}\right)^2 = 3{,}96 - 2{,}44 = 1{,}52$$

$$S_y = \sqrt{1{,}52} = 1{,}23$$

La covarianza resulta de la Tabla A.4 siendo

$$S_{XY} = \frac{\sum x_i y_j n_{ij}}{N} - \overline{X}\,\overline{Y} = \frac{338}{80} - 3{,}78 \cdot 1{,}56 = 4{,}22 - 5{,}90 = -1{,}68.$$

x_i	y_j	n_{ij}	$x_iy_jn_{ij}$
1	4	6	24
2	2	2	8
2	3	6	36
3	2	16	96
3	3	7	63
4	1	13	52
4	2	3	24
5	0	8	0
5	1	7	35
6	0	12	0
		80	338

Tabla A.4. Valores para el cálculo de la covarianza (P 6.5)

P 6.6 La tabla de frecuencias conjuntas correspondiente a la distribución, siendo X la variable edad e Y la antigüedad, es

x_i	y_j	n_{ij}	x_in_{ij}	y_jn_{ij}	$x_i^2n_{ij}$	$y_j^2n_{ij}$	$x_iy_jn_{ij}$
24	1	2	48	2	1 152	2	48
24	2	3	72	6	1 728	12	144
24	6	8	192	48	4 608	288	1 152
24	8	3	72	24	1 728	192	576
35	5	1	35	5	1 225	25	175
35	6	5	175	30	6 125	180	1 050
35	7	16	560	112	19 600	784	3 920
35	10	2	70	20	2 450	200	700
45	7	6	270	42	12 150	294	1 890
45	8	13	585	104	26 325	832	4 680
45	12	5	225	60	10 125	720	2 700
45	14	4	180	56	8 100	784	2 520
57	14	6	342	84	19 494	1 176	4 788
57	15	8	456	120	25 992	1 800	6 840
57	18	2	114	36	6 498	648	2 052
		84	3 396	749	147 300	7 937	33 235

de donde se obtienen

$$
\begin{aligned}
S_X^2 &= \frac{147\,300}{84} - \left(\frac{3\,396}{84}\right)^2 = 1\,753{,}57 - 1\,634{,}47 = 119{,}10 \\
S_Y^2 &= \frac{7\,937}{84} - \left(\frac{749}{84}\right)^2 = 94{,}49 - 79{,}51 = 14{,}98 \\
S_{XY} &= \frac{33\,235}{84} - \left(\frac{3\,396}{84}\right)\left(\frac{749}{84}\right) = 395{,}65 - 360{,}49 = 35{,}16.
\end{aligned}
$$

P 6.7 A partir de la tabla

x_i	y_j	n_{ij}	$x_i n_{ij}$	$y_j n_{ij}$	$x_i - \overline{X}$	$y_j - \overline{Y}$	$(x_i - \overline{X})^2 (y_j - \overline{Y}) n_{ij}$	$(x_i - \overline{X})(y_j - \overline{Y})^2 n_{ij}$
9	3	11	99	33	−3	−3	−297	−297
9	5	3	27	15	−3	−1	−27	−9
10	5	8	80	40	−2	−1	−32	−16
14	8	8	112	64	2	2	64	64
15	8	14	210	112	3	2	252	168
		44	528	264			−40	−90

se obtienen

$$\overline{X} = \frac{528}{44} = 12. \qquad \overline{Y} = \frac{264}{44} = 6$$

y por tanto son

$$\mu_{21} = \frac{\sum (x_i - \overline{X})^2 (y_j - \overline{Y}) n_{ij}}{N} = \frac{-40}{44} = -0{,}909$$

$$\mu_{21} = \frac{\sum (x_i - \overline{X})(y_j - \overline{Y})^2 n_{ij}}{N} = \frac{-90}{44} = -2{,}045.$$

P 7.1 La gráfica pedida es la de la Figura A.9 y por observación de la nube de puntos se deduce que no existe ningún tipo de dependencia entre las variables.

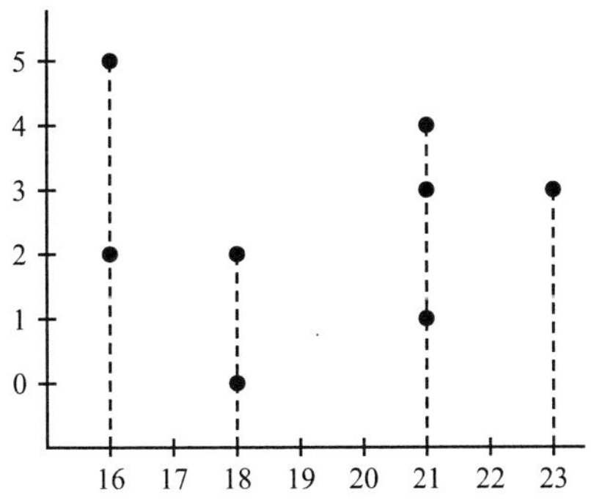

Figura A.9. Representación gráfica del problema propuesto P 7.1

P 7.2 Si se considera la tabla

x_i	y_i	x_i^2	$x_i y_i$
44	98	1 936	4 312
46	80	2 116	3 680
48	84	2 304	4 032
50	69	2 500	3 450
52	58	2 704	3 016
54	53	2 916	2 862
294	442	14 476	21 352

resulta el sistema

$$\left\{\begin{array}{rcl} 442 & = & 6a+294b \\ 21\,352 & = & 294a+14\,476b \end{array}\right.$$

cuya solución es $a = 287{,}87$, $b = -4{,}37$ y la recta pedida es

$$y = 287{,}87 - 4{,}37x$$

P 7.3 De la tabla siguiente

x_i	y_j	n_{ij}	$x_i n_{ij}$	$x_i y_j n_{ij}$	$x_i^2 n_{ij}$	$y_j n_{ij}$
2	10	2	4	40	8	20
5	7	5	25	175	125	35
5	10	2	10	100	50	20
7	3	1	7	21	49	3
7	7	6	42	294	294	42
10	3	4	40	120	400	12
10	7	3	30	210	300	21
15	3	5	75	225	1 125	15
		28	233	1 185	2 351	168

se obtiene el sistema

$$\left\{\begin{array}{rcl} 168 & = & 28a+233b \\ 1185 & = & 233a+2351b \end{array}\right.$$

con solución $a = 10{,}30$, $b = -0{,}52$ y la recta pedida es

$$y = 10{,}30 - 0{,}52x$$

P 7.4 A partir de la tabla

x_i	y_j	n_{ij}	$x_i n_{ij}$	$y_j n_{ij}$	$x_i^2 n_{ij}$	$x_i y_j n_{ij}$
12	75	2	24	150	288	1 800
12	60	3	36	180	432	2 160
15	60	3	45	180	675	2 700
18	60	4	72	240	1 296	4 320
18	50	5	90	250	1 620	4 500
20	45	5	100	225	2 000	4 500
		22	367	1 225	6 311	19 980

se obtienen

$$\begin{aligned} \overline{X} &= \frac{367}{22} = 16{,}68 \qquad \overline{Y} = \frac{1\,225}{22} = 55{,}68 \\ S_{XY} &= \frac{19980}{22} - \frac{367}{22} \cdot \frac{1\,225}{22} = -20{,}69 \\ S_X^2 &= \frac{6\,311}{22} - \left(\frac{367}{22}\right)^2 = 8{,}58 \\ b &= \frac{S_{XY}}{S_X^2} = \frac{-20{,}69}{8{,}58} = -2{,}41 \end{aligned}$$

y por tanto la recta pedida es

$$y - 55{,}68 = -2{,}41(x - 16{,}68)$$

o bien

$$y = 95{,}88 - 2{,}41x$$

P 7.5 Tomando como valores centrales $O_x = 1\,914\,494$ y $O_y = 676\,904$ se construye la tabla

x_i	y_i	$x_i - O_x$	$y_i - O_y$	$(x_i - O_x)(y_i - O_y)$	$(x_i - O_x)^2$
1 819 851	454 814	−94 643	−222 090	$21\,019 \cdot 10^6$	$8\,957 \cdot 10^6$
2 300 996	676 904	386 502	0	0	$149\,384 \cdot 10^6$
1 914 494	518 058	0	−158 846	0	0
1 855 170	443 668	−59 324	−233 236	$13\,836 \cdot 10^6$	$3\,519 \cdot 10^6$
2 347 806	1 019 976	433 312	343 072	$148\,657 \cdot 10^6$	$187\,759 \cdot 10^6$
		665 847	−271 100	$183\,512 \cdot 10^6$	$349\,619 \cdot 10^6$

y resultan

$$\begin{aligned}
\overline{X} &= 1914494 + \frac{665\,847}{5} = 2\,047\,663{,}4 \\
\overline{Y} &= 676904 + \frac{-271\,100}{5} = 622\,684 \\
S_{XY} &= \frac{183\,512 \cdot 10^6}{5} - \left(\frac{665\,847}{5}\right)\left(\frac{-271\,100}{5}\right) = 43\,922{,}845 \cdot 10^6 \\
S_X^2 &= \frac{349\,619 \cdot 10^6}{5} - \left(\frac{665\,847}{5}\right)^2 = 52\,189{,}711 \cdot 10^6 \\
b &= \frac{43\,922{,}845 \cdot 10^6}{52\,189{,}711 \cdot 10^6} = 0{,}8416.
\end{aligned}$$

La recta de regresión pedida es

$$y - 622\,684 = 0{,}8416(x - 2\,047\,663{,}4)$$

es decir,

$$y = 0{,}8416x - 1\,100\,629{,}5$$

P 7.6 Construyendo la tabla

x_i	y_j	n_{ij}	$x_i n_{ij}$	$y_j n_{ij}$	$x_i y_j n_{ij}$	$x_i^2 n_{ij}$	$y_j^2 n_{ij}$
4	3	1	4	3	12	16	9
5	5	2	10	10	50	50	50
5	6	1	5	6	30	25	36
6	7	2	12	14	84	72	98
7	7	4	28	28	196	196	196
7	8	3	21	24	168	147	192
8	7	2	16	14	112	128	98
8	8	4	32	32	256	256	256
9	8	3	27	24	216	243	192
9	10	2	18	20	180	162	200
10	10	1	10	10	100	100	100
		25	183	185	1 404	1 395	1 427

se obtienen

$$\begin{aligned} \overline{X} &= \tfrac{183}{25} = 7{,}32 & \overline{Y} &= \tfrac{185}{25} = 7{,}4 \\ S_X^2 &= \tfrac{1\,395}{25} - \left(\tfrac{183}{25}\right)^2 = 2{,}2176 & S_Y^2 &= \tfrac{1427}{25} - \left(\tfrac{185}{25}\right)^2 = 2{,}32 \\ S_{XY} &= \tfrac{1\,404}{25} - \left(\tfrac{183}{25}\right)\left(\tfrac{185}{25}\right) = 1{,}992 \end{aligned}$$

de donde son

$$b = \frac{S_{XY}}{S_X^2} = \frac{1{,}992}{2{,}2176} = 0{,}898 \qquad \text{y} \qquad b' = \frac{S_{XY}}{S_Y^2} = \frac{1{,}992}{2{,}32} = 0{,}859$$

En consecuencia las rectas de regresión son

$$\begin{aligned} y - 7{,}4 &= 0{,}898(x - 7{,}32) \\ x - 7{,}32 &= 0{,}859(y - 7{,}4) \end{aligned}$$

es decir

$$y = 0{,}827 + 0{,}898x \qquad x = 0{,}963 + 0{,}859y$$

Con las rectas halladas se tienen las estimaciones pedidas, siendo éstas:

$$\begin{aligned} y^*(7) &= 0{,}827 + 0{,}898 \cdot 7 = 7{,}1 \\ x^*(9) &= 0{,}963 + 0{,}859 \cdot 9 = 8{,}7 \end{aligned}$$

P 7.7 Construyendo la tabla

x_i	y_i	x_iy_i	$x_i^2y_i$	x_i^2	x_i^3	x_i^4
3	7	21	63	9	27	81
4	16	64	256	16	64	256
5	27	135	675	25	125	625
6	40	240	1 440	36	216	1 296
8	72	576	4 608	64	512	4 096
26	162	1 036	7 042	150	944	6 354

se tiene el sistema

$$\left\{ \begin{aligned} 162 &= 5\,a + 26\,b + 150\,c \\ 1\,036 &= 26\,a + 150\,b + 944\,c \\ 7\,042 &= 150\,a + 944\,b + 6\,354\,c \end{aligned} \right.$$

con solución $a = -8$, $b = 2$, $c = 1$, de donde la parábola de regresión es

$$y = -8 + 2x + x^2$$

P 7.8 Considerando las marcas de clase se construye la tabla

x_i	y_j	n_{ij}	x_in_{ij}	y_jn_{ij}	$x_iy_jn_{ij}$	$x_i^2y_jn_{ij}$	$x_i^2n_{ij}$	$x_i^3n_{ij}$	$x_i^4n_{ij}$
7,5	8	4	30	32	240	1 800	225	1 687,5	12 656,25
12,5	8	3	37,5	24	300	3 750	468,75	5 859,375	73 242,1875
12,5	13	6	75	78	975	12 187,5	937,5	11 718,75	146 484,375
17,5	13	9	157,5	117	2 047,5	35 831,25	2 756,25	48 234,375	844 101,5625
17,5	18	12	210	216	3 780	66 150	3 675	64 312,5	1 125 468,75
22,5	18	5	112,5	90	2 025	45 562,5	2 531,25	56 953,125	1 281 445,3125
22,5	22	2	45	44	990	22 275	1 012,5	22 781,25	512 578,125
27,5	27	6	165	162	4 455	122 512,5	4 537,5	124 781,25	3 431 484,375
40	40	2	80	80	3 200	128 000	3 200	128 000	5 120 000
75	75	1	75	75	5 625	421 875	5 625	421 875	31 640 625
		50	987,5	918	23 637,5	859 943,75	24 968,75	886 203,125	44 188 085,9375

de donde se obtiene el sistema

$$\begin{cases} 918 &= 50\,a + 987{,}5\,b + 24968{,}75\,c \\ 23637{,}5 &= 987{,}5\,a + 24968{,}75\,b + 886203{,}125\,c \\ 859943{,}75 &= 24968{,}75\,a + 886203{,}125b + 44188085{,}9375\,c \end{cases}$$

cuya solución es

$$a = -7{,}65 \cdot 10^{-2}, \qquad b = 8{,}94 \cdot 10^{-1}, \qquad c = 1{,}58 \cdot 10^{-3}.$$

y por tanto la parábola pedida tiene por ecuación

$$y = -7{,}65 \cdot 10^{-2} + 8{,}94 \cdot 10^{-1}x + 1{,}58 \cdot 10^{-3}x^2$$

P 7.9 A partir de la tabla

x_i	y_i	x_iy_i	$x_i^2y_i$	x_i^2	x_i^3	x_i^4
1	11,9	11,9	11,9	1	1	1
2	14,5	29,0	58,0	4	8	16
3	18,4	55,2	165,6	9	27	81
4	23,4	93,6	374,4	16	64	256
5	28,0	140,0	700,0	25	125	625
6	32,8	196,8	1 180,8	36	216	1 296
21	129,0	526,5	2490,7	91	441	2 275

se forma el sistema

$$\begin{cases} 129 &= 6\,a + 21\,b \\ 526{,}5 &= 21\,a + 91\,b \end{cases}$$

cuya solución es

$$a = \frac{13}{2}, \qquad b = \frac{30}{7},$$

y en consecuencia la recta de regresión es

$$y = \frac{13}{2} + \frac{30}{7}x$$

La parábola de regresión resulta del sistema

$$\begin{cases} 129 &= 6\,a + 21\,b + 91\,c \\ 526{,}5 &= 21\,a + 91\,b + 441\,c \\ 2490{,}7 &= 91\,a + 441\,b + 2275\,c \end{cases}$$

con solución

$$a = \frac{44}{5}, \qquad b = \frac{717}{280}, \qquad c = \frac{69}{280},$$

siendo su ecuación

$$y = \frac{44}{5} + \frac{717}{280}x + \frac{69}{280}x^2$$

Las estimaciones pedidas son:

$$\begin{aligned} y^*_{\text{recta}}(7) &= \frac{13}{2} + \frac{30}{7} \cdot 7 = 6{,}5 + 30 = 36{,}5 \text{ millones}, \\ y^*_{\text{parábola}}(7) &= \frac{44}{5} + \frac{717}{280} \cdot 7 + \frac{69}{280} \cdot 7^2 = 38{,}8 \text{ millones}. \end{aligned}$$

P 7.10 Una forma de escribir la recta de regresión de Y sobre X es $y-\overline{Y}=b(x-\overline{X})$ que en nuestro caso se concreta en

$$y-2,3=b(x-4,1).$$

Teniendo en cuenta que la recta de regresión pasa por el punto $(x,y)=(5{,}9,\ 3{,}5)$, sustituyendo en la ecuación anterior se tiene $3{,}5-2{,}3=b(5{,}9-4{,}1)$, de donde es

$$b=\frac{3{,}5-2{,}3}{5{,}9-4{,}1}=\frac{1{,}2}{1{,}8}=\frac{2}{3}.$$

En consecuencia la recta de regresión está dada por

$$y-2{,}3=\frac{2}{3}(x-4{,}1),$$

o bien

$$y=-\frac{13}{30}+\frac{2}{3}x$$

P 7.11 La recta $2x+3y-12=0$ se escribe en forma explícita como

$$y=4-\frac{2}{3}x$$

con lo cual su coeficiente de regresión es $b=-\frac{2}{3}$. Por otra parte al ser $b=\frac{S_{XY}}{S_X^2}$ se tiene

$$-\frac{2}{3}=\frac{S_{XY}}{6} \qquad \text{y por tanto} \qquad S_{XY}=-4.$$

La pendiente de la recta de regresión de X sobre Y es

$$b'=\frac{S_{XY}}{S_Y^2}=\frac{-4}{8}=-\frac{1}{2}$$

y por tanto esta recta está dada por

$$x-3=-\frac{1}{2}(y-2), \qquad \text{es decir,} \qquad 2x+y-8=0.$$

P 7.12 Para ajustar la curva $y=a+bx^3$ a los datos por mínimos cuadrados debe ser mínima la expresión

$$\sum(y_i-a-bx_i^3)^2$$

con lo cual deben anularse las derivadas parciales

$$\begin{aligned}\frac{\partial}{\partial a}\left[\sum(y_i-a-bx_i^3)^2\right] &= -2\sum(y_i-a-bx_i^3)=0\\ \frac{\partial}{\partial b}\left[\sum(y_i-a-bx_i^3)^2\right] &= -2\sum(y_i-a-bx_i^3)x_i^3=0\end{aligned}$$

es decir,

$$\left\{\begin{aligned}\sum y_i &= aN+b\sum x_i^3\\ \sum x_i^3 y_i &= a\sum x_i^3+b\sum x_i^6\end{aligned}\right.$$

De este sistema resultan los valores de a y b que determinan la curva.

En nuestro caso el sistema anterior se obtiene a partir de la tabla

x_i	y_j	n_{ij}	$y_j n_{ij}$	$x_i^3 n_{ij}$	$x_i^3 y_j n_{ij}$	$x_i^6 n_{ij}$
0,8	5,6	4	22,4	2,048	11,4688	1,048576
1,3	5,3	3	15,9	6,591	34,9323	14,480427
1,5	5,0	4	20,0	13,500	67,5000	45,562500
1,9	4,3	7	30,1	48,013	206,4559	329,321167
2,6	2,2	5	11,0	87,880	193,3360	1 544,578880
2,9	0,8	2	1,6	48,778	39,0224	1 189,646642
		25	101	206,81	552,7154	3 124,638192

siendo éste

$$\begin{cases} 101{,}0 = 25\,a + 206{,}81\,b \\ 552{,}7154 = 206{,}81\,a + 3\,124{,}638192\,b \end{cases}$$

cuya solución es

$$a = 5{,}6829, \qquad b = -0{,}1986.$$

En consecuencia la curva de ajuste pedida es

$$y = 5{,}6829 - 0{,}1986x^3$$

P 8.1 Si se considera la tabla

x_i	y_i	$x_i y_i$	x_i^2
30,1	30,2	909,02	906,01
32,7	39,9	1 304,73	1 069,29
34,8	44,4	1 545,12	1 211,04
45,0	53,1	2 389,50	2 025,00
58,0	66,3	3 845,40	3 364,00
79,8	50,5	4 029,90	6 368,04
280,4	284,4	14 023,67	14 943,38

resultan

$$\overline{X} = \frac{280{,}4}{6} = 46{,}733, \qquad \overline{Y} = \frac{284{,}4}{6} = 47{,}4$$

$$S_X^2 = \frac{14943{,}38}{6} - \left(\frac{280{,}4}{6}\right)^2 = 306{,}5589$$

$$S_{XY} = \frac{14023{,}67}{6} - \left(\frac{280{,}4}{6}\right)\left(\frac{284{,}4}{6}\right) = 122{,}1185$$

y la recta pedida es

$$y - 47{,}4 = \frac{122{,}1185}{306{,}5589}(x - 46{,}733)$$

que operando resulta

$$y = 28{,}804 + 0{,}398x$$

P 8.2 Construyendo la tabla

x_i	y_j	n_{ij}	$x_i n_{ij}$	$y_j n_{ij}$	$x_i y_j n_{ij}$	$x_i^2 n_{ij}$	$y_j^2 n_{ij}$
1	0,4	4	4	1,6	1,6	4	0,64
2	0,9	3	6	2,7	5,4	12	2,43
2	1,1	2	4	2,2	4,4	8	2,42
3	2,7	2	6	5,4	16,2	18	14,58
4	4,7	3	12	14,1	56,4	48	66,27
4	4,9	2	8	9,8	39,2	32	48,02
5	7,5	4	20	30,0	150,0	100	225,00
7	15,2	5	35	76,0	532,0	245	1 155,00
		25	95	141,8	805,2	467	1 514,56

se obtienen

$$\begin{aligned} \overline{X} &= 3{,}8 & \overline{Y} &= 5{,}672 \\ S_{XY} &= 10{,}654 & & \\ S_X^2 &= 4{,}24 & S_{XY} &= 28{,}411 \\ b &= 2{,}513 & b' &= 0{,}375 \end{aligned}$$

La recta de regresión de Y sobre X es

$$y - 5,672 = 2,513(x - 3,8),$$

o bien

$$y = -3{,}877 + 2{,}513x$$

y el coeficiente de determinación $R^2 = bb'$ tiene por valor

$$R^2 = 2{,}513 \cdot 0{,}375 = 0{,}94.$$

El ajuste es muy aceptable al ser la ley de Hooke $Y = -kX$.

P 8.3 Con los datos del problema se considera la tabla

x_i	y_j	n_{ij}	$x_i n_{ij}$	$y_j n_{ij}$	$x_i y_j n_{ij}$	$x_i^2 n_{ij}$	$y_j^2 n_{ij}$
200	14	6	1 200	84	16 800	240 000	1 176
200	12	8	1 600	96	19 200	320 000	1 152
600	12	11	6 600	132	79 200	3 960 000	1 584
600	10	10	6 000	100	60 000	3 600 000	1 000
600	8	8	4 800	64	38 400	2 880 000	512
1 000	8	7	7 000	56	56 000	7 000 000	448
		50	27 200	532	269 600	18 000 000	5 872

de donde se obtienen

$$\begin{aligned} \overline{X} &= 544 & \overline{Y} &= 10{,}64 & S_{XY} &= -396{,}16 \\ S_X^2 &= 64\,064 & S_Y^2 &= 4{,}2304 & & \\ b &= -0{,}006\,18 & b' &= -93{,}646 & & \end{aligned}$$

En consecuencia las rectas de regresión son

$$\begin{aligned} y - 10{,}64 &= -0{,}00618(x - 544) \\ x - 544 &= -93{,}646(y - 10{,}64) \end{aligned}$$

es decir,

$$\begin{aligned} y &= 14{,}002 - 0{,}006\,18x \\ x &= 1\,540{,}393 - 93{,}646y \end{aligned}$$

El coeficiente de determinación es $R^2 = bb' = 0{,}58$.

P 8.4 Considerando las marcas de clase se construye la tabla

x_i	y_j	n_{ij}	$x_i n_{ij}$	$y_j n_{ij}$	$x_i y_j n_{ij}$	$x_i^2 n_{ij}$	$y_j^2 n_{ij}$
50	3	2	100	6	300	5 000	18
50	5	2	100	10	500	5 000	50
70	3	3	210	9	630	14 700	27
70	5	5	350	25	1 750	24 500	125
90	7	4	360	28	2 520	32 400	196
90	8	3	270	24	2 160	24 300	192
110	7	6	660	42	4 620	72 600	294
130	7	3	390	21	2 730	50 700	147
130	8	1	130	8	1 040	16 900	64
150	9	3	450	27	4 050	67 500	243
		32	3020	200	20 300	313 600	1 356

de donde se obtienen

$$\begin{aligned} \overline{X} &= 94{,}375 & \overline{Y} &= 6{,}25 & & \\ S_{XY} &= 44{,}531 & S_X^2 &= 893{,}359 & S_Y^2 &= 3{,}3125 \end{aligned}$$

y por tanto es

$$R^2 = \frac{S_{XY}^2}{S_X^2 S_Y^2} = 0{,}67.$$

El coeficiente hallado nos permite afirmar que ambas variables dependen linealmente en un 67 %.

P 8.5 En el supuesto de que las rectas dadas sean respectivamente la de Y sobre X y la de X sobre Y escritas en la forma

$$\begin{aligned} y &= -\frac{8}{3} - \frac{5}{3}x \\ x &= 17 + 2y \end{aligned}$$

sus coeficientes de regresión serían $b = -\frac{5}{3}$ y $b' = 2$, con lo cual el coeficiente de determinación sería

$$R^2 = \left(-\frac{5}{3}\right) \cdot 2 = -\frac{10}{3}$$

lo que no es posible dado que R^2 es siempre positivo.

Considerando la otra posibilidad, que la recta de regresión de Y sobre X fuese

$$x - 2y - 17 = 0, \qquad \text{es decir,} \qquad y = -\frac{17}{2} + \frac{1}{2}x$$

y la de X sobre Y fuese $5x + 3y + 8 = 0$, que escrita como $x = -\frac{8}{5} - \frac{3}{5}y$ nos proporcionan los coeficientes

$$b = \frac{1}{2} \qquad \text{y} \qquad b' = -\frac{3}{5}$$

y por tanto

$$R^2 = \frac{1}{2}\left(-\frac{3}{5}\right) = -\frac{3}{10}$$

que tampoco es posible.

En consecuencia estas rectas no pueden ser rectas de regresión de distribución bidimensional alguna.

P 8.6 La recta dada $2x - 3y + 6 = 0$ puede escribirse en forma explícita como

$$y = 2 + \frac{2}{3}x$$

y por tanto es $b = 2/3$.

Como las rectas de regresión pasan por el centro de gravedad de la distribución, $(\overline{X}, \overline{Y})$, se obtiene

$$\overline{Y} = 2 + \frac{2}{3}\overline{X} = 2 + \frac{2}{3}\cdot 4 = 2 + \frac{8}{3} = \frac{14}{3}$$

De este modo se tiene la recta de regresión de X sobre Y que es

$$x - \overline{X} = b'(y - \overline{Y}), \qquad \text{es decir,} \qquad x - 4 = \frac{4}{3}\left(y - \frac{14}{3}\right)$$

que al operar resulta $9x - 12y + 20 = 0$.

El coeficiente de determinación es

$$R^2 = bb' = \frac{2}{3}\cdot\frac{4}{3} = \frac{8}{9} = 0{,}89.$$

P 8.7 De acuerdo con los datos podemos escribir

$$R^2 = r^2 = (-0{,}85)^2 = bb' = \frac{S_{XY}^2}{S_X^2 S_Y^2} = \frac{S_{XY}^2}{6{,}4\cdot 12{,}2}$$

de donde

$$S_{XY}^2 = (-0{,}85)^2(6{,}4)(12{,}2) = 56{,}4128$$

y por tanto $S_{XY} = -7{,}511$, donde el signo menos es concordante con el de r.

De este modo obtenemos

$$b = \frac{S_{XY}}{S_X^2} = \frac{-7{,}511}{6{,}4} = -1{,}17.$$

La dependencia lineal es de tipo inverso al ser negativo el coeficiente de correlación lineal r.

P 8.8 Como es

$$b = 1{,}44 = \frac{S_{XY}}{S_X^2} = \frac{S_{XY}}{3{,}75}$$

se tiene que $S_{XY} = 1{,}44\cdot 3{,}75 = 5{,}4$, y por tanto es

$$b' = \frac{S_{XY}}{S_Y^2} = \frac{5{,}4}{7{,}40} = 0{,}73.$$

En consecuencia se tendría

$$R^2 = bb' = 1{,}44 \cdot 0{,}73 = 1{,}05$$

por lo cual no es aceptable el valor $b = 1{,}44$.

P 8.9 De la tabla

x_i	y_i	x_iy_i	x_i^2	y_i^2
2	1	2	4	1
3	3	9	9	9
4	5	20	16	25
5	7	35	25	49
6	9	54	36	81
20	25	120	90	165

se obtienen $\overline{X} = 4$, $\overline{Y} = 5$, $S_{XY} = 4$, $S_X^2 = 2$, $S_Y^2 = 8$, y por tanto es

$$R^2 = \frac{S_{XY}^2}{S_X^2 S_Y^2} = \frac{16}{2 \cdot 8} = 1.$$

Este valor de R^2 nos indica que existe dependencia funcional entre las variables, y por tanto todos los puntos están sobre la recta de regresión. Como son

$$b = \frac{S_{XY}}{S_X^2} = \frac{4}{2} = 2 \qquad \text{y} \qquad b' = \frac{S_{XY}}{S_Y^2} = \frac{4}{8} = \frac{1}{2}$$

las rectas de regresión son

$$y - 5 = 2(x-4) \qquad \text{y} \qquad x - 4 = \frac{1}{2}(y-5),$$

por lo que tienen la misma ecuación, $2x - y - 3 = 0$, y son coincidentes, como indicaba ya el hecho de ser $R^2 = 1$.

P 8.10 De la relación $5S_Y = 4S_X$ se obtiene

$$S_X = \frac{5}{4}S_Y, \qquad \text{y por tanto} \qquad S_X^2 = \frac{25}{16}S_Y^2.$$

Como es

$$\frac{9}{16} = R^2 = bb' = \frac{S_{XY}^2}{S_X^2 S_Y^2} = \frac{S_{XY}^2}{\frac{25}{16}S_Y^2 \cdot S_Y^2} = \frac{16}{25}\frac{S_{XY}^2}{\left(S_Y^2\right)^2} = \frac{16}{25}\left(\frac{S_{XY}}{S_Y^2}\right)^2 = \frac{16}{25}(b')^2$$

resulta

$$(b')^2 = \frac{25}{16} \cdot \frac{9}{16} = \left(\frac{15}{16}\right)^2, \qquad \text{es decir} \qquad b' = \pm\frac{15}{16}$$

Si la dependencia lineal es directa, $b' = \frac{15}{16}$, la recta de regresión de X sobre Y es

$$x - 16 = \frac{15}{16}(y-12) \qquad \text{es decir,} \qquad x = \frac{19}{4} + \frac{15}{16}y$$

y la estimación pedida es

$$x^*(4) = \frac{19}{4} + \frac{15}{16} \cdot 4 = \frac{19}{4} + \frac{15}{4} = \frac{34}{4} = \frac{17}{2}$$

Si la dependencia lineal es de tipo inverso, $b' = -\frac{15}{16}$, la recta es

$$x - 16 = -\frac{15}{16}(y - 12) \qquad \text{o bien,} \qquad x = \frac{109}{4} - \frac{15}{16}y$$

y la estimación es ahora

$$x^*(4) = \frac{109}{4} - \frac{15}{16} \cdot 4 = \frac{109}{4} - \frac{15}{4} = \frac{94}{4} = \frac{47}{2}$$

P 8.11 A la vista de la tabla

x_i	y_j	n_{ij}	$x_i n_{ij}$	$y_j n_{ij}$	$x_i y_j n_{ij}$	$x_i^2 y_j n_{ij}$	$x_i^2 n_{ij}$	$x_i^3 n_{ij}$	$x_i^4 n_{ij}$
3	103	6	18	618	1 854	5 562	54	162	486
8	107	9	72	963	7 704	61 632	576	4 608	36 864
12	110	7	84	770	9 240	110 880	1 008	12 096	145 152
17	118	10	170	1 180	20 060	341 020	2 890	49 130	835 210
		32	344	3 531	38 858	519 094	4 528	65 996	1 017 712

se establece el sistema

$$\begin{cases} 3\,531 = 32a + 344b + 4\,528c \\ 38\,858 = 344a + 4\,528b + 65\,996c \\ 519\,094 = 4\,528a + 65\,996b + 1\,017\,712c \end{cases}$$

cuya solución es

$$a = 102{,}3170 \qquad b = 0{,}1703 \qquad c = 0{,}0438$$

y por tanto la parábola pedida es

$$y = 102{,}3170 + 0{,}1703x + 0{,}0438x^2.$$

La estimación que se pide resulta de llevar a la ecuación el valor $x = 7{,}6$, siendo

$$y^*(7{,}6) = 106{,}141.$$

P 8.12 Ordenando los datos en la forma:

x_i	y_i	$x_i y_i$	x_i^2	y_i^2	$x_i^2 y_i$	x_i^3	x_i^4
1	25	25	1	625	25	1	1
1,4	50	70	1,96	2 500	98	2,744	3,8416
2	100	200	4	10 000	400	8	16
2,5	150	375	6,25	22 500	937,5	15,625	39,0625
3	225	675	9	50 625	2 025	27	81
9,9	550	1 345	22,21	86 250	3 485,5	54,369	140,9041

se obtienen

$$\overline{X} = 1{,}98, \qquad \overline{Y} = 110, \qquad S_{XY} = 51{,}2, \qquad S_X^2 = 0{,}5216, \qquad S_Y^2 = 5150,$$

y la recta de regresión de Y sobre X es

$$y - 110 = \frac{51{,}2}{0{,}5216}(x - 1{,}98)$$

es decir,

$$y = -84{,}356 + 98{,}160x$$

y el coeficiente de determinación es

$$R^2 = \frac{S_{XY}^2}{S_X^2 S_Y^2} = \frac{51{,}2^2}{0{,}5216 \cdot 5150} = 0{,}9759.$$

Para el ajuste parábolico se establece el sistema

$$\left\{ \begin{array}{rcl} 550 & = & 5a + 9{,}9b + 22{,}21c \\ 1345 & = & 9{,}9a + 22{,}21b + 54{,}369c \\ 3485{,}5 & = & 22{,}21a + 54{,}369b + 140{,}9041c \end{array} \right.$$

cuya solución es

$$a = 7{,}709, \qquad b = -8{,}231, \qquad c = 26{,}697,$$

y por tanto la parábola de regresión es

$$y = 7{,}709 - 8{,}231x + 26{,}697x^2.$$

Como la varianza residual en la correlación parabólica está dada por la fórmula (8.11), se obtiene

$$S_e^2 = \frac{86250 - 7{,}709 \cdot 550 - (-8{,}231) \cdot 1345 - 26{,}697 \cdot 3485{,}5}{5} = 5{,}6703$$

y el coeficiente de determinación es

$$R^2 = 1 - \frac{S_e^2}{S_Y^2} = 1 - \frac{5{,}6703}{5150} = 0{,}9989 \simeq 1.$$

Por tanto podemos considerar que existe dependencia funcional cuadrática.

P 8.13 (a) Calculando la renta disponible (Rd) se tienen los datos

Re	I	$Rd(x_i)$	$C(y_i)$	$x_i y_i$	x_i^2	y_i^2
427	67	360	275	99 000	129 600	75 625
503	88	415	330	136 950	172 225	108 900
572	92	480	440	211 200	230 400	193 600
641	106	535	495	264 825	286 225	245 025
718	123	595	550	327 250	354 025	302 500
801	141	660	550	363 000	435 600	302 500
		3 045	2 640	1 402 225	1 608 075	1 228 150

y resultan

$$\begin{array}{rclrclrcl} \overline{X} & = & 507{,}5 & \overline{Y} & = & 440 & S_{XY} & = & 10404{,}167 \\ S_X^2 & = & 10456{,}25 & S_Y^2 & = & 11091{,}667 & & & \end{array}$$

Con estos valores la recta de regresión de Y sobre X es

$$y-440=\frac{10404{,}167}{10456{,}25}(x-507{,}5) \qquad \text{es decir,} \qquad y=-64{,}97+0{,}995x$$

y con la notación del enunciado es

$$C=-64{,}97+0{,}995Rd$$

(b) La estimación pedida para el año 2009, teniendo en cuenta que $Rd = 860-180 = 680$, es

$$C^*_{2009} = -64{,}97+0{,}995\cdot 680 = 611{,}63 \text{ miles de unidades monetarias.}$$

(c) El coeficiente de determinación es

$$R^2=\frac{S_{XY}^2}{S_X^2 S_Y^2}=0{,}93$$

por tanto el ajuste es muy aceptable y, en consecuencia, la estimación obtenida en (b) es muy fiable.

P 9.1 A partir de la tabla

x_i	y_i	z_i	x_i^2	y_i^2	z_i^2	x_iy_i	x_iz_i	y_iz_i	z_i^*	e_i	e_i^2
5	8	12	25	64	144	40	60	96	12,954	−0,955	0,9001
7	15	22	49	225	484	105	154	330	18,554	3,446	11,8722
6	12	18	36	144	324	72	108	216	16,006	1,994	3,9780
8	18	14	64	324	196	144	112	252	21,103	−7,103	50,4569
9	14	15	81	196	225	126	135	210	20,134	−5,135	26,35804
7	20	23	49	400	529	140	161	460	21,067	1,933	3,7349
10	16	28	100	256	784	160	280	448	22,180	5,820	33,8689
52	103	132	404	1 609	2 686	787	1 010	2 012		0,000	131,1690

se tiene que

$$\begin{array}{rclrclrcl} \overline{X} & = & 7{,}429, & \overline{Y} & = & 14{,}714, & \overline{Z} & = & 18{,}857, \\ S_X^2 & = & 2{,}531, & S_Y^2 & = & 13{,}347, & S_Z^2 & = & 28{,}122, \\ S_{XY} & = & 3{,}122, & S_{XZ} & = & 4{,}204, & S_{YZ} & = & 9{,}959, \\ b & = & 1{,}041, & c & = & 0{,}503, & a & = & 3{,}728, \end{array}$$

de donde resulta el plano pedido

$$z=3{,}728+1{,}041x+0{,}503y.$$

Por otra parte son

$$S_e^2=\frac{131,1690}{7}-0=18,738 \qquad \text{y} \qquad R^2=1-\frac{18,738}{28,122}=0,33=33\%.$$

P 9.2 A partir de la tabla

x_i	y_i	z_i	x_i^2	y_i^2	z_i^2	x_iy_i	x_iz_i	y_iz_i
6	7	9	36	49	81	42	54	63
5	5	6	25	25	36	25	30	30
6	5	7	36	25	49	30	42	35
7	8	6	49	64	36	56	42	48
7	7	7	49	49	49	49	49	49
6	8	8	36	64	64	48	48	64
5	7	7	25	49	49	35	35	49
9	8	9	81	64	81	73	81	72
51	55	59	337	389	445	357	381	410

se obtienen

$$\begin{array}{rclrclrcl}
\overline{X} & = & 6{,}375, & \overline{Y} & = & 6{,}875, & \overline{Z} & = & 7{,}375, \\
S_X^2 & = & 1{,}484, & S_Y^2 & = & 1{,}359, & S_Z^2 & = & 1{,}234, \\
S_{XY} & = & 0{,}797, & S_{XZ} & = & 0{,}609, & S_{YZ} & = & 0{,}547, \\
b & = & 0{,}28, & c & = & 0{,}24, & a & = & 3{,}94,
\end{array}$$

y el plano tiene por ecuación

$$z = 3{,}94 + 0{,}28x + 0{,}24y.$$

Además la estimación pedida es

$$z^* = 3{,}94 + 0{,}28 \cdot 4 + 0{,}24 \cdot 4 = 6{,}02.$$

P 9.3 Siendo $z = a + bx + cy$ el plano de regresión, la condición de que sea mínima la suma $\sum(z_i - z_i^*)^2$ equivale a que lo sea la expresión

$$\sum(z_i - a - bx_i - cy_i)^2$$

en la que a, b y c son las indeterminadas.

De la condición de extremo relativo para una función de tres variables se tiene que

$$\left\{\begin{array}{rclcl}
\dfrac{\partial}{\partial a}\left(\sum\limits_{i=1}^{N}(z_i - a - bx_i - cy_i)^2\right) & = & -2\sum\limits_{i=1}^{N}(z_i - a - bx_i - cy_i) & = & 0 \\
\dfrac{\partial}{\partial b}\left(\sum\limits_{i=1}^{N}(z_i - a - bx_i - cy_i)^2\right) & = & -2\sum\limits_{i=1}^{N}(z_i - a - bx_i - cy_i)x_i & = & 0 \\
\dfrac{\partial}{\partial c}\left(\sum\limits_{i=1}^{N}(z_i - a - bx_i - cy_i)^2\right) & = & -2\sum\limits_{i=1}^{N}(z_i - a - bx_i - cy_i)y_i & = & 0
\end{array}\right.$$

de donde se sigue que

$$\left\{\begin{array}{rcl}
\sum z_i - \sum a - b\sum x_i - c\sum y_i & = & 0 \\
\sum x_iz_i - a\sum x_i - b\sum x_i^2 - c\sum x_iy_i & = & 0 \\
\sum y_iz_i - a\sum y_i - b\sum x_iy_i - c\sum y_i^2 & = & 0
\end{array}\right.$$

y, por tanto, se tiene

$$\left\{\begin{array}{rcl}
\sum z_i & = & aN + b\sum x_i + c\sum y_i \\
\sum x_iz_i & = & a\sum x_i + b\sum x_i^2 + c\sum x_iy_i \\
\sum y_iz_i & = & a\sum y_i + b\sum x_iy_i + c\sum y_i^2
\end{array}\right.$$

que son las ecuaciones (9.1).

P 10.1 Considerando que

$$\begin{aligned}
\sum d_i^2 &= \sum (a_i - b_i)^2 = \sum (i - [N - (i-1)])^2 = \\
&= \sum [2i - (N+1)]^2 = \sum 4i^2 - \sum 4(N+1)i + \sum (N+1)^2 = \\
&= 4\sum i^2 - 4\sum (N+1)i + \sum (N+1)^2 = \\
&= 4\sum i^2 - 4(N+1)\sum i + N(N+1)^2 = \\
&= 4\frac{N(N+1)(2N+1)}{6} - 4(N+1)\frac{N(N+1)}{2} + N(N+1)^2 = \frac{N^3-N}{3}
\end{aligned}$$

resulta

$$r_s = 1 - \frac{6\sum_{i=1}^{N} d_i^2}{N^3-N} = 1 - \frac{6\,\frac{N^3-N}{3}}{N^3-N} = 1 - 2 = -1.$$

P 10.2 De las tablas

a_i	b_i	d_i	d_i^2
1	2	-1	1
2	1	1	1
3	4	-1	1
4	3	1	1
5	6	-1	1
6	5	1	1
		0	6

a_i	b_i	Q_i	P_i
1	2	1	4
2	1	0	2
3	4	1	2
4	3	0	2
5	6	1	0
6	5	0	0
		3	12

se obtienen

$$r_s = 1 - \frac{6 \cdot 6}{6^3 - 6} = 0,83 \qquad \text{y} \qquad \tau = \frac{2(12-3)}{6 \cdot 5} = 0,60$$

por lo que las preferencias son muy semejantes.

P 10.3 (a) De la tabla de contingencia

	a_1	a_2	*Totales*
b_1	13	236	249
b_2	215	450	665
Totales	228	686	914

se obtienen

$$\begin{aligned}
n_{11} &= 13 < 62,1, & n_{12} &= 215 > 165,9, \\
n_{21} &= 236 > 186,9, & n_{22} &= 450 < 499,1,
\end{aligned}$$

por lo que existe repulsión entre a_1 y b_1 y entre a_2 y b_2. En consecuencia la vacuna es efectiva.

(b) Con la fórmula (10.4) se obtiene

$$Q = \frac{13 \cdot 450 - 215 \cdot 236}{13 \cdot 450 + 215 \cdot 236} = -0,79.$$

Este resultado nos indica que existe repulsión entre «estar vacunado» y «enfermar», por lo que podemos concluir que la vacuna es efectiva.

P 10.4 La tabla de contingencia es

	a_1	a_2	*Totales*
b_1	537	155	692
b_2	85	11	96
b_3	12	3	15
b_4	14	6	20
b_5	6	1	7
Totales	654	176	830

de donde se obtiene

n_{pq}	n'_{pq}	$n_{pq}-n'_{pq}$	$(n_{pq}-n'_{pq})^2$	$\frac{(n_{pq}-n'_{pq})^2}{n'_{pq}}$
537	545,26	−8,26	68,228	0,125
85	75,64	9,36	87,610	1,158
12	11,82	0,18	0,032	0,003
14	15,76	−1,76	3,098	0,197
6	5,52	0,48	0,230	0,042
155	146,74	8,26	68,228	0,465
11	20,36	−9,36	87,610	4,303
3	3,18	−0,18	0,032	0,010
6	4,24	1,76	3,098	0,731
1	1,48	−0,48	0,230	0,156
		0,00		7,190

Como es $\nu = (5-1)(2-1) = 4$, si se considera $\alpha = 0,01$ se acepta la hipótesis de independencia al verificarse que

$$\chi^2 = 7,190 < \chi^2_{\alpha,\nu} = 13,277.$$

Se llega al mismo resultado utilizando el coeficiente de contingencia ya que es

$$C = \sqrt{\frac{7,190}{7,190+830}} = 0,093,$$

lo que indica claramente la independencia.

P 10.5 Con la tabla de contingencia

	a_1	a_2	a_3	a_4	a_5	*Totales*
b_1	238	117	69	88	12	524
b_2	101	35	47	15	123	321
b_3	43	11	39	7	281	381
Totales	382	163	155	110	416	1 226

se tiene la tabla

n_{pq}	n'_{pq}	$n_{pq}-n'_{pq}$	$(n_{pq}-n'_{pq})^2$	$\frac{(n_{pq}-n'_{pq})^2}{n'_{pq}}$
238	163,27	74,73	5 584,573	34,205
101	100,02	0,98	0,960	0,010
43	118,71	−75,71	5 732,004	48,286
117	69,67	47,33	2 240,129	32,153
35	42,68	−7,68	58,982	1,382
11	50,65	−39,65	1 572,122	31,039
69	66,25	2,75	7,562	0,114
47	40,58	6,42	41,216	1,016
39	48,17	−9,17	84,089	1,746
88	47,01	40,98	1 679,360	35,723
15	28,80	−13,80	190,467	6,613
7	34,18	−27,18	738,988	21,620
12	177,80	−165,80	27 489,965	154,612
123	108,92	14,08	198,245	1,820
281	129,28	151,72	23 019,275	178,058
		0,00		548,397

Al ser $\nu = (3-1)(5-1) = 8$ y tomando $\alpha = 0{,}10$ se rechaza la hipótesis de independencia, ya que

$$\chi^2 = 548{,}397 > \chi^2_{\alpha,\nu} = 13{,}362.$$

Además puede rechazarse también con el nivel $\alpha = 0{,}001$. En consecuencia existe asociación.

El coeficiente de contingencia,

$$C = \sqrt{\frac{548{,}397}{548{,}397 + 1\,226}} = 0{,}556$$

nos indica también que hay asociación.

P 11.1 La tendencia secular se representa en la Figura A.10.

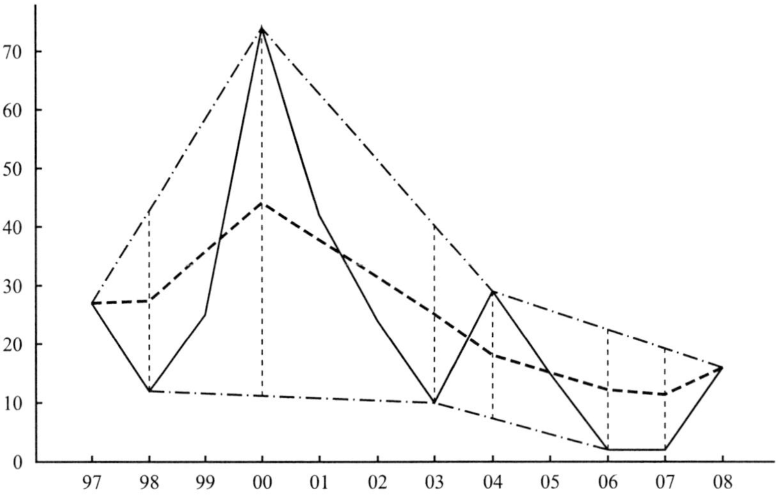

Figura A.10. Tendencia secular del número de accidentes

P 11.2 La serie con tamaño 5, que es centrada, es

t_i	$\overline{y}_i$
1997	-
1998	-
1999	520,4
2000	485,4
2001	465,6
2002	447,6
2003	446,8
2004	459,6
2005	469,6
2006	473,8
2007	-
2008	-

donde por ejemplo

$$520{,}4 = \frac{565 + 534 + 577 + 498 + 428}{5}$$

A partir de la tabla siguiente se obtiene la serie centrada con tamaño 4:

t_i	y_i	$\overline{y}_i$	$\overline{\overline{y}}_i$
1997	565		-
		-	
1998	534		-
		543,50	
1999	577		526,4
		509,25	
2000	498		491,2
		473,25	
2001	428		455,5
		437,75	
2002	390		436,4
		435,00	
2003	435		443,2
		451,50	
2004	487		464,2
		477,00	
2005	494		477,6
		478,25	
2006	492		474,4
		470,50	
2007	440		-
		-	
2008	456		-

P 11.3 Si se asigna al año 2003 la media de los tres primeros años, que es

$$\frac{24{,}12 + 27{,}40 + 31{,}82}{3} = 27{,}78,$$

se obtiene el punto $(2003,27,78)$. Por otra parte, asignando al año 2007 la media de los tres últimos, dada por

$$\frac{28{,}47+28{,}63+29{,}90}{3}=29{,}00,$$

resulta el punto $(2007,29,00)$.

La ecuación de la recta que pasa por estos dos puntos es

$$y=27{,}78+\frac{29{,}00-27{,}78}{2006-2002}(t-2003),$$

o bien

$$y=27{,}78+0{,}305(t-2003).$$

Dando a t el valor 2010 se obtiene la estimación

$$y^*_{2010}=27{,}78+0{,}305(2010-2003)=29{,}915 \text{ millones de litros.}$$

P 11.4 Con el cambio $t'=t-2005$ se establece la tabla

t_i	t'_i	y_i	t'_iy_i	t'^2_i	$t'^2_iy_i$	t'^4_i
2002	−3	855	−2 565	9	7 695	81
2003	−2	928	−1 856	4	3 712	16
2004	−1	1 142	−1 142	1	1 142	1
2005	0	1 177	0	0	0	0
2006	1	1 230	1 230	1	1 230	1
2007	2	1 282	2 564	4	5 128	16
2008	3	1 403	4 209	9	12 627	81
	0	8 017	2 440	28	31 534	196

y la recta de tendencia resulta del sistema

$$\begin{cases} 8\,017 &= 7a \\ 2\,440 &= 28b \end{cases}$$

cuya solución es $a=1\,145{,}3$ y $b=87{,}14$, siendo entonces

$$y=1\,145{,}3+87{,}14t' \qquad (t' \text{ con origen en 2005}).$$

La parábola pedida resulta del sistema

$$\begin{cases} 8\,017 &= 7a+28c \\ 2\,440 &= 28b \\ 31\,534 &= 28a+196c \end{cases}$$

con solución $a=1\,170{,}7$, $b=87{,}14$, $c=-6{,}36$, siendo

$$y=1\,170{,}7+87{,}14t'-6{,}36t'^2 \qquad (t' \text{ con origen en 2005}).$$

Las estimaciones para el año 2010, que corresponde a $t'=2010-2005=5$ son

$$\begin{aligned} y^*_{\text{recta}} &= 1\,145{,}3+87{,}14\cdot 5=1\,581 \text{ miles de unidades.} \\ y^*_{\text{parábola}} &= 1\,170{,}7+87{,}14\cdot 5-6{,}36\cdot 25=1\,447{,}4 \text{ miles de unidades.} \end{aligned}$$

P 11.5 (a) *Método de las dos medias.* Agrupando los tres primeros datos y los tres últimos se obtienen los puntos $(2004, 0{,}4)$ y $(2007, 6{,}1)$. La recta que pasa por ellos es

$$y = 0{,}4 + 1{,}9(t - 2004)$$

y la correspondiente estimación resulta $y^*_{2009} = 9{,}9$.

(b) *Método analítico.* Con el cambio $t' = 2(t - 2005{,}5)$ se establece la tabla

t_i	t'_i	y_i	$t'_i y_i$	t'^2_i
2003	−5	−2,1	10,5	25
2004	−3	−3,8	11,4	9
2005	−1	7,1	−71,0	1
2006	1	5,6	5,6	1
2007	3	8,7	26,1	9
2008	5	4,0	20,0	25
	0	19,5	66,5	70

de la que se obtiene el sistema

$$\begin{cases} 19{,}5 = 6a \\ 66{,}5 = 70b \end{cases}$$

con solución $a = 3{,}25$ y $b = 0{,}95$. En consecuencia la recta de regresión es

$$y = 3{,}25 + 0{,}95t'$$

y la estimación pedida es

$$y^*_{2009} = 3{,}25 + 0{,}95 \cdot 2(2009 - 2005{,}5) = 9{,}9.$$

P 11.6 Con el cambio $t' = t - 2005$ se construye la tabla

t_i	t'_i	y_i	$t'_i y_i$	t'^2_i	y_i^2
2002	−3	128,4	−385,2	9	16486,56
2003	−2	139,1	−278,2	4	19348,81
2004	−1	117,8	−117,8	1	13876,84
2005	0	97,7	0	0	9545,29
2006	1	86,1	86,1	1	7413,21
2007	2	82,3	164,6	4	6773,29
2008	3	84,7	254,1	9	7174,09
	0	736,1	−276,4	28	80618,09

de la que se obtiene el sistema

$$\begin{cases} 736{,}1 = 7a \\ -276{,}4 = 28b \end{cases}$$

cuya solución es $a = 105{,}16$ y $b = -9{,}87$, por lo que la recta de regresión es

$$y = 105{,}16 - 9{,}87(t - 2005).$$

Teniendo en cuenta que es

$$R^2 = \frac{S^2_{ty}}{S^2_t S^2_y} = b\frac{S_{ty}}{S^2_y} = b\frac{S_{t'y}}{S^2_y}$$

y como

$$S_{t'y} = \frac{-276{,}4}{7} - 0 = -39{,}49 \qquad \text{y}$$
$$S_y^2 = \frac{80\,618{,}09}{7} - \left(\frac{736{,}1}{7}\right)^2 = 458{,}85$$

resulta

$$R^2 = -9,87 \cdot \frac{-39,49}{458,85} = 0,85 = 85\,\%.$$

P 11.7 A partir de los datos se obtiene la tabla, donde el saldo (y_i) está expresado en millones de euros,

t_i	t'_i	y_i	$t'_i y_i$	$t_i'^2$	y_i^2
2002	−3	−15,7	47,1	9	246,49
2003	−2	−52,2	104,4	4	2 724,84
2004	−1	−94,1	94,1	1	8 854,81
2005	0	9,3	0	0	86,49
2006	1	29,3	29,3	1	858,49
2007	2	−40,1	−80,2	4	1 608,01
2008	3	60,2	180,6	9	3 624,04
	0	−103,3	375,3	28	18 003,17

y de ella el sistema

$$\begin{cases} -103{,}3 &= 7a \\ 375{,}3 &= 28b \end{cases}$$

de donde son $a = -14{,}76$ y $b = 13{,}40$. Por tanto la recta de regresión es

$$y = -14{,}76 + 13{,}40(t - 2005).$$

La estimación pedida es

$$y^*_{2016} = 132{,}64 \text{ millones de euros.}$$

El coeficiente de determinación es

$$R^2 = b\frac{S_{t'y}}{S_y^2} = 13{,}40\,\frac{\frac{375{,}3}{7} - 0}{\frac{18003{,}17}{7} - \left(\frac{-103{,}3}{7}\right)^2} = 13{,}40\,\frac{53{,}61}{2354{,}11} = 0{,}31.$$

Al ser $R^2 = 31\,\%$ y el año 2016 muy alejado de los datos, la estimación es muy poco fiable.

P 11.8 Como

«Ingresos totales = número de visitantes × gasto medio»

se establece la tabla

t_i	t'_i	y_i	$t'_i y_i$	t'^2_i
1997	−9	23 645,44	−212 808,96	81
1998	−7	26 785,08	−187 495,56	49
1999	−5	30 403,22	−152 016,10	25
2000	−3	33 782,14	−101 346,42	9
2001	−1	36 567,93	−36 567,93	1
2002	1	35 527,50	35 527,50	1
2003	3	36 873,00	110 619,00	9
2004	5	36 408,88	182 044,40	25
2005	7	38 506,16	269 543,12	49
2006	9	38 528,08	346 752,72	81
	0	337 027,43	254 251,77	330

y las ecuaciones normales son

$$\left\{\begin{array}{rcl} 337\,027{,}43 & = & 10a \\ 254\,251{,}77 & = & 330b \end{array}\right.$$

de donde se obtienen $a = 33\,702{,}743$ y $b = 770{,}460$, resultando la recta de regresión

$$y = 33\,702{,}743 + 770{,}460(t - 2001{,}5).$$

La estimación pedida es

$$y^*_{2011} = 33\,702{,}743 + 770{,}460(2011 - 2001{,}5) = 41\,022{,}113 \text{ millones de euros.}$$

P 11.9 Considerando los porcentajes que la venta de ganado vacuno representa frente al total de ingresos se tiene la tabla

t_i	t'_i	y_i (%)	$t'_i y_i$	t'^2_i
2002	−3	27,58	−82,74	9
2003	−2	27,25	−54,50	4
2004	−1	26,26	−26,26	1
2005	0	25,40	0	0
2006	1	25,38	25,38	1
2007	2	26,95	53,90	4
2008	3	26,80	80,40	9
	0	185,62	−3,82	28

El correspondiente sistema de ecuaciones normales es

$$\left\{\begin{array}{rcl} 185{,}62 & = & 7a \\ -3{,}82 & = & 28b \end{array}\right.$$

con solución $a = 26{,}517$, $b = -0{,}136$.

La recta de regresión es

$$y = 26{,}517 - 0{,}136(t - 2005)$$

y la estimación del porcentaje para el año 2010 es

$$y^*_{2010} = 26{,}517 - 0{,}136 \cdot 5 = 25{,}84\,\%.$$

Para estimar la totalidad de los ingresos en el año 2010 se construye la tabla

t_i	t'_i	y_i	$t'_i y_i$	t'^2_i
2002	−3	649,1	−1 947,3	9
2003	−2	669,8	−1 339,6	4
2004	−1	692,2	−692,2	1
2005	0	744,1	0	0
2006	1	785,9	785,9	1
2007	2	826,3	1 652,6	4
2008	3	903,2	2 709,6	9
	0	5 270,6	1 169,0	28

de donde se obtiene el sistema

$$\begin{cases} 5\,270{,}6 = 7a \\ 1\,169{,}0 = 28b \end{cases}$$

con solución $a = 752{,}94$, $b = 41{,}75$ y por tanto la recta de regresión es

$$y = 752{,}94 + 41{,}75(t - 2005).$$

La estimación del total de ingresos para el año 2010 es

$$y^*_{2010} = 752{,}94 + 41{,}75 \cdot 5 = 961{,}69 \text{ miles de euros.}$$

Con las estimaciones obtenidas cabe esperar que en el año 2010 los ingresos por ventas de vacuno sean el 25,84 % de los 961 690 euros, es decir

$$\frac{25{,}84 \cdot 961\,690}{100} = 248\,501 \text{ euros.}$$

P 11.10 Siguiendo fielmente los pasos del problema resuelto 11.10 se obtienen los índices siguientes:

ENE	51,66	MAY	109,27	SEP	123,18
FEB	81,46	JUN	121,19	OCT	107,28
MAR	85,43	JUL	139,07	NOV	89,40
ABR	91,39	AGO	143,05	DIC	57,72
				Total:	1 200

P 11.11 (a) Para obtener los índices de variación estacional se procede en forma idéntica a la empleada en el problema resuelto 11.11, resultando los siguientes índices:

$$\begin{aligned} \text{Invierno} &= 24{,}79\,\%, \\ \text{Primavera} &= 128{,}57\,\%, \\ \text{Verano} &= 199{,}15\,\%, \\ \text{Otoño} &= 47{,}49\,\%. \end{aligned}$$

(b) La serie desestacionalizada se obtiene dividiendo los datos originales entre los índices de variación estacional obtenidos anteriormente, con lo que resulta la serie

	2006	2007	2008
Invierno	1 175,5	1 261,4	1 352,2
Primavera	1 202,2	1 281,8	1 391,8
Verano	1 213,8	1 288,8	1 401,4
Otoño	1 219,4	1 320,9	1 403,7

P 11.12 (a) Si se considera un retardo de tres años la tabla de datos es

y_i	y_{i-3}	$y_i \cdot y_{i-3}$	y_i^2	y_{i-3}^2
3,2	-	-		-
0,4	-	-		-
7,7	-	-		-
7,2	3,2	23,04	51,84	10,24
8,5	0,4	3,40	72,25	0,16
8,4	7,7	64,69	70,56	59,29
-	7,2	-	-	-
-	8,5	-	-	-
-	8,4	-	-	-
24,1	11,3	91,12	194,65	69,69

de donde resultan

$$S_{t,t-3} = \frac{91{,}12}{3} - \frac{24{,}1}{3}\,\frac{11{,}3}{3} = 0{,}1144$$

$$S_t^2 = \frac{194{,}65}{3} - \left(\frac{24{,}1}{3}\right)^2 = 0{,}3489 \qquad S_t = 0{,}5907$$

$$S_{t-3}^2 = \frac{69{,}69}{3} - \left(\frac{11{,}3}{3}\right)^2 = 9{,}0422 \qquad S_{t-3} = 3{,}0070$$

y por tanto el coeficiente de autocorrelación es

$$r_{t,t-3} = \frac{S_{t,t-3}}{S_t \cdot S_{t-3}} = \frac{0{,}1144}{0{,}5907 \cdot 3{,}0070} = 0{,}064,$$

por lo que en este caso no existe autocorrelación.

(b) La tabla para un retardo de dos años es

y_i	y_{i-2}	$y_i \cdot y_{i-2}$	y_i^2	y_{i-2}^2
3,2	-	-	-	-
0,4	-	-	-	-
7,7	3,2	24,64	59,29	10,24
7,2	0,4	2,88	51,84	0,16
8,5	7,7	65,45	72,25	59,29
8,4	7,2	60,48	70,56	51,84
-	8,5	-	-	-
-	8,4	-	-	-
31,8	18,5	153,45	253,94	121,53

y de ella se obtienen

$$S_{t,t-2} = \frac{153{,}45}{4} - \frac{31{,}8}{4}\,\frac{18{,}5}{4} = 1{,}5937$$

$$S_t^2 = \frac{253{,}94}{4} - \left(\frac{31{,}8}{4}\right)^2 = 0{,}2825 \qquad S_t = 0{,}5315$$

$$S_{t-2}^2 = \frac{121{,}53}{4} - \left(\frac{18{,}5}{4}\right)^2 = 8{,}9919 \qquad S_{t-2} = 2{,}9986$$

con lo cual es

$$r_{t,t-2} = \frac{1{,}5937}{0{,}5315 \cdot 2{,}9986} = 0{,}9999$$

y por tanto la autocorrelación es perfecta.

P 12.1 Los números índices pedidos son los que se representan en la siguiente tabla

Año	$I_i(2002)$	$I'_i(2006)$
2000	104,2	97,0
2001	98,4	91,6
2002	100,0	93,1
2003	86,1	80,2
2004	87,8	81,8
2005	86,2	80,3
2006	107,4	100,0
2007	113,0	105,2
2008	105,2	98,0

donde los índices con base 2002 se han obtenido dividiendo los precios de cada año entre el precio del año 2002 y expresados en porcentajes. Los índices del año 2006 resultan análogamente al dividir los precios entre el precio de este año.

P 12.2 Con los datos del problema se forma la tabla

t_i	$I_i(2007)$	$I'_i(2005)$
2005	-	100
-	-	-
2007	100	I'_{2007}
2008	97	111

Si se realiza un cambio de base al año 2008, el índice del año 2007 es, observando la columna I_i, $\frac{100}{97}$ y si se considera la columna I'_i, el índice del año 2007 es $\frac{I'_{2007}}{111}$. Por tanto se verifica

$$\frac{100}{97} = \frac{I'_{2007}}{111}$$

de donde es

$$I'_{2007} = \frac{111 \cdot 100}{97} = 114{,}4.$$

Obsérvese que se llega al mismo resultado con sólo multiplicar en cruz los índices correspondientes a 2007 y 2008 en las columnas I_i e I'_i.

P 12.3 La tabla de índices para los diferentes cereales con base en el año 2004 es

t_i	I^T	I^C	I^M	I^A
2005	100	100	100	100
2006	109,60	101,29	102,57	95,11
2007	123,27	112,66	114,71	90,56
2008	124,07	109,21	117,51	106,91

(a) Por el método de la media aritmética simple resultan

t_i	S_i
2005	100
2006	102,1
2007	110,3
2008	114,4

(b) Por el método de la media agregativa simple se obtienen

t_i	$\sum y_{ji}$	B_i
2005	111,24	100
2006	112,50	101,1
2007	119,52	107,4
2008	126,23	113,5

P 12.4 Procediendo en forma totalmente análoga al problema resuelto 12.4, los índices pedidos son los que se recogen en la tabla siguiente:

t_i	*Laspeyres*	*Paasche*	*Edgeworth*	*Fisher*
2004	100	100	100	100
2005	120,0	119,7	119,8	119,8
2006	149,8	147,5	148,7	148,6
2007	170,4	166,9	168,7	168,6
2008	174,2	171,0	172,6	172,6

P 12.5 Dividiendo los índices entre el valor del año 2005 se tienen éstos con base en el año 2005 y multiplicando estos índices, previa división entre 100, por la producción del año 2005 resultan las producciones, en toneladas, de los otros años.

Año	*Índice (base 2001)*	*Índice (base 2005)*	*Producción*
2001	100	127,4	5 576
2002	108,1	137,7	6 027
2003	122,8	156,4	6 846
2004	83,2	106,0	4 640
2005	78,5	100	4 377
2006	43,3	55,2	2 416
2007	31,5	40,1	1 755
2008	47,5	60,5	2 648

P 12.6 El Índice de Precios al Consumo con base en 2001 es

Año	*I.P.C. (base 2001)*
2001	100
2002	103,3
2003	106,5
2004	109,8
2005	113,5
2006	117,4

y dividiendo los datos entre estos índices queda

Año	*Cantidad (en millones de euros de 2001)*
2001	26 047,03
2002	25 028,07
2003	25 096,25
2004	24 851,38
2005	24 964,86
2006	24 529,01

Apéndice B

Tablas

Tabla de la distribución normal
Áreas bajo la curva normal tipificada

$$A(z) = \frac{1}{\sqrt{2\pi}} \int_{-\infty}^{z} e^{-x^2/2}\, dx$$

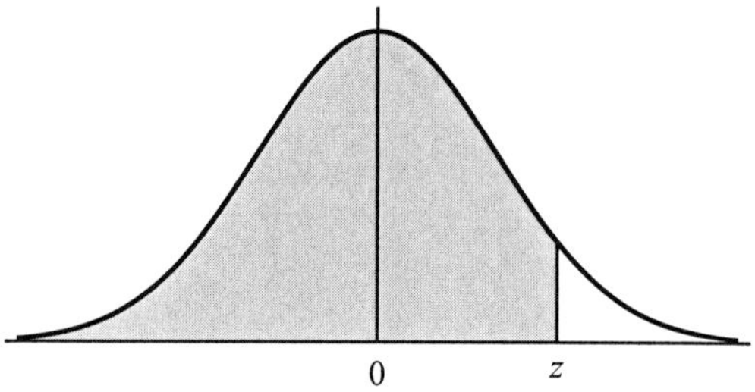

z	0,00	0,01	0,02	0,03	0,04	0,05	0,06	0,07	0,08	0,09
0,0	0,5000	0,5040	0,5080	0,5120	0,5160	0,5199	0,5239	0,5279	0,5319	0,5359
0,1	0,5398	0,5438	0,5478	0,5517	0,5557	0,5596	0,5636	0,5675	0,5714	0,5754
0,2	0,5793	0,5832	0,5871	0,5910	0,5948	0,5987	0,6026	0,6064	0,6103	0,6141
0,3	0,6179	0,6217	0,6255	0,6293	0,6331	0,6368	0,6406	0,6443	0,6480	0,6517
0,4	0,6554	0,6591	0,6628	0,6664	0,6700	0,6736	0,6772	0,6808	0,6844	0,6879
0,5	0,6915	0,6950	0,6985	0,7019	0,7054	0,7088	0,7123	0,7157	0,7190	0,7224
0,6	0,7258	0,7291	0,7324	0,7357	0,7389	0,7422	0,7454	0,7486	0,7518	0,7549
0,7	0,7580	0,7612	0,7642	0,7673	0,7704	0,7734	0,7764	0,7794	0,7823	0,7852
0,8	0,7881	0,7910	0,7939	0,7967	0,7996	0,8023	0,8051	0,8078	0,8106	0,8133
0,9	0,8159	0,8186	0,8212	0,8238	0,8264	0,8289	0,8315	0,8340	0,8365	0,8389
1,0	0,8413	0,8438	0,8461	0,8485	0,8508	0,8531	0,8554	0,8577	0,8599	0,8621
1,1	0,8643	0,8665	0,8686	0,8708	0,8729	0,8749	0,8770	0,8790	0,8810	0,8830
1,2	0,8849	0,8869	0,8888	0,8907	0,8925	0,8944	0,8962	0,8980	0,8997	0,9015
1,3	0,9032	0,9049	0,9066	0,9082	0,9099	0,9115	0,9131	0,9147	0,9162	0,9117
1,4	0,9192	0,9207	0,9222	0,9236	0,9251	0,9265	0,9279	0,9292	0,9306	0,9319
1,5	0,9332	0,9345	0,9357	0,9370	0,9382	0,9394	0,9406	0,9418	0,9429	0,9441
1,6	0,9452	0,9463	0,9474	0,9484	0,9495	0,9505	0,9515	0,9525	0,9535	0,9545
1,7	0,9554	0,9564	0,9573	0,9582	0,9591	0,9599	0,9608	0,9616	0,9625	0,9633
1,8	0,9641	0,9648	0,9656	0,9664	0,9671	0,9678	0,9686	0,9693	0,9699	0,9706
1,9	0,9713	0,9719	0,9726	0,9732	0,9738	0,9744	0,9750	0,9756	0,9761	0,9767
2,0	0,9772	0,9778	0,9783	0,9788	0,9793	0,9798	0,9803	0,9808	0,9812	0,9817
2,1	0,9821	0,9826	0,9830	0,9834	0,9838	0,9842	0,9846	0,9850	0,9854	0,9857
2,2	0,9861	0,9864	0,9868	0,9871	0,9875	0,9878	0,9881	0,9884	0,9887	0,9890
2,3	0,9893	0,9896	0,9898	0,9901	0,9904	0,9906	0,9909	0,9911	0,9913	0,9916
2,4	0,9918	0,9920	0,9922	0,9925	0,9927	0,9929	0,9931	0,9932	0,9934	0,9936
2,5	0,9938	0,9940	0,9941	0,9943	0,9945	0,9946	0,9948	0,9949	0,9951	0,9952
2,6	0,9953	0,9955	0,9956	0,9957	0,9959	0,9960	0,9961	0,9962	0,9963	0,9964
2,7	0,9965	0,9966	0,9967	0,9968	0,9969	0,9970	0,9971	0,9972	0,9973	0,9974
2,8	0,9974	0,9975	0,9976	0,9977	0,9977	0,9978	0,9979	0,9979	0,9980	0,9981
2,9	0,9981	0,9982	0,9982	0,9983	0,9984	0,9984	0,9985	0,9985	0,9986	0,9986
3,0	0,9986	0,9987	0,9987	0,9988	0,9988	0,9989	0,9989	0,9989	0,9990	0,9990
3,1	0,9990	0,9991	0,9991	0,9991	0,9992	0,9992	0,9992	0,9992	0,9993	0,9993
3,2	0,9993	0,9993	0,9994	0,9994	0,9994	0,9994	0,9994	0,9995	0,9995	0,9995
3,3	0,9995	0,9995	0,9995	0,9996	0,9996	0,9996	0,9996	0,9996	0,9996	0,9997
3,4	0,9997	0,9997	0,9997	0,9997	0,9997	0,9997	0,9997	0,9997	0,9997	0,9998
3,5	0,9998	0,9998	0,9998	0,9998	0,9998	0,9998	0,9998	0,9998	0,9998	0,9998
3,6	0,9998	0,9998	0,9999	0,9999	0,9999	0,9999	0,9999	0,9999	0,9999	0,9999

Tabla de la distribución Chi-cuadrado de Pearson

Valores $\chi^2_{\alpha,v}$ tales que $\alpha = \int_{\chi^2_{\alpha,v}}^{+\infty} f(\chi^2)\, d\chi^2$

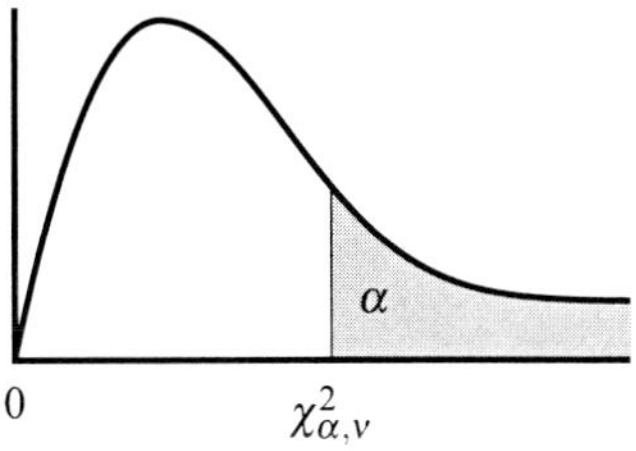

v \ α	0,99	0,95	0,90	0,80	0,50	0,20	0,10	0,05	0,01	0,001
1	0,000157	0,00393	0,0158	0,0642	0,455	1,642	2,706	3,841	6,635	10,827
2	0,0201	0,103	0,211	0,446	1,386	3,219	4,605	5,991	9,210	13,815
3	0,115	0,352	0,584	1,005	2,366	4,642	6,251	7,815	11,345	16,268
4	0,297	0,711	1,064	1,649	3,357	5,989	7,779	9,488	13,277	18,465
5	0,554	1,145	1,610	2,343	4,351	7,289	9,236	11,070	15,086	20,517
6	0,872	1,635	2,204	3,070	5,348	8,558	10,645	12,592	16,812	22,457
7	1,239	2,167	2,833	3,822	6,346	9,803	12,017	14,067	18,475	24,322
8	1,646	2,733	3,490	4,594	7,344	11,030	13,362	15,507	20,090	26,125
9	2,088	3,325	4,168	5,380	8,343	12,242	14,684	16,919	21,666	27,877
10	2,558	3,940	4,865	6,179	9,342	13,442	15,987	18,307	23,209	29,588
11	3,053	4,575	5,578	6,989	10,341	14,631	17,275	19,675	24,725	31,264
12	3,571	5,226	6,304	7,807	11,340	15,812	18,549	21,026	26,217	32,909
13	4,107	5,892	7,042	8,634	12,340	16,985	19,812	22,362	27,688	34,528
14	4,660	6,571	7,790	9,467	13,339	18,151	21,064	23,685	29,141	36,123
15	5,229	7,261	8,547	10,307	14,339	19,311	22,307	24,996	30,578	37,697
16	5,812	7,962	9,312	11,152	15,338	20,465	23,542	26,296	32,000	39,252
17	6,408	8,672	10,085	12,002	16,338	21,615	24,769	27,587	33,409	40,790
18	7,015	9,390	10,865	12,857	17,338	22,760	25,989	28,869	34,805	42,312
19	7,633	10,117	11,651	13,716	18,338	23,900	27,204	30,144	36,191	43,820
20	8,260	10,851	12,443	14,578	19,337	25,038	28,412	31,410	37,566	45,315
21	8,897	11,591	13,240	15,445	20,337	26,171	29,615	32,671	38,932	46,797
22	9,542	12,338	14,041	16,314	21,337	27,301	30,813	33,924	40,289	48,268
23	10,196	13,091	14,848	17,187	22,337	28,429	32,007	35,172	41,638	49,728
24	10,856	13,848	15,659	18,062	23,337	29,553	33,196	36,415	42,980	51,179
25	11,524	14,611	16,473	18,940	24,337	30,675	34,382	37,652	44,314	52,620
26	12,198	15,379	17,292	19,820	25,336	31,795	35,563	38,885	45,642	54,052
27	12,879	16,151	18,114	20,703	26,336	32,912	36,741	40,113	46,963	55,476
28	13,565	16,928	18,939	21,588	27,336	34,027	37,916	41,337	48,278	56,893
29	14,256	17,708	19,768	22,475	28,336	35,139	39,087	42,557	49,588	58,302
30	14,953	18,493	20,599	23,364	29,336	36,250	40,256	43,773	50,892	59,703

Bibliografía

[1] CALOT, G. *Curso de Estadística descriptiva.* Paraninfo, Madrid, 1980.

[2] GARCÍA BARBANCHO, A. *Estadística elemental moderna.* Ariel, Barcelona, 1973.

[3] MARTÍN GUZMÁN, P. Y MARTÍN PLIEGO, J. *Curso básico de Estadística económica.* A.C., Madrid, 1985.

[4] MARTÍN PLIEGO, J. *Curso práctico de Estadística económica.* A.C., Madrid, 1987.

[5] SPIEGEL, M.R. *Teoría y problemas de Estadística.* McGraw-Hill, México, D.F., 1970.

[6] URIEL, E. Y MUÑIZ, M. *Estadística económica y empresarial.* A.C., Madrid, 1988.

Índice alfabético

ajuste, 151
    cuadrático, 154
    lineal, 151
    parabólico, 154
amplitud del intervalo, 23
análisis de la regresión, 151
apuntamiento, 102
asimetría, 102
asociación, 202
atracción, 202
atributo, 3
autocorrelación, 220

caja, diagrama de, 79
cambio de base, 247
cartograma, 26
censo de población, 8
centro de gravedad, 152
coeficiente
    de apuntamiento, 106
    de asimetría
        de Fisher, 103
        de Pearson, 102
    de asociación, 203
    de autocorrelación, 221
    de contingencia, 204
        χ^2, de Pearson, 204
    de correlación
        de Goodman-Kruskal, 201
        de Kendall, 201
        de Spearman, 201
        lineal conjunta, 194
        parcial, 194
    de determinación, 173
        múltiple, 194
    de regresión, 152
    de sesgo
        cuartílico, 105
        percentílico, 105
    de variación , 80
    percentílico, 106
componentes de las series temporales, 214
concentración, 108
correlación
    conjunta, 192
    de atributos, 200
    lineal, 175
        múltiple, 194
    parabólica, 176
    por rangos, 200
covarianza, 135
crecimiento del coeficiente de variación, 81
criterios para redondear, 5
cuantiles, 50
cuartiles, 50
curtosis, 106
curva de Lorenz, 108

deciles, 50
deflación de las series de valores, 250
dependencia
    estadística, 150
    funcional, 150
desestacionalización de una serie, 220
desviación
    cuartílica, 79
    media, 76
    percentílica, 79
    típica, 79
diagrama
    de barras, 24
    de caja, 79
    de dispersión, 150

de rectángulos, 26
de sectores, 26
de tallos y hojas, 28
distribución(es)
bidimensionales, 132
de frecuencias, 20
marginales, 133
normal, 109

ecuaciones normales, 152
encuesta, 4
error de agrupamiento, 24
evolución histórica, 8

fórmulas reductoras
de la media, 44
de la varianza, 78
frecuencia(s)
absolutas, 20
acumuladas, 20
conjunta, 132
marginal, 134
relativas, 20

Gini, índice de, 108
grado de libertad, 208

hiperplano de regresión, 194
histograma, 25
historia de la Estadística, 8

independencia, 202
índice(s)
de Bradstreet-Dûtot, 248
de cantidades, 246, 249
de concentración, 108
de Edgewort, 249
de Fisher, 249
de Gini, 108
de Laspeyres, 249
del coste de la vida, 246
de Paasche, 249
de precios, 246, 249
de precios al consumo, 246
de Sauerbeck, 248
de valores, 246
de variación estacional, 220

intervalo
de clase, 23
mediano, 46
modal, 47

leptocúrtico, 106
Lorenz, curva de, 108

marca de clase, 23
matriz de covarianzas, 192
media
aritmética
ponderada, 45
simple, 42
armónica, 49
cuadrática, 49
geométrica, 47
mediana, 45
medida(s)
de apuntamiento, 102
de asimetría, 102
de centralización, 42
de concentración, 108
de dispersión, 76
de forma, 102
de la dependencia lineal, 174
mesocúrtico, 106
método
del ajuste para la tendencia, 218
de la razón, 231
de las dos medias, 218
de la(s) media(s)
agregativa simple, 248
aritmética simple, 248
móviles, 216
de los cocientes a las medias móviles, 220
de los mínimos cuadrados, 151
gráfico para la tendencia, 215
mínimos cuadrados, 151, 192
moda, 46
modalidades, 3
momento(s)
bidimensionales, 136
respecto a la media, 51
respecto al origen, 51
respecto a un punto, 52
muestra, 4

muestreo, 4
multicolinealidad, 193

nivel de significación, 204
notación científica, 6
nube de puntos, 133
números índices, 246
 complejos, 248
 simples, 246

padrón municipal, 4
percentiles, 50
período base, 246
peso, 45
pictograma, 26
pirámide de población, 27
plano de regresión, 193
platicúrtico, 106
población, 4
polígono de frecuencias, 25
predicción, 175
probabilidad, 112
promedios, 42

rango, 76
recorrido, 76
 semiintercuartílico, 79
 semipercentílico, 79
recta de regresión, 151, 153
redondeo de cifras, 5
regresión, 151, 192
 cuadrática, 154
 lineal, 151
  múltiple, 192, 193
 múltiple, 192
 parabólica, 154
relación(es)
 empírica entre media, mediana y moda, 102
 entre momentos, 53
representaciones gráficas, 24
repulsión, 202

salto de la variable, 44
scrics
 cronológicas, 214
 temporales, 214
sesgo, 102
signo de la dependencia lineal, 173
sistema de ecuaciones normales, 152

tabla(s)
 de contingencia, 202, 203
 de doble entrada, 133
 estadísticas, 20
tallos y hojas, diagramas de, 28
tamaño
 de la población, 4
 de las medias móviles, 216
 muestral, 4
tendencia secular, 214, 215
tipificación de una variable, 81, 112
tipos de distribuciones, 21

valores, 3
variable(s)
 continua, 4
 discreta, 4
 estadística, 3
 incorreladas, 150
 independientes, 150
 tipificada, 81, 112
variaciones
 accidentales, 214
 cíclicas, 214
 estacionales, 214
varianza, 77
 residual, 172